特殊烟叶采烤技术

TESHU YANYE CAIKAO JISHU

宋朝鹏　主编

中国农业出版社
北　京

内容简介

本书共分6章。从特殊烟叶自身营养积累条件出发，制定一系列田间管理措施、采收方法及烘烤调制技术，提出的“4+4+4+6”采收模式与协调烟叶失水的烘烤理念，从理论知识及技术方法层面解决特殊烟叶采烤难题。本书以最新技术和研究成果为依托，从特殊烟叶研究现状、特殊烟叶的形成、特殊烟叶大田管理、特殊烟叶成熟采收、特殊烟叶烘烤特性与采后生理、特殊烟叶调制技术6个部分，层层递进，全面阐述特殊烟叶的大田管理及采烤方法。一方面采用简易物理方法或化学调控方法，促使烟叶加速落黄；另一方面根据主要特殊类型烟叶生理特点，改进采收方法，调整改进烘烤工艺，以实现减少特殊烟叶烘烤难度，旨在为丰富特殊烟叶采烤理论及提高产区烘烤技术提供参考。本书可作为普通高等院校烟草专业课教材，也可作为烟草科研单位和从事烟草生产技术与管理技术人员的参考用书。

编写人员名单

主　　编　宋朝鹏

副 主 编　潘飞龙　邹聪明　苏家恩

编写人员（按姓氏笔画排序）

刘明宏（贵州省烟草公司遵义市公司）

孙曙光（湖北中烟工业有限责任公司）

苏家恩（云南省烟草公司大理白族自治州公司）

邱　坤（贵州省烟草公司黔东南苗族侗族自治州公司）

邹聪明（云南省烟草农业科学研究院）

汪　健（湖北中烟工业有限责任公司）

宋朝鹏（河南农业大学）

赵炯平（浙江中烟工业有限责任公司）

娄晓平（浙江中烟工业有限责任公司）

潘飞龙（河南农业大学）

前　言

烟叶采收和烘烤调制是烟草学的重要组成部分，也是烟草生产的关键技术环节。田间生长的具有一定质量潜势的鲜烟叶，必须经过适宜的采收和烘烤调制，才能显露和发挥自身应有的质量特色。因此，对烟叶成熟度的认识及烘烤调制技术的灵活运用是现代烟草农业生产的重中之重。

特殊烟叶是由非人为因素（主要是降雨时空分布不合理）造成不能正常生长和成熟的烟叶，如干旱烟、嫩黄烟、返青烟、后发烟、高温逼熟烟等，其烟叶烘烤特性较差。这些烟叶田间成熟特征不明显，采收成熟度不易把握，若烘烤不当，易造成较大的烘烤损失，影响烟叶产量和质量。近年来，由于气候等原因，我国南方烟区特殊类型烟叶增多，如何解决特殊烟叶采烤难题，尽可能减少烟叶烘烤损失、增加烟叶产量、提高烟叶内在品质已成为烘烤工作者和烟草部门的当务之急。

本书主要介绍特殊烟叶的大田管理及采烤方法，一方面采用简易的物理方法或化学调控方法，促使烟叶加速落黄；另一方面根据主要难落黄类型烟叶生理特点，改进采收方法，调整改进烘烤工艺，以实现减少特殊烟叶烘烤难度，旨在为丰富特殊烟叶采烤理论及提高产区烘烤技术提供参考。本书共分为6

章，以最新技术和研究成果阐述特殊烟叶采烤的基础理论。第一章由刘明宏、邱坤编写，讲述了特殊烟叶发生的主要原因、危害、烘烤问题和国内外特殊烟叶采烤基本情况；第二章由邹聪明、苏家恩编写，主要介绍了特殊烟叶形成的环境条件、发生情况、田间营养积累规律及生产中的采烤技术，以增加读者对特殊烟叶的认识，是本书最基础但又最重要的部分；第三章由孙曙光、汪健编写，主要介绍的是烟叶田间管理措施，在烤烟大田管理科学施肥、中耕培土、灌溉排水、打顶抹杈和病虫害防治等基本农艺措施的基础之上，引入环割、断根及喷施乙烯利等物理、化学手段，促进特殊烟叶成熟落黄，为特殊烟叶的田间管理提供一条新思路；第四章由赵炯平、娄晓平编写，重点介绍了特殊烟叶成熟采收与调制前整理，以及采收成熟度、采收方式与烟叶质量的关系，并为特殊烟叶制定相应的采收标准；第五章由宋朝鹏、潘飞龙编写，主要介绍了特殊烟叶的烘烤特性及采后烟叶生理生化变化，为特殊烟叶烘烤技术提供理论依据；第六章由宋朝鹏、潘飞龙编写，主要叙述了特殊烟叶烘烤技术要点及几种特殊烟叶的烘烤技术，并对返青烟、后发烟、贪青晚熟烟三种特殊烟叶进行相关应用案例分析，增加读者对特殊烟叶烘烤技术的认识。

主编宋朝鹏统揽全书，进行定稿。河南农业大学教务处、科技处和烟草学院，云南省烟草农业科学研究院，云南省烟草公司大理白族自治州公司，湖北中烟工业有限责任公司，贵州省烟草公司遵义市公司、黔东南苗族侗族自治州公司，浙江中烟工业有限责任公司的有关领导，为本书的顺利编写给予了大力支持，这里一并表示衷心感谢。

特别感谢烟草行业“烟草调制与复烤加工学科带头人”宫长荣教授对本书提出的宝贵意见。在本书的完成过程中，贺帆副教授、路晓崇老师及李生栋、魏硕、蒋博文、陈二龙、李峥、吴飞跃、高娅北、范宁波、郑小雨、魏光华等硕士生都给予大力支持，帮助查阅了大量资料，为本书的顺利编写做了许多工作，对他们表示感谢。

由于编写时间仓促，加之编写人员水平有限，本书难免有错误和疏漏之处，敬请读者批评指正。

编　者

2019年2月于郑州

目　录

>>> 第一章　绪　　论

一、特殊烟叶发生的主要原因及危害

烟叶的正常生长发育需要适宜的环境条件，如土壤状况、田间管理措施、气候条件等，若条件不合适，会造成烟叶不能正常生长和成熟，形成一些特殊类型烟叶。所谓特殊烟叶，主要是从烘烤角度而言，以区别于一般烟叶。中国大部分烤烟生长依赖天气，由于非人为因素主要是降雨时空分布不合理造成烟叶不能正常生长和成熟，如干旱烟、返青烟、后发烟、贪青晚熟烟等，这些烟叶在外观特征、物理性质及生理特性等方面与一般烟叶有所不同，烟叶烘烤特性较差，称为特殊烟叶。实际生产中每年都会有大面积的特殊烟叶，加之特殊烟叶种类繁多，难以烘烤，很大程度上影响了烟叶的产量和质量。

近年来，我国南方部分烟区在烤烟生长季节自然灾害频发，干旱和降雨分布不均等多重因素严重影响了烟叶正常的生长发育。降雨导致光合作用减弱，烟叶碳氮营养代谢失调，影响了鲜烟叶质量的形成。因大田期降雨过多、光照不均、肥效利用供应迟缓，在采收烘烤季节有的烟叶嫩黄，有的烟叶返青后发，有的烟叶成为老憨烟。这些烟叶在田间落黄成熟较难，大都没有明显的成熟特征。烟叶烘烤主要受鲜烟叶内在质量的影响，鲜烟叶长得好，烘烤就相对容易。在特殊气候条件下，通过栽培、施肥等条件较难对鲜烟叶质量进行有效调控，致使烟叶在田间“长势”不错的情况下，烘烤损失较大。

二、特殊烟叶烘烤的主要问题

烟草生产与其他经济作物相比技术含量较高，在烟草生产中，烟叶烘烤不仅劳动强度大，而且技术难以全面掌握。烟叶烘烤是烟草学的重要组成部分，是烟叶生产的关键，也是烤烟生产中决定烟叶品质、产量及工业可用性的一个重要环节。田间生长成熟的烟叶，需经历烘烤过程，即放在特定的温、湿度条件下，保持一段时间，使之按照要求发生一系列的生理生化反应，固定或呈现田间鲜烟叶的产量和质量，最终获得人们所需要的外观特征和内在品质。烟叶烘烤的实质是烟叶脱水干燥的物理过程和生物化学变化过程的协调统一。核心是碳素和氮素代谢的程度及其与水分动态的协调性，必须向着有利于烟叶品质的方向发展。其中，水分是烟叶烘烤中各代谢活动的主要限制因素之一，当烟叶失水与烟叶变黄、定色相协调时，烘烤质量才有保障，水分是鲜烟叶品质在烘烤过程中进一步改进和完善的必备内因之一，合理的调控烟叶水分变化有利于烟叶品质的形成。

烟叶在烘烤过程中，发生着两个方面鲜明的变化。一是烟叶内在品质的提高和单叶重的适当减轻；二是烟叶外观色泽由绿变黄与叶片的卷曲干燥。烟叶变黄是有机物质分解与转化在外部的反映，其中也包括干物质损失。变黄速度就是有机物质分解与转化的速度，是一个酶促过程。干燥速度则代表着叶内水分蒸发的快慢，是一个物理过程。烘烤就是应用适宜的温湿度条件，合理控制这两个方面变化过程的速度，使之相互配合，以促进外部色泽和内部化学成分向着人们所要求的改善品质的方向发展。可以看出，酶促和干燥两个过程都有水分蒸发的共同点，当烟叶内有机物质在酶促作用下进行分解转化时，水分蒸发也在进行，水分由多到适量减少，给酶促反应创造了适宜的环境条件。当烟叶外观色泽由绿变黄时，表明酶促过程已经基本完成，此时就要加速水分蒸发，及时减弱或终止酶的活性，使烟叶内含物质变化速度逐渐降低，把黄色固定下来。这两个过程是密切相关、相辅相成的，只有促控结合，使酶促

速度与干燥速度恰当配合，才能保证将烟叶烤好。

特殊烟叶与常规烟叶相比，烘烤特性差异较大，不易把握。目前，特殊烟叶烘烤最突出的两个问题是烟叶成熟度和烘烤工艺的问题。针对成熟度问题，谢利忠[1]、舒中兵[2]、阿吉艾克拜尔[3]等明确表明适宜的采收成熟度对提高烟叶质量具有重要意义，然而针对返青寡日照条件生产的烟叶，如何保证烟田营养、烟株营养、叶片营养平衡，目前还鲜有报道。当前烟叶烘烤工艺方面的研究主要围绕特色品种配套烘烤工艺、不同装烟方式等方面。烟叶烘烤主要围绕提质增香，强调低温拉长变黄、充分凋萎后熟，提高淀粉、蛋白质等大分子物质降解、转化程度。针对特殊烟叶，云南省烟草农业科学研究院、青州烟草研究所、河南农业大学烟草学院等烘烤专家结合云南近年的异常气候，提出了一些烘烤建议，对挽回烘烤损失、减少低次烟比例起到了积极作用；但特殊烟叶的类型较多，各地特殊烟叶在形成过程中，其光、温、水、气、肥等生态因素差异较大，鲜烟叶的物质基础也不太一样。针对近年出现较多的返青寡日照等难落黄烟叶，目前还没有较为系统全面的研究报道。实践表明，较小的工艺变化就可能导致烟叶品质的较大差异。特殊烟叶烘烤更是如此，烘烤工艺必须根据烟叶素质状况精确调控，最大限度彰显烟叶品质，如何解决特殊烟叶的采收及烘烤、减少烘烤损失、增加烟叶产量、提高烟叶内在品质已成为烘烤工作者和烟草部门的当务之急。

三、特殊烟叶烘烤的研究

1. 烟叶成熟度

烟叶是卷烟工业最基础的原料，其质量优劣直接决定着卷烟产品的质量。在影响烟叶品质的诸多因素中，烟叶成熟度被认为是首要因素，也是保证烟叶品质及工业可用性的前提。世界著名烟草化学家左天觉[4]博士认为，成熟度是优质烟叶质量形成的基础和保障，成熟采收对烟叶质量的贡献占整个烤烟生产技术环节的 1/3。烟叶成熟度是一个质量概念，是指烟叶适于调制加工和最终卷烟可用性要求的质量状态和程度。烟叶成熟度包括田间成熟度和分级成熟度。田间成熟度是烟叶在田间生长发育过程中所表现出的成熟程度；分级成熟度是田间收获的叶片经过烘烤调制后形成的产品按照采收标准而划分的成熟档次。国内外大量研究表明，随着生育期烟叶成熟度的逐渐提高，直到烟叶达到工艺成熟，烤后烟叶颜色更趋向于橘黄色，烟叶组织结构越来越疏松，烟叶化学成分更加协调，烟叶品质进一步提高。烟叶成熟度也是烤烟分级评定等级的第一要素，是烟叶质量的中心。

烟叶从叶原基分化到成熟采收，最后烘烤成为工业可用的烟叶是一个漫长的过程，包含诸多环节，不同环节对烟叶成熟度的影响不同。近年来，随着烟叶生产水平的不断提高，烟叶成熟度与之前相比有了很大的提高，但成熟度不够的现象仍然存在，是影响烟叶质量提高的重要因素。针对成熟度问题，谢利忠[1]研究了不同采收成熟度对红花大金元烟叶质量的影响，明确红花大金元烟叶的适宜采收成熟度对提高红花大金元烟叶质量具有重要意义。舒中兵[2]研究了不同成熟度对红花大金元上部烟叶等级质量的影响，研究表明烟叶田间成熟度对烟叶品质的贡献大于烘烤过程的贡献，然而烟叶田间成熟度不是简单地延长叶片在田间时间问题，而是烟叶营养是否合理、充实、协调问题。阿吉艾克拜尔[3]研究提出，成熟期是烟草成熟、落黄的关键时期，水分过多会延长烟草的成熟期，导致烟叶难落黄，影响烟叶的成熟采收。

近年来，受烤烟生长季节气候的影响，烟叶正常生长发育严重受阻。据统计，2014—2017 年南方烟区在 6～9 月降雨普遍较多，降雨导致烟叶光合作用减弱，烟叶碳氮代谢失调。在烟叶采收烘烤季节，因降雨过多，导致嫩黄烟、返青烟、后发烟等特殊类型烟叶增多。这些烟叶田间难落黄，烤中难变黄，烟叶成熟特征不明显，采收成熟度不易把握，给烟叶烘烤增加了一定的难度，导致烟叶烘烤损失增加。因节令限制，当烟农抢烤时，烟叶变黄难，容易烤成黑糟烟，或造成烟叶叶基部和支脉含青、叶片挂灰、烟叶颜色偏深（偏红）等，烟叶产量受到较大影响，烟叶

烘烤损失较大。

2. 烟叶烘烤技术

烟叶烘烤是以自然科学为基础，在大量观察、实验的基础上，经过归纳、总结而得出的。烘烤工艺是烟叶烘烤的具体方法或技术，是烘烤原理的体现，其目的是要最大限度地显露和发挥烟叶在农艺过程中形成和积累起来的质量潜势，最终将烟叶烤黄、烤香。由于地理环境、生态条件等因素的影响，各烟叶产区烘烤工艺不尽相同。烟叶烘烤过程实际是叶片衰老死亡的过程，是一个高度有序的被调控过程，同时受环境因素的影响与诱导。

目前烘烤工艺方面的研究主要围绕特色品种配套烘烤工艺（KRK26、红花大金元等）及不同装烟方式（散叶堆放、散叶捆烤、散叶插签、大箱烘烤等）。对常规密集烘烤工艺的研究，主要围绕提质增香，强调低温拉长变黄、充分凋萎后熟，提高淀粉、蛋白质等大分子物质降解、转化程度。针对特殊烟叶（干旱烟、返青烟、后发烟等），云南省烟草农业科学研究院崔国民、王亚辉、杨雪彪、张树堂等专家结合云南近年的异常气候，提出了“减少挂灰烟产生的烘烤技术指导意见”“针对干旱烟叶的边变黄、边排湿、边定色方法”“密集烤房烤坏烟的深层原因”等，这些烘烤建议对挽回烘烤损失、减少下低次烟比例起到了积极作用；青州烟草研究所、河南农业大学烟草学院针对干旱烟叶提出了“快速诱发变黄技术”，显著地提高了烟叶烘烤质量；河南农业大学烟草学院针对湖南、江西等地前期多雨寡照，后期高温逼熟，导致烟叶假熟、叶基部和叶尖部成熟度不一致，基部和支脉含青较高，提出了“提高失水程度促基部和支脉变黄技术”，有效降低了青杂烟比例，中上等烟比例增加；此外，哈尔滨烟叶公司对返青烟叶的烘烤也进行了一定的研究。应该说，这些烘烤技术的研究都取得了一定的成果，但由于特殊烟叶的类型较多，加之各地特殊烟叶在形成过程中，其光、温、水、气、肥等生态因素差异较大，鲜烟叶的物质基础也不太一样，给烘烤技术的推广和实施增加了一定的难度。

四、特殊烟叶采烤的研究展望

在烟草生产中，品种、栽培是基础，采烤是关键，烟叶采烤工作要求严密，操作工序烦琐，是烤烟生产中至关重要的一个环节。现代烟草农业生产要求规模化种植、集约化经营、专业化分工、机械化装备、信息化管理，牢牢把握“优质、特色、生态、安全”方向，努力构建采烤关键技术体系。特殊烟叶由于其自身素质条件的差异性，给烟叶采烤增加了困难。随着对烟叶采收、烤黄、烤香、烤熟生理生化机理的大量和系统研究，烟叶适宜的采收成熟度及合理的烘烤技术是解决特殊烟采烤难题的关键。规范化、标准化特殊烟叶的采烤技术，可以提高人们对特殊烟叶的认识，推动现代烟草农业的发展。

参 考 文 献

［1］谢利忠，甘建雄，叶志国，等．不同采收成熟度对红花大金元烟叶质量的影响［J］．中国农学通报，2009，25（16）：128－131.
［2］舒中兵，艾复清，樊宁，等．不同成熟度对红花大金元上部烟叶等级质量的影响［J］．湖北农业科学，2009，48（10）：2481－2483.
［3］阿吉艾克拜尔，邵孝侯，钟华，等．调亏灌溉及其对烟草生长发育的影响研究［J］．河海大学学报（自然科学版），2006，34（2）：171－174.
［4］左天觉．烟草的生产、生理和生物化学［M］．朱尊权，译．上海：远东出版社，1991.

>>> 第二章　特殊烟叶的形成

烤烟是我国重要的经济作物之一，在我国的种植面积和总产量居世界前列。烤烟对环境的感应极其敏感，烟区的生态环境决定当地烤烟的风格特征和烟叶品质。在我国，烤烟种植范围广，各个烟区生态环境差异明显，各产区形成独特的风格特征。气候、土壤和地形作为生态环境的主要因素，直接影响到烤烟的生长和品质，大量研究表明，土壤、气候和地形等因素对烤烟品质的影响作用大于品种和种植等因素。温度、光照和降雨是影响作物生长发育、产量、质量和风格的主要生态因子，是影响烟叶品质的主要气候因素。近年来，由于烤烟生长季节自然灾害频发，严重影响了烟叶正常的生长发育，烟叶碳氮代谢失调，从而影响了鲜烟叶质量的形成，导致特殊类型烟叶增多。

第一节　烟叶形成的环境条件

烟草对生态环境的适应性较强，在世界多地广泛种植。作为叶用植物，其叶的长相、组织结构、物质转化与积累状况等因素直接影响烟叶品质。从烟叶质量角度来看，烟草又对生态环境的变化十分敏感，生态环境及栽培措施的差异，往往影响烟叶品质。

一、我国烟区的划分

我国烟区分布广泛，各烟区自然条件差异很大。根据各烟区生态条件，2009年，由郑州烟草研究院和中国农业科学院农业资源与农业区划研究所编制的《中国烟草种植区划报告》中，在以往研究积累的基础上，研究建立了定量化的烤烟生态适宜性评价指标体系和烤烟品质评价指标体系。采用定量化的烤烟生态适宜性评价指标体系和评价模型，结合烤烟品质评价结果，开展烤烟生态适宜性评价，把我国烟区划分为5个大烟区：西南烟草种植区、东南烟草种植区、长江中上游烟草种植区、黄淮烟草种植区和北方烟草种植区，即5个一级烟草种植区。根据一级烟草种植区内气候、土壤、地形、烟叶品质特征、烟叶生产发展方向等的相对一致性，将5个一级烟草种植区划分为26个二级烟草种植区。

1. 西南烟草种植区

西南烟草种植区包括云南省和贵州省的全部、四川省西南部和南部以及广西壮族自治区西北部，是我国烤烟主产区之一。该区地处我国第二级地形阶梯上，地域辽阔，跨越了青藏高原、横断山脉、云贵高原等几个大的地貌单元，90%以上的土地为丘陵、山地和高原。境内地形复杂，地貌多样，丘陵广布，地势西北高东南低，区域差异、垂直差异极其显著，农业立体性强。

该区气候类型多样，大部分地区为亚热带湿润季风气候，云南南部部分地区属热带季风气候。大部分地区位于低纬度高海拔，处在亚热带和热带的边缘带，地带性气候为亚热带和热带气候类型。由南到北有热带、南亚热带、中亚热带等地带性气候。由于高原、山地受高海拔的影响，还有大片温带、寒带气候类型出现。区域气候特色明显，全年雨热同季，冬暖春早，大多数地区夏季温度不高，秋季多阴雨，降温早，气温的年较差小，东亚季风气候冬干夏雨的显著特点在该区也有突出的表现。

该区热量资源较为丰富，但地区之间差异大。除四川西部高原外，年平均气温为10～24 ℃。云南年温的纬向分布规律常常被破坏，经向分布规律比较明显，气温年际变化较大，春季升温迅速，夏季温暖而不炎热，秋季降温剧烈，冬季温和而无严寒。贵州大部分地区年平均气温在14 ℃以上，气温垂直变化显著，季节随海拔

高度变化而异。该区水分资源颇丰，气候较为湿润，但区域性差异大，年降水量纬向分布基本上是自南向北减少。由于地形的作用，特别是横断山脉的纵向排列使降水量分配复杂化。在横断山脉南段西侧是西南气流的迎风坡，山脉东侧是东南暖湿气流的迎风坡，形成两侧的多雨区。在暖湿气流的背风面，尤其是地形郁闭的深谷，降水量则大为减少，如金沙江河谷的四川德荣年降水量仅为325 mm，雅砻江、大渡河、岷江、元江等河谷也因山脉屏蔽作用，沿江形成条形少雨带。该区云贵高原冬半年受西风带南北两支气流控制，降水很少，春季降水增加也有限。夏季，海洋气流盛行，该区地处太平洋副高西缘，降水量比处于副高控制下的东部同纬度地区多。滇西和川西南山地冬干夏雨，干湿季分明。该区西部秋雨多于春雨，由于春暖少雨，故多旱，尤其是在川西南和云南，春季异常干燥。秋季前期多雨，秋雨绵绵为其特色，以贵州高原最为显著。川、黔常多夜雨，在四川盆地西南、黔西北一带年均夜雨率可达60%～80%。该区年降水量除川西高原及西部滇、川干热干暖河谷外，大部分为1 000 mm左右。川西南山地年降水量达1 400 mm左右，攀西河谷仅为700～800 mm，而且冬、春干季降水变率较大。该区的太阳辐射能量和日照时数受地形影响，地带规律受到严重干扰，与全国分布形势有很大不同，具有经向差异大和西多东少、南多北少的特点。

该区主要农业气候灾害是季节性干旱、洪涝、秋绵雨及低温冷害。季节性干旱是该区农业生产的最主要灾害，四季皆有可能发生，发生的频率高，影响范围大。春旱以云南、川西南山地出现频率最大，自西向东减少，黔东基本无春旱。伏旱自东向西减少，以黔东伏旱最多东经105°以西地区伏旱很少。云南大部、川西南山地、贵州西半部等地为春旱高频发区，夏旱频发区以贵州东半部为主。该区常年多秋绵雨，各地高海拔山区低温冷害时有发生。

该区主要处于我国中亚热带红壤、黄壤地带西段。红壤主要分布在黔南、滇北和川西南地区，黄壤以贵州省为主，桂、滇等省份也有分布。滇中南地区位于南亚热带的赤红壤带。区内的坝区和谷地分布有部分水稻土。该区植烟土壤除上述3个气候带的4种地带性土壤外，还有大面积的紫色土和部分石灰（岩）土等初育性土壤。高原山地还有黄棕壤、棕壤，以及西部干旱河谷的褐土等。

2. 东南烟草种植区

东南烟草种植区东部和南部濒临东海和南海，西与西南烟草种植区接壤，北与黄淮烟草种植区相接，包括海南、广东、广西、福建、浙江、江西、台湾等地全部，江苏、安徽的南部，湖南东南部，湖北的东部。该区人口密度大，地区经济较为发达。近年烤烟生产发展较快，不但面积增加、单产提高，烟叶质量也较好，是我国富有发展潜力的烟叶产区。

东南烟草种植区位于我国东南部，南至热带，北达北亚热带，海拔高度从0 m到3 105 m，除安徽省、江西省、湖北省和湖南省外，其余均为沿海地区，人口众多，经济发达。地势总体上是西北高东南低。区内河流、湖泊众多，水网密布，既有高山、丘陵、平原，又有海洋、岛屿，区内陆地以山地、丘陵为主，占该区陆地的70%以上。我国三大水系中的长江、珠江水系的河流多分布在区内，而且国内最大的两个淡水湖鄱阳湖、洞庭湖也位于区内的江西省和湖南省境内。由于气候温暖、雨水充足，区内植被丰富，品种多样，生长旺盛，四季常青。

该区地处热带、亚热带，所在的省区大部分濒临南海和东海，属湿润气候，受海洋季风影响较大，气温较高，降水量充沛，霜雪较少，雨热同季。年适宜作物生长时间达220～360 d，每年3～10月一般平均气温达20 ℃左右，适于烤烟生长发育的有效积温时间250 d以上。年日照时数为1 715.4～2 178.1 h，其中日平均气温≥10 ℃期间的日照时数为1 360.6～1 507.6 h；年总辐射量为4 460.2～4 986.5 MJ/m^2，其中日平均气温≥10 ℃期间的太阳总辐射量为3 484.3～4 492.4 MJ/m^2；全年日平均气温≥10 ℃的积温为4 600～6 728 ℃；年降水量1 260.1～1 873.6 mm，其中4～9月的降水量占全年的65.2%～81.8%，4～6月的降水量除了海南外，其他地区均占4～9月的50%以上。由于光、温、水、热充沛，该区北部

一年可种一至二季，南部一年可种二到三季甚至四季。

东南烟草种植区各省的土壤主要属红壤系列土壤，包括红壤、黄壤、赤红壤和砖红壤等类型，间杂一些其他土壤类型。其中皖南低山丘陵是红壤间杂黄壤；湘中、赣中、金衢丘陵盆地以红壤为主，间杂紫色土；浙、闽山丘盆地主要是红壤和黄壤，南岭山地除红壤、黄壤外，还间杂有黑色石灰土；大别山低山丘陵、江淮丘陵属黄刚土和马肝土，珠江三角洲和闽、粤两省的滨海、丘陵、平原等地为赤红壤。

3. 长江中上游烟草种植区

长江中上游烟草种植区包括重庆市全部、四川省东部和北部、湖北省西部、湖南省西部以及陕西省南部，是我国烤烟主产区之一。长江中上游烟草种植区共划分为川北盆缘低山丘陵晾晒烟烤烟区，渝、鄂西、川东山地烤烟白肋烟区，湘西山地烤烟区，陕南山地丘陵烤烟区，共 4 个二级烟草种植区。

该区位于长江上游段尾端，区内南部属武陵山区，北部跨秦巴山区，全国地貌区划为板内隆升蚀余中低山地，地处我国地势第二级阶梯的东缘，总体地势西高东低。区内主要为砂岩、泥岩组成的川东侵蚀低山丘陵区；东部属川鄂褶皱山地，主要为碳酸岩组成的侵蚀中低山峡谷区。秦巴山地区包括秦岭山地、汉中-安康低山丘陵盆地、大巴山地等。秦岭是我国南北重要的自然分界线。该区地貌基本特征是阶梯状地貌发育。由于受新构造运动间歇活动的影响，大面积隆起成山，局部断陷、沉积形成多级夷面与山间河谷断陷盆地，呈现明显层状地貌。

由于秦岭对南北气流的阻挡作用，使该区具有温暖湿润、雨热同季的气候特点。该区大部为亚热带湿润季风气候，重庆市东缘及东南缘山地与鄂西、湘西山地相连，出现大面积的山地温带气候类型。区域气候特色明显，全年雨热同季，冬暖春早，大多数地区夏温不高，秋季多阴雨、降温早，气温的年较差小，东亚季风气候冬干夏雨的显著特点在该区也有突出的表现。该区热量资源较为丰富，但地区之间差异大。年平均气温为 10～24 ℃，沿长江河谷年均气温多为 18 ℃左右（綦江、云阳最高气温为 18.8 ℃以上），湖北西部年平均气温为 11～18 ℃，湖南西部年平均气温为 16.0～17.3 ℃，陕西南部年平均气温为 11～15 ℃。气温垂直变化显著，季节随海拔高度变化而异。四川盆地年降水量一般为 900～1 200 mm，自盆地四周向中部减少，盆东（川渝）及盆西边缘山地普遍在 1 200 mm 以上，重庆降水的年变率较小（10%～20%），盆北山区年变率在 15%～20%。四季降水变率均大于年变率，雨量最多的夏季变率最小，地区差异也小，雨量最少的冬季变率和地区差异均最大。湖北西部年降水量为 960～1 600 mm，湖南西部年降水量为 1 200～1 700 mm，陕西南部年降水量为 700～1 200 mm，其中 70%集中在 3～8 月。该区的太阳辐射能量和日照时数受地形影响，年总辐射量为 3 500.0～6 500.2 MJ/m^2。其中湖北西部年总辐射量为 4 326.0～4 704.0 MJ/m^2，是湖北省太阳光能资源的低值区。湖南西部山多云量大，日照不足，年日照时数为 1 273～1 642 h，且大部分地区在 1 500 h 以下。陕西南部年总辐射量为 3 780～4 200 MJ/m^2，就该区年日照时数而言，多在 1 400～1 600 h。

季节性干旱是该区农业最主要灾害，四季皆有可能发生，发生的频率高，影响范围大。以重庆和四川东部伏旱最多，伏旱常现区和中心区位于重庆江津至万州长江两岸及四川南充以下嘉陵江中下游，出现频率达 70%。就水平地带分布而言，该区主要处于我国中、北亚热带红壤、黄壤地带西段。主要植烟土壤有黄壤、黄棕壤，还有紫色土和部分石灰（岩）土等初育性土壤、高原山地棕壤以及河谷的褐土等。

4. 黄淮烟草种植区

黄淮烟草种植区北起北纬 40°，南至北纬 33°，主要包括黄河、淮河流域中下游的山东、河南全部，河北、北京和天津的大部分，江苏、安徽两省北部的徐淮地区。

该区烟叶主产区位于山东省和河南省。其中，山东省烟区主要分布在鲁中南山地丘陵地区，是全省地势最高、山地面积最广（占全省中低山面积 77%）的地区。海拔千米以上的一系列山峰构成

该区脊部，脊部两侧为海拔 500～600 m 的丘陵，丘陵外缘是山麓堆积平原，海拔 40～70 m，地表倾斜平坦，土层深厚，蕴水丰富。河流均源于山地、丘陵表面，呈辐射状向四周分流，形成众多宽窄不等的河谷地带。区内石灰岩分布广泛，喀斯特地貌发育。河南省地势西高东低，北坦南凹，北、西、南三面由太行山、伏牛山、桐柏山、大别山四大山脉环绕，间有陷落盆地，中部和东部为辽阔的黄淮海冲积大平原，山区丘陵面积占 44.3%，平原面积占 55.7%。

该区总体属烤烟生长的适宜区，河南西南部和山东东部一小部分属烤烟生长的最适宜区，河北北部和山西南部、陕西中北部属烤烟生长的次适宜区。该区属暖温带半湿润半干旱气候，四季分明，具有春季干旱多风沙、夏季炎热降水集中、秋高气爽日照足、冬季寒冷雨雪少的特点。气候相对温和，光照充足，雨热同季，自然条件对烤烟生长发育有利。黄淮烟草种植区年太阳总辐射量 4 600～5 862 MJ/m^2，年光合有效辐射为 2 100～2 700 MJ/m^2，其分布因纬度和海拔而异。5～6 月光合有效辐射平均日总量最大，12 月最小。6 月下旬到 8 月下旬是黄淮烟区的雨季，天空云量增多，辐射强度下降。5 月和 6 月上、中旬，天气以晴为主，日照时数多，天空云量少，光合有效辐射日总量大。黄淮烟区年平均气温为 10～14 ℃，5～9 月的日平均气温为 20～27 ℃，由于受纬度的影响，自南向北递减，同一纬度，随海拔的增高而降低，又因受海洋气候的影响，同纬度的沿海年平均气温低于内陆 1～2 ℃。无霜期170～240 d，≥10 ℃的年活动积温 3 600～4 700 ℃，其分布从北向南递增。热量资源年际变化有较大的波动，造成各地区热量每年都不相同。黄淮烟区年降水量 480～800 mm，自东南向西北减少，大致以黄河为界，黄河以南降水量大于 650 mm，包括鲁西南、河南大部、江苏徐淮、安徽淮北等地区。黄河以北的绝大部分地区，除了沿着燕山山脉的山麓平原以外，年降水量都不足 650 mm。

黄淮烟区主要土壤类型有棕壤、褐土、潮土、砂姜黑土等。大部分区域为棕壤、褐土，包括山东半岛的低山丘陵、黄淮平原、关中平原。潮土广泛分布在冲积平原和滨海平原上，包括河南、山东、徐淮等地，是该区的主要农业土壤类型。砂姜黑土分布较为广泛，皖北、苏北、豫南、鲁南均有分布，是主要的低产土壤之一。

黄淮烟区光温生产潜力大，但地形复杂，土壤相对瘠薄，肥力较差，且易遭受旱、涝、风、雹等自然灾害。目前烟草生产主要限制因素为干旱和水涝、养分失衡、病虫危害等。

5. 北方烟草种植区

北方烟草种植区自北纬 40°的渤海岸起，经山海关，沿长城顺太行山南下，经太岳吕梁山至陕西北山以北地区。包括吉林、辽宁、黑龙江、内蒙古全部，山西大部，河北、陕西、甘肃和新疆的一部分。

北方烟区由于涵盖区域较广，地形地貌表现多样，主体为山地、丘陵、平原三大地貌。其中东北的黑龙江、吉林和辽宁 3 省以平原、丘陵为主；内蒙古烟区地形地貌主要为山地丘陵和黄土沟壑；山西省和河北省烟区主要分布在丘陵、盆地和山前冲积平原上。

北方烟草种植区多数地区属寒温带湿润半湿润气候，冬季气温低，≥10 ℃年活动积温 2 000～3 600 ℃，无霜期 130～170 d，夏季平均气温 20～25 ℃。适于烤烟生长发育的活动积温（≥10 ℃）日数和积温，北部分别为 120 d 和 2 000 ℃左右，南部分别为 170 d 和 3 200 ℃左右。全年降水量 400～800 mm，从西向东递增，其中 60％集中在 7～9 月。

东北平原地势平坦，土壤肥沃，以黑土、河淤土、棕色土为主；陕北、山西、河北、甘肃陇东和内蒙古以褐土为主。

二、烟草生长的生态条件

烟草的适应性极强，几乎可以在所有从事农业生产的地域生长，从北纬 60°到南纬 45°都有种植。生态环境不仅影响烟草的生长条件，而且对烟叶的外观和物理质量影响极大，进而影响烟叶内含物质的积累，从而形成不同的风格特征。在实际生产和种植中，

生态条件也是产出优质烟叶最优先考虑的因素之一。影响烟草生长的生态因素有很多，主要有光照、温度、水分和土壤。

1. 光照对烟叶的影响

烟草既是喜温植物，又是喜光植物。从烟草系统发育形成的特性来说，充足的阳光才能使烟株生长旺盛，叶厚茎粗，繁殖力强。在大田期，充足而不强烈的日光对烟叶品质形成有利，尤其是在成熟期。

烤烟质体色素及其降解产物对光敏感。新植二烯、β-胡萝卜素和叶黄素等物质含量随着光照强度减弱而明显增加，弱光能促进它们的合成，光照越弱，促进作用越大。也有研究认为，随光照减弱，类胡萝卜素降解产物占中性挥发性香气物质总量的比例下降，这可能与类胡萝卜素降解产物对光的响应比较复杂有关，强光可增加香叶基丙酮、二氢猕猴桃内酯、巨豆三烯酮A等的含量；中强光可增加巨豆三烯酮B、巨豆三烯酮C、巨豆三烯酮D的含量。类胡萝卜素能将吸收的光能传递给叶绿体进行光合作用，弱光条件下其含量增加是一种适应性反应。遮阴可导致烟叶叶绿素和类胡萝卜素含量增加，可能是由于遮阴不利于烟叶老化落黄，叶绿素和类胡萝卜素的降解受阻，使新植二烯、β-大马酮、巨豆三烯酮等降解产物含量降低。烟叶中类胡萝卜素含量与短波光呈正相关关系，蓝光处理的烟叶β-胡萝卜素含量明显升高。紫外线（UV）强度增加会提升烟叶中类胡萝卜素含量，其含量的增加与消除活性氧自由基，与维持类囊体膜系统的稳定性有关。UV-A或UV-B处理均能够明显提高烤烟类胡萝卜素的含量，而叶绿素合成严重被抑制；低温和紫外线强度低的烟区，烟叶类胡萝卜素的合成减少。

刘国顺等[1]研究表明，弱光胁迫增加了株高、节距和叶面积，降低了干物质积累、根冠比和干鲜比，增加了叶片平衡含水率和含梗率，降低了叶片的单叶重、叶片厚度、叶质重和叶片密度，增加了叶片总氮、烟碱和钾离子含量，降低了总糖和还原糖含量。总体来看，每个生育期弱光胁迫对烟草的生长和品质都会有很大影响，在生育中后期弱光胁迫的影响要比在生育前期的影响要大，且弱光胁迫程度越大，影响越大。

2. 温度对烟叶的影响

烤烟是喜温作物，温度是影响烤烟品质的一个重要因素。烤烟大田生长最适宜的温度是 22～28 ℃，但前期最好略低于最适生长温度，以使烟株稳健生长；而后期温度适当高些，有利于叶内同化物质的积累和转化，从而提高烟叶香吃味。生产优质烟叶要求日平均温度高于 20 ℃的天数超过 70 d。在 20～28 ℃，烟叶的内在质量随着成熟期平均温度升高而提高，但温度并不是越高越好。温度过高对植物生长造成的危害称为热害，其与高温程度及高温持续时间的长短有很大关系；低温对烟叶质量也有较大的影响，温度过低会延迟作物冠层的形成和扩展，降低光能的吸收和利用能力，同化物质减少造成产量和质量的降低。一般来说，烟株在生长过程中对温度的要求是前期较低，有利于根系的伸长，有利于提高烟株自身的抗寒能力，使植株能够稳健生长；中期较高，有利于烟株的生长繁盛；后期稍高，有利于烟叶内转化和积累较多的同化物质，提高烟叶内在化学成分的协调性，以提高烟叶的品质。

成熟期低温会抑制烤烟叶绿素和类胡萝卜素的降解，若成熟期温度低于 18 ℃，会对烤烟的色泽和香气质量产生不良影响。有效积温和无霜期的增加均对类胡萝卜素的降解有促进作用；在年积温 4 000 ℃以上、种植期均温 18 ℃以上、无霜期超过 230 d 的生态范围内，烤烟类胡萝卜素降解产物含量较高。烟草生育期内，昼夜温差和不同生长阶段的平均气温和积温是烟叶品质的重要影响因素。

3. 水分对烟叶的影响

在植物体内，水几乎参与了所有重要的代谢过程，水分胁迫对植物的生长发育、生理过程和产量造成极大的影响。烟草需水量很大，每生产 1 g 干物质，蒸腾耗水 500 g 以上，说明水分是烟草生长的关键限制因子之一。土壤水分含量、烟田小环境空气湿度对烟草的质量有重要影响。适宜的土壤水分能促进光合产物的积累和转

化，提高烟草品质。烟草的需水规律是“前期少、中期多、后期适量少”。但干旱胁迫同样会严重影响烟草质量，它会使烟叶光合产物的积累比例下降，植株矮小，叶片窄长，组织紧密，对烟草质量有显著影响。水分对烤烟生长十分重要，降水量和降水的分布可以影响土壤的水分状况、烟田的空气湿度以及造成叶面腺毛分泌物的冲刷，因此对烟叶的生长发育和品质的形成有重要影响作用。

烤烟植株高大、叶面积系数大，蒸腾作用强烈，因此需要有较多的水分供应，同时水分还影响土壤中肥料的有效性及矿物质在植株体内的运输。适宜的土壤水分有利于光合产物的积累、转化，有利于增加产量，提高烟叶品质。降水量对烟叶品质的影响包括烟草的内在质量、化学成分、物理外观指标等，而且其往往与温度和光照等因素结合共同作用于烟草生长的某个阶段，在烟草生长的不同阶段，其影响效果不尽相同。

4. 土壤对烟叶的影响

土壤肥力是众多化学、物理和生物学因子的综合反映，是土壤质量的重要组成部分。土壤是烟草生长并吸取营养和水分的场所，是影响烟草生长的主要生态条件之一，土壤的类型及物理化学性状等都会对烟草的产量、品质以及风味产生影响，同一基因型的烟草在不同的土壤条件下种植，其产量和品质都会有很大差异。土壤对烟株的生长发育和品质的形成影响作用极大，在不同土壤条件下，即使品种、栽培和调制措施相同，也会导致烟叶的质量差异明显，以至于影响烟叶的品质。各土壤因子中，土壤 pH、有机质、氮、磷、钾是目前土壤养分管理中最重要的 5 个因素。

土壤 pH 是土壤的重要属性之一，是土壤理化性质和肥力特征的综合反映。对土壤的物理性质、微生物活性、养分存在形态、转化及有效性都有较大影响，也是影响烟草生长发育和烟叶产量和质量的重要因素之一。研究表明，在酸性土壤中施用适量的石灰有利于烤烟生长，可以提高烤烟的抗病能力，促进烟株中、上部叶片干物质的积累，提高烟叶的品质和产量。根际 pH 可能影响烤烟香型风格，当根际 pH 低于 6.5 时，可促使烟叶香气呈清香型；根际 pH 大于 7.5 不超过 8.0 时，对浓香型有促进作用；当根际 pH 介于 6.5～7.5 时，则清香型、中间香型和浓香型均有可能形成。偏酸性土壤有利于烟碱的合成积累，偏碱性土壤不利于烟碱的合成，使得烟叶品质受到影响。

团粒结构是最有利于作物生长的土壤结构，而要促进其形成，就必须有充足的土壤有机质，特别是腐殖酸、黄腐酸等。土壤有机质由一系列存在于土壤中、组成和结构不均一、主要成分为碳和氮的有机化合物组成。土壤有机质能给烤烟提供更加全面的营养，对改良土壤结构和增进烤烟品质具有重要作用。植烟土壤所含的有机质是通过影响土壤理化性质和土壤肥力水平，特别是通过影响土壤供氮能力来影响烟草的品质。

氮素肥料的用量、氮的形态，以及氮、磷、钾的配合比例对烟叶产量品质影响最大，适当的氮肥供应量对优质烟叶的生产起着重要作用。烟草对氮肥较为敏感，施氮量对烟草产量和总氮、烟碱、总糖、还原糖、糖碱比等常规化学成分均有明显的影响。在缺氮情况下，烟株表现为植株瘦小，生长缓慢，香吃味差，劲头不足，烘烤后品质降低等。但供应过多会导致烤烟疯长，叶大而薄，植株高大，成熟延迟，叶色深绿，烤后品质下降。氮素在烟叶内的分布有一定的规律，表现为由下向上氮素含量逐渐升高，并且氮素可在烟株体内循环。烤烟在不同的生育期对氮的要求不同，在烟草生长的前期需施用足够的氮肥，但在烟草生长的后期若土壤氮素过多则会明显影响烟叶的产量和质量。从养分形态来看，相比于铵态氮，硝态氮是烟草的首选。另外，在实际烤烟生产过程中，国外提倡使用无机氮肥，要求硝态氮的比例为 50%以上。因此，应结合各地的气候条件和植烟土壤环境，正确施加不同形态的氮肥以提高烟叶品质。

磷是植物生长发育的必需元素，直接参与光合作用中碳的同化和光合磷酸化。烟草对磷肥的需求不太敏感，有一个较为宽松的需求范围，再加上生产中经常是以外观质量和产值来判断施肥的效

果，而在缺磷症状不出现的情况下，磷肥多施和少施对烟叶的外观质量和产值影响不大。但磷供应量的减少，会导致烟叶的细胞增殖和分裂受到抑制，最终造成烟叶各项生理活动无法正常进行，从而使烟株生长发育停止。磷参与烟株体内各种生化过程和化学过程，这些过程包括对香味贡献很大的致香物质如脂类、醛类、醇类和酮类等，以及对吃味贡献较大的有机酸、树脂类、维生素等的合成。由此可见，土壤磷与植株体内磷会对烟草化学组成产生影响，从而间接地影响烟草的香味与吃味。

钾是烤烟重要的品质元素之一，对烟草的可燃性有明显作用。烟草对钾素的需求量较大，需钾量为需氮量的2～3倍，因此有喜钾作物之称。钾含量高的烟叶呈橘黄色，有弹性和韧性，香气足，吃味好，优质的烟叶含钾量应高于2.5%，烟叶中的钾含量与着火温度呈负相关，而烟草燃烧温度的不同会使热解产物在种类和数量上发生改变，但过多地施用钾会增加烟气中乙醛含量。在较低温度下，烟叶燃烧能减少尼古丁、焦油和一氧化碳的释放量，提高安全性。因此，钾在平衡烟叶各化学性质的同时，又与烟叶香吃味及卷烟制品安全性有关。

微量元素占植物体干物质量的0.000 1%～0.010 0%。微量元素包括铁、硼、锰、锌、铜、钼、氯等。这些元素虽然在植物体内含量甚微，但它们却是烟株生长、烟叶产量和品质形成必不可少的营养元素。缺乏这些元素时，烟株不能正常生长，稍有过量，则会对烟株产生危害，甚至致其死亡。

第二节　特殊烟叶发生情况

一、常见特殊烟叶的存在类型

特殊烟叶是由于非人为因素如降雨和时空分布不合理造成的烟叶不能正常生长和成熟，如返青烟、后发烟、贪青晚熟烟（图2-1）等，这些烟叶的烘烤特性较差，称为特殊烟叶。常见特殊烟叶可分为三类（表2-1）：水分大烟叶、水分小烟叶和其他特殊烟叶。

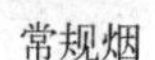

常规烟　　返青烟　　后发烟　　贪青晚熟烟

图 2-1　常规烟及特殊烟叶存在类型

表 2-1　常见特殊烟叶存在类型

类型		多发生部位	主要诱发原因
水分大烟叶	嫩黄烟	下部叶	施肥、降水
	多雨寡日照烟	中、上部叶	降水、光照
	雨淋烟	整株	降水、采收
	返青烟	中、上部叶	降水、采收
水分小烟叶	旱天烟	整株	干旱
	旱黄烟	整株	干旱
其他特殊烟叶	后发烟	中、上部叶	降水、施肥
	秋后烟	上部叶	气候
	高温逼熟烟	上部叶	高温、光照

二、发生基本条件

近些年，受自然条件影响，我国南方部分烟区出现烟株生育前期干旱、后期多雨的环境条件，极大地影响了烟株的正常生长发育。2016 年 5 月 1 日至 7 月 10 日，云南烟区平均气温高达22.86 ℃，较历年同期高 1.62 ℃，全省平均降水量仅为223.1 mm，较历年同期少 117.2 mm，为 1961 年以来最少的一年。尤其是保山、大理、丽江、楚雄等烟区，5～7 月平均降水量分别仅为 80.7 mm、127.1 mm、

134.2 mm，分别较历年同期少63.8%、57.2%、50.8%，持续高温干旱直接影响耕层土壤墒情，严重影响烤烟正常生长，受旱烟株生长缓慢或不长，地烟、山地烟普遍产生旱烘现象。部分烟农因前期干旱，烟株迟迟不长，中、上部叶生长严重受阻，增施氮肥提苗，导致施肥过多，或烟株早花，封顶过低，后期遇雨肥效发挥，中、上部叶后发，长成“憨烟”，呈“倒伞形烟”，难以成熟落黄；部分烟区由于干旱上部叶过长、过厚，导致烟叶难成熟落黄。

由于烟叶生长前期持续干旱，多数烟区到7月中旬遇透雨后烟叶才进入旺长期，而后又阴雨绵绵，光照不足，烟叶成熟慢，落黄不明显，烟叶素质较差。部分烟区直到8月底才开始采烤下部叶。若采烤不及时，进入寒露，遇低温来袭，烟叶将遭冷害，强行采烤烟叶挂灰杂色严重，烟叶烘烤质量无法保证。大理白族自治州丘陵山地水田和旱地交错分布，烤烟移栽期集中在4月下旬到5月上旬，移栽后7～10 d还苗，5月下旬到6月上旬团棵，即移栽后30～40 d后进入旺长期，采烤期较长，为7月上旬到10月上旬，正常烟叶采烤期至9月上旬结束，即白露节气前抢采，以防白露节后温度骤降，烟叶遇低温。但由于部分烟叶返青、后发、多肥等，导致烟叶难落黄成熟，烟农不得不一味推迟采烤期，造成茬口紧张，经济损失严重。

特殊烟叶发生特点：①水源条件较差的山地烟区，降雨分布不合理，雨水多集中于烟株生育中、后期，造成烟叶大田生育期前期干旱，后期多雨，出现较多后发烟叶，返青烟叶发生较少，贪青晚熟烟则无规律少量发生。②水源条件较好的旱地烟区，返青烟叶发生较多，后发烟叶和贪青晚熟烟叶发生较少。后发烟是由于烟株生育前期干旱后期雨水充足造成的，而贪青晚熟烟的形成可能与土壤基础肥力以及田间管理方式有关，即前期干旱，土壤肥力不能有效释放，烟苗蹲塘不长，烟农提苗心切，追肥过于频繁，追肥量过多，后期雨水来临，土壤肥力全力释放，造成烟叶贪青晚熟，黑暴、长憨。③水原条件好的水田烟区，烟叶前期生长较好，烟叶能够顺利落黄成熟，等到大田生长后期，持续降雨造成烟叶返青，部分土壤基础肥力过盛的烟田容易因水肥过旺而长憨长黑。

烟叶成熟采烤期遇多雨气候，光照少，烟叶含水量高，叶片脆嫩，内含物质不充实，身份薄，成熟不均匀，耐烤性差，烤后烟叶颜色多偏淡，或烤成挂灰、蒸片、烤黑。若土壤氮素残留量大，在雨水充足条件下肥效得到大量释放，使烟叶贪青晚熟，长成“憨烟”，难以成熟落黄。部分憨烟采收不及时，遇白露节气，天气转凉，烟叶易遭遇冷害。一般上部叶成熟时光照较为强烈，雨后强光极易造成烟株上部叶灼伤，进一步影响烟叶产量和质量，而且雨后骤然放晴，温度迅速回升，使烟株处在一个高湿热环境，烟株病害流行严重，易发生底烘现象。

不同类型特殊烟叶发生的基本条件如表 2-2 所示。

表 2-2　不同类型特殊烟叶发生的基本条件

类型		烟叶特点	发生特点
水分大烟叶	嫩黄烟	多为下部烟叶，烟叶干物质少，水分大，嫩而发黄	主要发生在雨水过多、徒长和过于繁茂的烟田
	多雨寡日照烟	烟叶含水较多，干物质积累相对亏缺，蛋白质、叶绿素等含氮组分较正常烟叶含量高	长期在阴雨寡日照环境中生长达到成熟的烟叶
	雨淋烟	多发生于中、上部叶，烟叶生理特性及烘烤特性未发生明显改变，仅烟叶含水量增加	已经正常成熟的烟叶突遭雨水，并在降水开始 24 h 内及时采收
	返青烟	多发生于中、上部叶，烟叶淀粉等糖类含量降低，蛋白质、叶绿素等含氮化合物含量较高，烟叶水分含量增加	已经出现成熟特征的烟叶由于降水等因素，致使原有成熟特征消失，且在较短时间内无法再次落黄
水分小烟叶	旱天烟	烟叶水分含量少，结构紧密	干旱地区和非灌溉烟田在干旱气候条件下形成的烟叶
	旱黄烟	烟叶发育不全，成熟不够，内含物质欠充实，化学组成不合理，含水量较少，叶片结构密，保水能力强，脱水较困难	多发生于丘陵旱薄地，烟叶旺长至成熟过程遭遇严重的空气干旱和土壤干旱双重胁迫，不能正常吸收营养和水分，“未老先衰”，提前表现落黄现象的假熟烟

（续）

类型		烟叶特点	发生特点
其他特殊烟叶	后发烟	烟叶内含组成不协调，叶龄往往较长，干物质积累较多，身份较厚，叶片组织结构紧实，保水能力强，难以真正成熟，有时叶面落黄极不均匀、不协调	水源条件较差，无法满足正常灌水，干旱的烟田，烟叶生长前期干旱，中后期降雨相对较多情况下形成的烟叶
	秋后烟	多发生于上部叶，水分含量较低，叶片厚实，叶组织细胞排列紧实，内含物质充实	多是在干燥凉爽的秋季气候条件下发育而成的烟叶
	高温逼熟烟	多发生于上部叶，内含物质充实，叶绿素等含氮化合物较多，结构紧密	在南方烟区常有发生，主要是上部叶受连续高温强光照影响，叶组织尚未成熟就出现众多黄斑并很快褐变

第三节 大田烟叶发育规律与营养积累

烟叶的生长发育和碳氮代谢是自身素质形成的重要过程，而营养素质的不同必然会造成烟叶烘烤特性、烤烟品质等的差异，因此对不同素质烟叶叶片发育、碳氮代谢、烘烤特性等进行研究至关重要。

一、烟叶发育一般规律

红花大金元是云南优质烤烟种植品种之一，以清香型风格突出，香气质好，香气量足，深受卷烟企业的青睐，但其氮肥利用率高，耐肥性差，大田生长过程中极易因为气候异常和田间管理不当而贪青晚熟，形成返青、后发、多肥等特殊烟叶。刘国顺等[2]把叶片的发育过程分为细胞分裂期、细胞伸长期和腔隙扩展期，叶面积的扩展过程和叶片的发育规律较为一致；唐远驹[3]等将烤烟叶片单叶重的形成过程划分为三个时期：幼叶期、体积形成期、干物质充实期（相当于缓慢生长期和成熟期）；冯国忠[4]将叶生长发育功能期划分为四个时期，幼叶生长初期、迅速生长期、缓慢生长期和充实发育期，前两个时期基本形成叶面积大小的轮廓，后两个时期基本是营养物质的填充；王能如等[5]研究白肋烟单叶重形成特点发现，烟叶生长先以扩大型代谢为主，后逐渐转化为积累型代谢，并根据白肋烟叶面积变化规律将叶片的生长阶段划分为幼叶期、旺长期和成熟期，将单叶重的形成阶段分为干物质初增期、干物质旺增期和干物质充实期。

近年来，烤烟生长季节自然灾害频发，干旱和降雨分布不均等多重因素严重影响了烟叶正常的生长发育，特殊烟叶时有发生，鲜烟叶素质差异较大。本节研究从光合产物分配和营养角度对叶片生长发育阶段进行划分，为判定鲜烟叶素质提供理论基础。

本节以下部分研究对象为红花大金元，待烟株还苗成活后，选取植株健壮、生长较为一致的烟株 5 株，在烟株现蕾之前每天观察叶片的发生情况，并挂标牌定叶位，自叶片发生起，每隔 5 d，测定烟株第 11 片真叶（即打顶后第 3 片有效叶，代表下部叶）、第 17 片真叶（即打顶后第 9 片有效叶，代表中部叶）、第 23 片真叶（即打顶后第 15 片有效叶，代表上部叶）烟叶变化。

1. 烟叶出叶速度

由表 2－3 可知，红花大金元移栽时可见叶片为 5 片，移栽后 6 d左右，新叶开始产生，且日增量呈增加趋势；移栽后前 18 d，出叶速度较慢，约每 3 d 产生 1 片叶；移栽后 23～38 d，出叶速度增加，约每 2 d 产生 1 片叶；红花大金元移栽后 54 d 现蕾，现蕾前 10 d，每天可产生一片烟叶。红花大金元全生育期共出叶 30 片，5 片苗床期烟叶和 2～3 片底脚叶枯死脱落，打顶时去掉 3～4 片花序叶，有效烟叶达 18 片左右。

表 2－3　红花大金元出叶速度

移栽后时间（d）	叶片数（片）	日增量（片）
0	5.0	—
6	6.0	0.200
13	8.0	0.333

（续）

移栽后时间（d）	叶片数（片）	日增量（片）
18	10.0	0.425
23	12.0	0.500
28	14.0	0.500
33	15.7	0.425
38	18.0	0.575
43	22.0	1.000
48	25.5	0.875
53	29.0	0.875
54	30.0	0.250

2. 不同部位烟叶叶面积变化规律

红花大金元不同部位烟叶大田生长过程中叶面积变化规律如图2-2所示，3叶位、9叶位、15叶位叶面积生长规律符合Logistic曲线，前期缓慢，中期快，后期趋于稳定，叶片采收时最

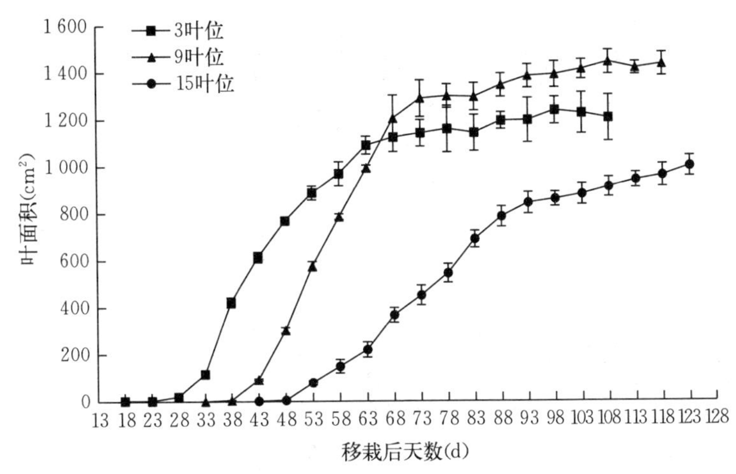

图2-2　红花大金元不同部位烟叶叶面积动态变化规律

终叶面积分别为1 210.58 cm^2、1 417.61 cm^2、937.92 cm^2，即9叶位>3叶位>15叶位，且达极显著水平，即红花大金元为腰鼓形。3叶位移栽后21 d出叶，叶片自产生起12 d以内，叶面积增长十分缓慢，移栽后33 d起叶面积开始快速扩展，35 d（移栽后68 d）后叶片基本定型，叶面积基本不再增长。9叶位移栽后37 d出叶，出叶6 d内叶面积增长缓慢，移栽后43 d叶面积开始快速扩展，35 d（移栽后78 d）后基本定型，叶面积有少量增加。15叶位移栽后45 d出叶，叶片发生后8 d叶面积增长缓慢，移栽后53 d叶面积开始快速扩展，45 d（移栽后98 d）后叶面积增长缓慢。

3. 不同部位烟叶淀粉含量变化规律

红花大金元不同部位烟叶大田生长过程中淀粉含量变化规律如图2-3所示，不同部位烟叶淀粉含量均呈S形变化规律，3叶位、9叶位、15叶位采收成熟期淀粉含量分别为235.73 mg/g、308.20 mg/g、300.04 mg/g，即9叶位>15叶位>3叶位，其中9叶位和15叶位淀粉含量接近，差异不显著，但均与3叶位差异极显著。下部叶3

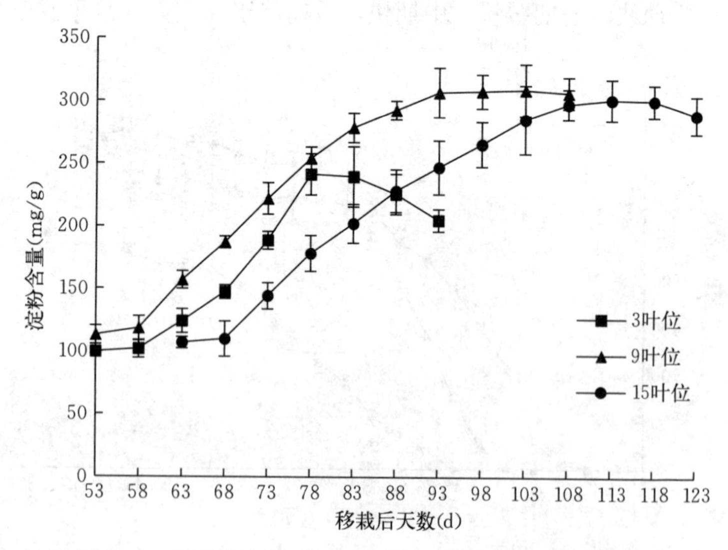

图2-3　红花大金元不同部位烟叶淀粉含量动态变化规律

叶位淀粉含量从移栽后 58 d 开始明显积累，移栽后 78 d 淀粉含量达到最大 241.6 mg/g，随后淀粉含量开始快速下降，淀粉积累时间为 20 d；中部叶 9 叶位淀粉含量也从移栽后 58 d 开始快速积累，移栽后 93 d 淀粉含量达到最大 307.2 mg/g，并随后保持平稳水平，淀粉积累时间约 35 d；上部叶 15 叶位移栽后 68 d 淀粉开始快速积累，移栽后 108 d 淀粉含量基本不再增加，淀粉积累时间约 40 d。

4. 叶片发育阶段划分

红花大金元叶片生长发育过程中，叶面积和淀粉含量发生着许多变化。综合分析这些变化可以看出，叶片发育明显地表现出三个不同时期：叶面积形成期，叶面积形成、淀粉积累重叠期（以下简称重叠期），淀粉积累期。叶面积形成期为 15～25 d，此时期主要特点是叶面积增长较快，此时期光合产物主要用于叶片骨架的构建，淀粉积累较少，以叶面积开始快速增长为始；重叠期时间跨度较大，此时期以淀粉开始快速积累为始，期间伴随叶面积的进一步扩展，以叶片基本定型为临界点；淀粉积累期一般为 10～15 d，以淀粉积累为主，此时期的主要特点是叶片基本定型，叶面积扩展缓慢或不扩展，光合产物除维持植株的正常生命代谢外，均以淀粉的形式储存在叶片中。

红花大金元不同部位烟叶不同生长发育阶段时间及所占总发育期比例如图 2-4 所示，随着叶位的上升，重叠期时间逐渐增加，叶面积形成期时间逐渐减少，中部叶淀粉积累期时间较长。下部叶 3 叶位总发育时间最短，叶面积形成期（25 d）＞重叠期（10 d）＝淀粉积累期（10 d），分别占总发育期的 55.56%、22.22% 和 22.22%，叶面积形成和淀粉积累功能分配明确，重叠期较短；中部叶 9 叶位叶面积形成期和淀粉积累期均为 15 d，重叠期为 20 d，占总发育时期的 40%；上部叶 15 叶位重叠期（30 d）＞叶面积形成期（15 d）＞淀粉积累期（10 d），重叠期占总发育期的 54.55%，淀粉积累期时间最短，仅占总发育期的 18.18%。

红花大金元不同部位烟叶不同生长发育阶段叶面积生长速率如图 2-5 所示，叶面积高速增长集中在叶面积形成期和重叠期，淀

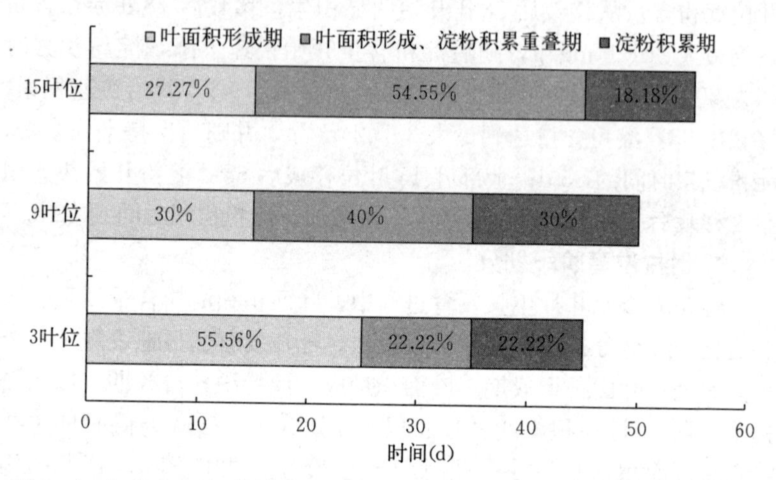

图 2-4 红花大金元不同部位烟叶不同生长发育阶段时间及所占总发育期比例

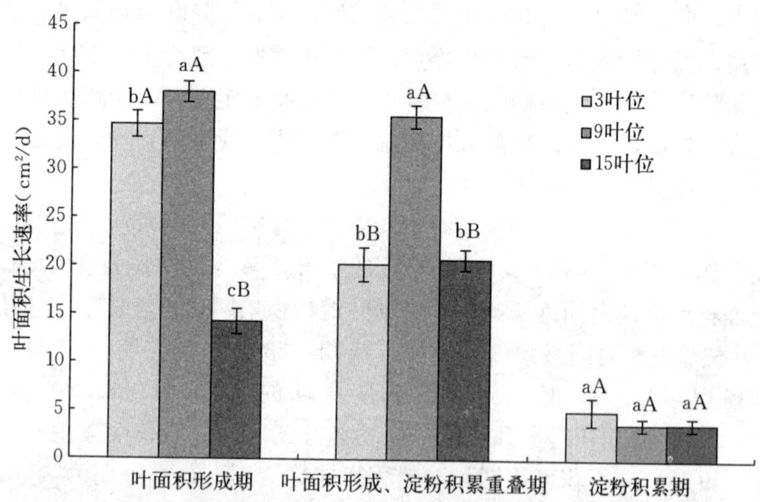

图 2-5 红花大金元不同部位烟叶不同生长发育阶段叶面积生长速率

注：同一时期不同小写字母和大写字母分别表示在 0.05 和 0.01 水平上的差异显著性。下同。

粉积累期叶面积平均生长速率较慢。下部叶 3 叶位叶面积形成期生长速率高达 34.68 cm^2/d，且叶面积形成期时间较长，形成最终叶面积的 77.39%，重叠期和淀粉积累期分别形成最终叶面积的

18.08%和4.53%；中部叶9叶位叶面积形成期和重叠期叶面积生长速率均最大，分别形成最终叶面积的42.6%和53.19%；上部叶15叶位叶面积形成期生长速率仅为14.28 cm²/d，极显著小于其他叶位，重叠期叶面积生长速率也较小，但重叠期持续时间较长，形成最终叶面积的71.22%。

红花大金元不同部位烟叶不同生长发育阶段淀粉积累速率如图2-6所示，淀粉积累主要集中在重叠期和淀粉积累期，叶面积形成期淀粉积累速率较小。下部叶3叶位淀粉积累速率为淀粉积累期>重叠期>叶面积形成期，与其他叶位相比，叶面积形成期和重叠期积累速率较小，而淀粉积累期淀粉积累速率高达9.41 mg/(g·d)，极显著高于其他叶位，此期淀粉积累量占叶片最终淀粉含量的66.31%；与其他叶位相比，中部叶9叶位叶面积形成期淀粉积累速率显著高于3叶位和15叶位，重叠区淀粉积累速率高达6.80 mg/(g·d)，加之重叠期时间较长，淀粉积累量占叶片最终淀粉含量的70.07%；上部叶15叶位各个阶段淀粉积累速率均较低，但重叠期持续时间较长，此期淀粉积累量占叶片最终淀粉含量的81.68%。

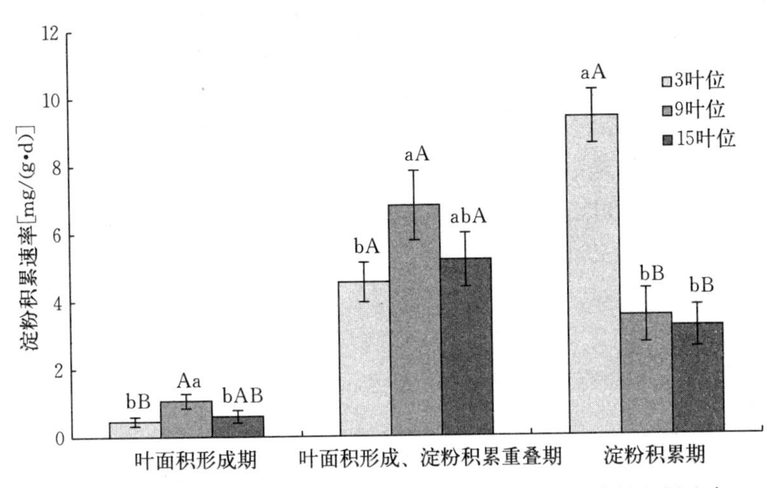

图2-6　红花大金元不同部位烟叶不同生长发育阶段淀粉积累速率

5. 烟叶发育规律

烤烟是一种对生态环境敏感的经济作物，其叶片的发生情况不仅与品种有关，同时也受环境条件的重要影响。红花大金元全生育期约出叶 30 片，移栽后 6 d 还苗，新叶开始发生，出叶速度呈逐渐增加趋势；还苗后 18 d，每 3 d 产生一片新叶，随后每 2 d 产生一片新叶，现蕾前 10 d，则每天可产生一片烟叶。生育前期一定范围内提高施肥水平可以增加总出叶数，且出叶速度更快。

烟叶的产量取决于叶面积，单位土地面积上鲜烟叶面积越大，光合作用效率越高，生物产量越多，从卷烟工业的角度考虑，叶面积大的烟叶，烟叶利用率高。各叶位叶片的生长有严格的顺序和规律，3 叶位生长速率减弱后，正是 9 叶位生长速度最快时期，紧接着是 15 叶位生长高峰期；不同部位烟叶单叶面积的增长均呈现“慢—快—慢”的变化过程，其动态曲线呈现 S 形。本节研究中移栽后 68 d 打顶，打顶后中、下部叶叶面积生长速率降低，上部叶叶面积生长速率升高。

烟叶光合作用的主要产物是淀粉，在叶绿体中，光合产物除了满足细胞自身代谢活动所需的物质和能量之外，多余的部分基本上转化为淀粉储藏起来；在烟株生命活动所需之时，淀粉又可降解并转化为其他形式的糖类供给各种需求。可见，淀粉是烟叶物质和能量的一种储存形式。烟叶在生长期间，淀粉含量逐步增加，随叶片的衰老而显著减少。烟叶生长发育初期，烟叶淀粉含量较低，淀粉积累较少，可能是叶片光合产物大部分供应根部，促进根系生长引起的；随后烟叶淀粉含量迅速增加，生理成熟期烟叶淀粉含量趋于稳定，采收期又有所下降。中、上部叶淀粉含量明显高于下部叶，且随着推迟采收时间的延长，各部位烟叶淀粉含量均呈下降趋势，下降的速率为：下部叶＞上部叶＞中部叶。鲜烟成熟越充分，淀粉积累越多，调制过程中水解越完全，烟叶品质越好。从欠熟至成熟，烟叶淀粉含量逐渐升高，工艺成熟烟叶淀粉含量达到最高，过熟烟叶淀粉含量又降低，工艺成熟采收的烟叶烤后淀粉含量较低，还原糖含量较适宜，化学成分较协调。因此，淀粉积累期后采收烟

叶较合适，其中下部叶耐熟性差，需要适当早采，淀粉积累期结束后5 d采收合适，中、上部叶淀粉积累期结束后15 d采收合适。

叶片光合作用合成的有机物质是烟株进行生长和发育的物质基础。根据红花大金元不同部位烟叶叶面积形成过程和淀粉积累过程，将叶片发育大致分为三个时期：叶面积形成期、重叠期、淀粉积累期。叶面积形成期以叶面积快速扩增为始，以淀粉开始迅速积累为终，此时期是鲜烟叶素质形成的基础，如果这一时期受阻，不能形成足够的容积，则不能容纳较多的营养物质，例如后发烟叶的形成；但是这一时期叶面积扩展过快，将会导致后来淀粉的积累跟不上体积扩展，叶片组织密度降低，叶片疏松，例如下部叶和多雨寡日照烟叶的形成，如果后期烟叶淀粉积累不充实，而氮代谢又过于旺盛，则极易形成多肥烟。

重叠期时间跨度较大，此时期以淀粉开始快速积累为始，期间伴随叶面积的进一步扩展。此时期叶面积扩展速率和淀粉积累速率较协调，营养物质积累可以跟上叶面积的扩充，对鲜烟叶素质影响较小。

淀粉积累期以叶面积定型为始，以淀粉基本稳定为终。此时期叶片基本定型，各个叶位叶片扩展缓慢；叶片的光合产物除维持植株的正常生命代谢外，均以淀粉的形式储存在叶片中，但不同部位叶片淀粉积累量不同，下部叶此时期淀粉积累速率极高，但最终淀粉含量与中、上部叶相比，仍然较低，可见后发烟叶生育后期碳获取效率仍不能与常规烟叶相比。

“源流库”理论认为，物质的积累由“源、流、库”共同组成，要最终达到物质的高效积累，必须在三个方面同步提高。与其他作物不同，烤烟的收获部位是叶片，即“库、源”一体，前期叶面积扩充与后期淀粉积累协调一致，鲜烟叶素质才能较好。叶面积形成期和淀粉积累期是大田生长过程中不同素质烟叶形成的关键。

二、不同素质烟叶发育与营养积累规律

烟叶生育期叶片发生碳氮代谢是烟叶自身素质形成的重要过程，不同素质烟叶发育与营养积累不同，其烘烤特性也存在较大差

异。研究不同素质烟叶叶片发生规律、碳氮代谢特点，明确鲜烟素质形成规律，能为不同素质烟叶营养烘烤提供理论依据，同时也为提高烟叶烘烤品质、降低经济损失提供参考。

本节以下部分以盆栽试验研究不同素质特殊烟叶发育与营养积累，设置 4 个处理，分别为 CK：常规处理，施纯氮 6 g/株，生育期管理按照优质烤烟生产技术规范进行；T1：返青处理，施纯氮 6 g/株，上部叶采收前 7～10 d 采用质量分数 0.2%的硝酸铵溶液 500 mL/株进行灌根处理，其余处理同常规处理；T2：后发处理，施纯氮 6 g/株，在上部叶生育前期进行控水处理，灌水量减为常规烟叶一半，生育后期同常规处理；T3：贪青晚熟处理，施纯氮 10 g/株，其余处理同常规处理。

1. 不同类型特殊烟叶发育规律

采用 Logistic 曲线方程对叶面积形成规律进行拟合，如式（2-1）所示。参照文献对 Logistic 曲线方程进行二阶求导和三阶求导，分别得到 x_G 和 x_1、x_2，如式（2-2）～式（2-4）所示。

$$f(x)=\frac{k}{1+a\mathrm{e}^{-bx}} \tag{2-1}$$

$$x_G=\frac{\ln a}{b} \tag{2-2}$$

$$x_1=\frac{\ln\frac{a}{2+\sqrt{3}}}{b} \tag{2-3}$$

$$x_2=\frac{\ln\frac{a}{2-\sqrt{3}}}{b} \tag{2-4}$$

式（2-1）中，f（x）为不同处理叶面积（cm^2）；x 为叶龄（d）；a、b 为待定常数参数；k 为不同处理叶面积可能达到的理论上限（cm^2）。式（2-2）中，x_G 为叶面积日生长速率最大的时间，即烟叶生长速率由快至慢的转折点，称之为速生点。式（2-3）、式（2-4）中，x_1、x_2 分别为叶面积连日生长量变化速率最快的两个点，即生长增速点与生长减速点，x_1、x_2 之间的生育期即为

叶片速生期。式（2-2）～（2-4）中，a、b 为待定常数参数。

由图 2-7 可知，不同处理叶面积形成规律整体表现为“慢—快—慢”的 S 形生长规律，但不同类型特殊烟叶叶面积形成快慢及形成时期存在一定差异；采收鲜烟叶面积以贪青晚熟烟最大，常规烟、返青烟次之，后发烟最小。

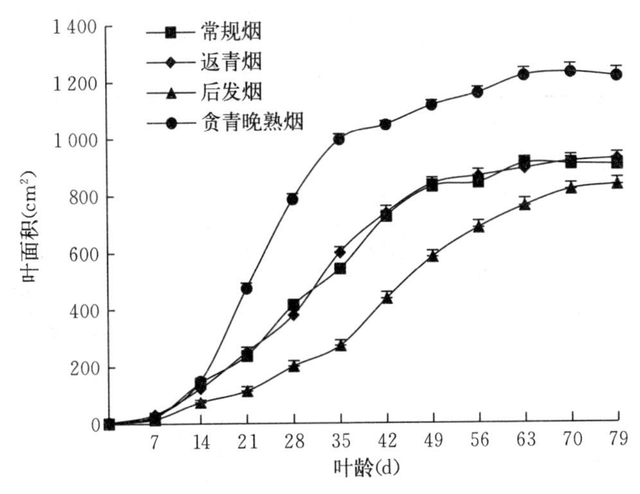

图 2-7　不同类型特殊烟叶叶面积动态变化规律

由表 2-4 可知，不同类型特殊烟叶叶面积形成规律均符合 Logistic 曲线，常规烟、返青烟、后发烟和贪青晚熟烟模型决定系数（R^2）分别为 0.996 5、0.998 1、0.998 4 和 0.993 2。综合图 2-7 和表 2-4 可知，常规烟、返青烟叶面积形成规律基本一致，两者速生点、增速点和减速点发生时期相差不大；后发烟、贪青晚熟烟则明显区别于前两者，其中后发烟生长增速点、速生点、生长减速点均晚于常规烟，分别延迟 8.98 d、11.42 d、13.84 d；贪青晚熟烟叶面积形成则明显快于其他处理，与常规烟处理相比生长增速点、速生点、生长减速点分别提前 2.73 d、6.12 d、9.52 d，与后发烟相比则分别提前 11.71 d、17.54 d、23.36 d。不同处理叶面积形成过程中叶片生长节点不同，在相同叶龄时间段内叶片生长存在较大差异。结合 Logistic 生长曲线特点，将叶片生育期划分为初生期、速生期、缓生期，即 $0\sim x_1$、$x_1\sim x_2$、x_2 至采收。

表 2-4　不同类型烟叶模型拟合参数与理论生长节点

类型	a	b	k	R^2	x_G	x_1	x_2	S
常规烟	31.78	0.113 8	915.40	0.996 5	30.39	18.82	41.97	906.18 c
返青烟	36.61	0.119 2	922.80	0.998 1	30.20	19.16	41.25	939.20 b
后发烟	50.97	0.094 0	868.70	0.998 4	41.81	27.80	55.81	835.64 d
贪青晚熟烟	49.78	0.161 0	1 184.00	0.993 2	24.27	16.09	32.45	1 216.47 a

注：表中同列小写字母表示 5%水平差异显著（$P<0.05$），下同。

表 2-5　不同类型特殊烟叶生长特点

处　理	生育阶段	叶龄段 (d)	生长量 (cm²)	生长量占比 (%)	日均增长量 (cm²/d)
常规烟	初生期	0～21	237.61 b	26.22 b	11.31 b
返青烟		0～21	249.07 a	26.90 a	11.86 a
后发烟		0～28	198.60 c	23.77 c	7.09 d
贪青晚熟烟		0～14	147.47 d	12.12 d	10.53 c
常规烟	速生期	21～42	487.43 b	53.79 c	23.21 b
返青烟		21～42	485.60 b	52.45 d	23.12 b
后发烟		28～56	484.49 b	57.98 b	17.30 c
贪青晚熟烟		14～35	845.37 a	69.49 a	40.26 a
常规烟	缓生期	42～79	179.00 c	19.75 a	4.84 c
返青烟		42～79	187.70 b	20.27 a	5.07 b
后发烟		56～79	148.99 d	17.83 b	6.48 a
贪青晚熟烟		35～79	219.79 a	18.07 b	5.00 bc

由表 2-5 可知，不同类型特殊烟叶初生期、速生期、缓生期平均叶面积生长量分别为 208.19 cm²、575.72 cm²、183.87 cm²，叶面积形成规律呈“慢—快—慢”的趋势，但不同类型同一生育阶段叶面积生长量均存在较明显差异。初生期不同处理烟叶平均生长量占比 21.51%，但生长量间均存在显著差异；其中返青烟生长量

最大但与常规烟相差不大，与常规烟相比后发烟、贪青晚熟烟分别减少 39.01 cm^2、90.14 cm^2；叶面积日均增长量以返青烟最大，分别大于常规烟、后发烟、贪青晚熟烟处理 0.55 cm^2/d、4.77 cm^2/d、1.33 cm^2/d，且不同类型间均存在显著差异。速生期平均叶面积生长量占比 59.49%，在速生期结束后叶面积达到平均总叶面积的 81.00%。速生期以贪青晚熟烟叶面积增长量最大，且与其他类型烟叶呈显著差异，叶面积生长量分别高于常规烟、返青烟、后发烟处理 357.94 cm^2、359.77 cm^2、360.88 cm^2，这可能与氮肥施用等有关；叶面积日均增长量同样以贪青晚熟烟最大，分别大于常规烟、返青烟、后发烟处理 17.05 cm^2/d、17.14 cm^2/d、22.96 cm^2/d，其中常规烟、返青烟速生期叶面积日均增长量之间无显著差异，而与其他类型烟叶均呈显著差异。烟叶在缓生期内平均叶面积生长量占比 19.00%，且不同类型间叶面积生长量均存在显著差异。缓生期以贪青晚熟烟叶面积增长量最大，分别大于常规烟、返青烟、后发烟处理 40.79 cm^2、32.09 cm^2、70.80 cm^2；叶面积日均增长量以后发烟最大，分别大于常规烟、返青烟、贪青晚熟烟处理 1.64 cm^2/d、1.41 cm^2/d、1.48 cm^2/d，这可能是不同类型烟叶缓生期持续时间不同造成的。

2. 不同类型特殊烟叶淀粉与总氮含量变化

由图 2－8 可知，不同类型烟叶淀粉含量随烟叶叶龄的增加整体呈现增长趋势；由图 2－9 可知，总氮含量则随着叶龄的增加整体呈现下降趋势。采收鲜烟叶中淀粉含量贪青晚熟烟最高，常规烟、返青烟次之，后发烟最小；总氮含量以贪青晚熟烟最高，后发烟、返青烟次之，常规烟最小。不同类型烟叶生育期内淀粉含量和总氮含量变化均存在一定差异。

由表 2－6 可知，不同类型烟叶初生期平均淀粉积累为 4.09%，其中常规烟、返青烟、后发烟初生期淀粉积累量相差不大，分别大于贪青晚熟烟 4.07%、4.39%、4.04%；初生期淀粉日均积累量常规烟、返青烟相差不大，后发烟次之，贪青晚熟烟最小，这可能是由于处理间水分供应、肥料供应的差异致使初生期生长持续时间

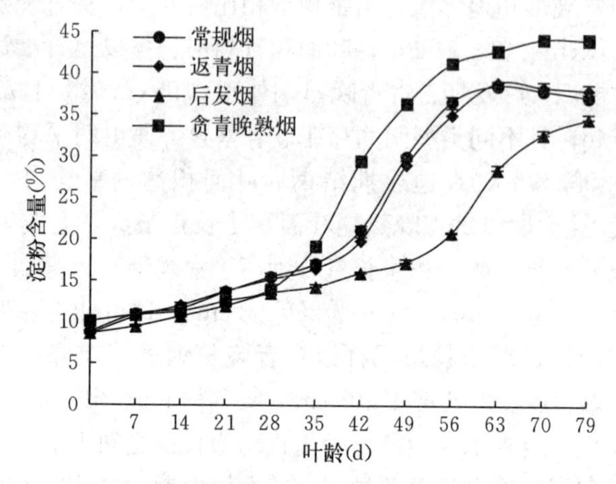

图 2-8 不同类型烟叶生育期淀粉含量变化

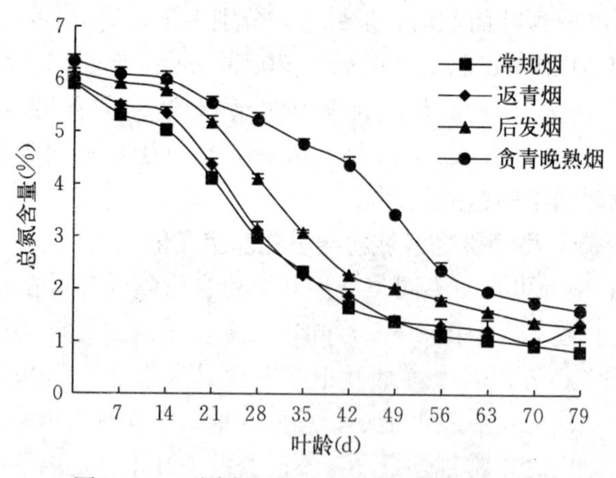

图 2-9 不同类型烟叶生育期总氮含量变化

不同所引起的。速生期烟叶平均淀粉积累量为 7.30%，较初生期相比增加 3.21%。不同处理速生期淀粉积累量以贪青晚熟烟最高，分别高于常规烟、返青烟、后发烟 0.74%、1.20%、0.91%，其中贪青晚熟烟与返青烟之间存在显著差异，其余不同类型烟叶之间均无显著差异；淀粉日均积累量以贪青晚熟烟最高，常规烟、返青

烟次之，后发烟最小。不同类型烟叶淀粉积累量最大的生长时期均为缓生期，平均淀粉积累量为17.86%，与初生期、速生期平均淀粉积累量相比分别增加13.78%、10.56%。缓生期淀粉日均增长量后发烟最大，且与常规烟、返青烟处理之间呈显著差异。此外，烟叶缓生期不仅包括叶面积的缓慢生长和淀粉大量积累，还包括部分淀粉转化、营养平衡等的田间后熟过程。不同类型烟叶淀粉转化发生时间不同，常规烟、返青烟发生在叶龄63～79 d，贪青晚熟烟发生在70～79 d，后发烟未出现明显的淀粉转化过程。

表2-6　不同类型烟叶生育期淀粉和总氮代谢特点

处　理	生育阶段	淀　粉		总　氮	
		积累量（%）	日均积累量（%/d）	转化量（%）	日均转化量（%/d）
常规烟	初生期	5.03 a	0.240 a	1.66 ab	0.079 a
返青烟	初生期	5.35 a	0.255 a	1.47 b	0.070 a
后发烟	初生期	5.00 a	0.178 b	1.96 a	0.070 a
贪青晚熟烟	初生期	0.96 b	0.068 c	0.48 c	0.034 b
常规烟	速生期	7.27 ab	0.346 ab	2.59 a	0.123 a
返青烟	速生期	6.81 b	0.324 b	2.58 ab	0.123 a
后发烟	速生期	7.10 ab	0.253 c	2.35 b	0.084 b
贪青晚熟烟	速生期	8.01 a	0.382 a	1.17 c	0.056 c
常规烟	缓生期	15.90 bc	0.430 b	0.82 b	0.022 b
返青烟	缓生期	17.11 b	0.462 b	0.52 c	0.014 c
后发烟	缓生期	13.93 c	0.606 a	0.47 c	0.020 b
贪青晚熟烟	缓生期	24.48 a	0.557 ab	3.13 a	0.071 a

烟叶生育期内总氮含量均呈下降趋势，初生期后发烟总氮转化量最大，分别大于常规烟、返青烟、贪青晚熟烟0.30%、0.49%、1.48%，可能是因为后发烟前期干旱胁迫致使相关酶活性受到抑制，削弱了烟叶氮代谢强度，致使总氮转化量增加，而贪青晚熟烟初生期总氮转化量明显低于其他处理，这可能是由于高氮条件下烟

叶氮代谢旺盛所引起的。速生期烟叶总氮转化量常规烟、返青烟、后发烟明显高于贪青晚熟烟，而缓生期贪青晚熟烟总氮转化量则明显高于其他类型烟叶，这可能是由于不同类型烟叶内在以氮代谢为主向碳代谢为主的转化时间不同所引起的。

3. 不同类型烟叶碳氮代谢转变特点

烟叶品质的形成与叶片生育期碳氮代谢密切相关，只有叶片内碳氮化合物之间平衡协调，才能生产出优质烟叶。烟叶碳代谢的最终表现形式主要是淀粉，因此可选用淀粉含量作为叶片碳代谢的判断指标。烟叶中总氮包括蛋白氮和非蛋白氮，基本包括烟叶中含氮化合中的氮素，而烟碱为非氮代谢直接产物，故可用总氮含量作为氮代谢评价指标。因此，以不同类型烟叶生育期淀粉和总氮含量变化为对象，研究不同类型烟叶碳氮代谢转变特点，如图 2-10 所示。

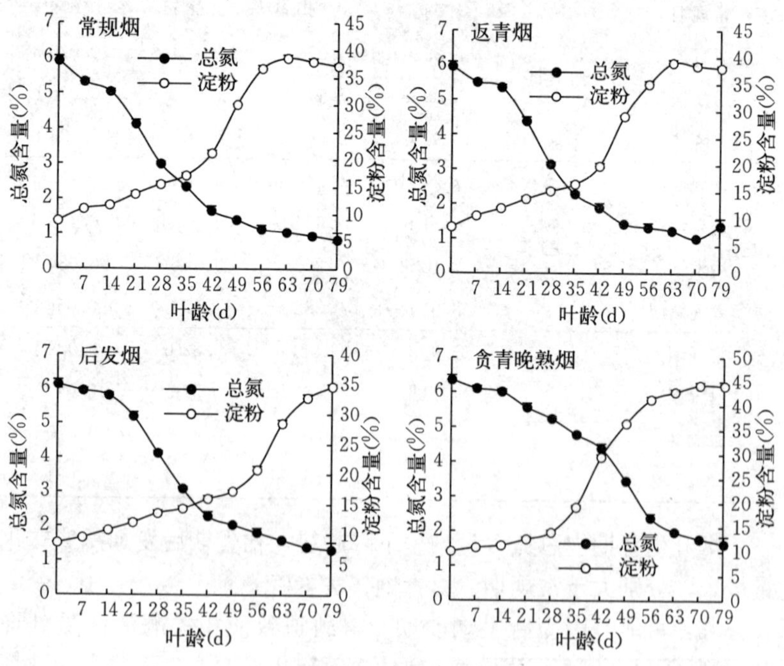

图 2-10　不同类型烟叶生育期碳氮代谢转变特点

由图 2-10 可知，不同类型烟叶以淀粉为主的碳代谢和以总氮为主的氮代谢发生转变的时间存在一定差异。常规烟、返青烟碳氮代谢转变时间均发生在叶龄 28～35 d，两者转变时间相差不大，且均发生于叶片速生期。后发烟碳氮代谢转变时间在叶龄 35～42 d，较常规烟延滞 7 d 左右，同样也发生于叶片速生期。贪青晚熟烟转变时间发生在叶龄 42 d 左右，与常规烟相比延滞 10 d 左右，与后发烟相比延滞 3～4 d，且碳氮代谢转变时间发生于缓生期，明显区别于其他类型烟叶。不同类型烟叶碳氮代谢转化时间与总氮含量变化特点基本相一致。

三、特殊烟叶采收生理特点

烟叶成熟过程中经历了复杂的生理生化变化，不同类型特殊烟叶形成过程中生理变化差异显著，导致鲜烟素质差别较大。了解不同类型特殊烟叶成熟采收生理特点，为减少特殊烟叶产生提供理论依据。

1. 不同类型特殊烟叶定型时生理特点

如表 2-7 所示，与常规烟叶相比，返青烟下部叶定型时 SPAD 值较高，叶片呼吸强度大，代谢旺盛，含水率较高，但干物质积累较少，说明此时烟叶还处在旺盛的返青发育阶段，呼吸代谢消耗大，干物质积累少，但含水率较高，此时烟叶欠熟，水分含量大，落黄慢，烘烤过程中极其容易因内含物质消耗过快而变黑、变褐，

表 2-7　不同类型特殊烟叶下部叶定型时生理特点

类　型	含水率（%）	干物质量（g/片）	SPAD 值	呼吸强度［mg/(kg·h)］
常规烟	85.29 b	2.44 a	42.01 c	206.26 b
返青烟	87.14 a	1.11 c	48.60 b	221.62 a
后发烟	84.81 b	1.57 b	41.55 c	177.08 c
贪青晚熟烟	88.64 a	1.57 b	51.09 a	207.47 b

注：常规烟下部叶移栽后 73 d 定型；返青烟下部叶移栽后 58 d 定型；后发烟下部叶移栽后 68 d 定型；贪青晚熟烟下部叶移栽后 58 d 定型。

从而导致烤枯，即使勉强定色，叶片轻薄，产量和质量较低。与常规烟下部叶相比，后发烟下部叶定型时含水率和 SPAD 值略小，但差异不显著，呼吸强度较小，干物质积累较少。贪青晚熟烟叶含水量较大，SPAD 值显著高于其他类型特殊烟叶，呼吸强度大，但干物质积累较少，烘烤过程中变黄难，变黑快，既不易烤，也不耐烤。

如表 2-8 所示，与常规烟叶相比，返青烟中部叶定型时含水率较高，且差异显著，干物质量差异不大，但是淀粉含量显著低于常规烟叶，且色素含量显著高于常规烟叶，说明在干物质积累相同的情况下，返青烟叶色素等含氮化合物含量高，淀粉等糖类含量低，碳氮比例不协调，此时的返青烟中部叶在烘烤过程中变黄难，定色难，极易烤青或烤黑。后发烟叶中部叶定型时，含水率、淀粉含量、呼吸强度与常规烟中部叶无显著差异，仅干物质量、SPAD 值显著较高，因而身份较厚，叶片组织结构比较紧实，保水能力强。贪青晚熟烟叶含水率最高，干物质量较大，但是淀粉含量低，叶绿素含量高，大田生育期较长，难落黄，烘烤过程中难变黄、难定色，极易烤黑和死青。

表 2-8 不同类型特殊烟叶中部叶定型时生理特点

类　型	含水率（%）	干物质量（g/片）	淀粉含量（%）	SPAD 值	叶绿素含量（mg/g）	类胡萝卜素含量（mg/g）	呼吸强度［mg/(kg·h)］
常规烟	78.06 c	2.85 b	28.51 a	39.78 c	0.756 c	0.234 c	360.43 a
返青烟	80.65 b	2.53 b	17.32 b	44.63 a	1.031 b	0.279 b	273.91 b
后发烟	77.61 c	3.31 a	25.02 a	42.98 b	0.676 c	0.190 d	348.62 a
贪青晚熟烟	84.02 a	3.26 a	18.30 b	46.73 a	1.384 a	0.447 a	297.84 b

注：常规烟中部叶移栽后 93 d 定型；返青烟中部叶移栽后 78 d 定型；后发烟中部叶移栽后 91 d 定型；贪青晚熟烟中部叶移栽后 93 d 定型。

上部叶定型时（表 2-9），与常规烟叶相比，返青烟上部叶定型时含水率较高，干物质量、淀粉含量较低，SPAD 值高达 56.85

并达到显著水平，叶绿素和类胡萝卜素含量高，即碳氮比严重失调，导致烟叶落黄困难，烘烤特性较差。后发烟干物质量、淀粉含量比返青烟大，但差异不显著，色素含量较返青烟低，但与常规烟上部叶相比，后发烟仍然表现为淀粉、干物质积累较少，色素等含氮化合物含量高，难落黄、难定色，烘烤特性较差。贪青晚熟烟上部叶定型时，除呼吸强度显著低于常规烟上部叶外，其他指标均较高，由于此时贪青晚熟烟上部叶干物质积累多，叶片较厚，色素含量高，难落黄，烘烤过程中变黄慢，难定色。

表 2-9 不同类型特殊烟叶上部叶定型时生理特点

类 型	含水率 (%)	干物质量 (g/片)	淀粉含量 (%)	SPAD 值	叶绿素含量 (mg/g)	类胡萝卜素含量 (mg/g)	呼吸强度 [mg/(kg·h)]
常规烟	73.77 b	2.96 a	29.79 a	50.21 c	0.247 c	0.118 c	695.75 a
返青烟	75.32 a	1.92 b	15.87 c	56.85 a	0.678 a	0.231 a	424.48 c
后发烟	72.48 b	2.11 b	18.11 c	54.48 b	0.568 b	0.180 b	492.68 b
贪青晚熟烟	75.67 a	3.16 a	21.61 b	54.21 b	0.594 b	0.212 a	425.03 c

注：常规烟上部叶移栽后 108 d 定型；返青烟上部叶移栽后 108 d 定型；后发烟上部叶移栽后 106 d 定型；贪青晚熟烟上部叶移栽后 111 d 定型。

2. 不同类型特殊烟叶干物质积累量最大时生理特点

（1）不同类型烟叶干物质积累量变化 如图 2-11 所示，常规烟下部叶干物质积累量与中部叶相似，上部叶大田生长后期干物质积累增长较快，且在采样结束时依然处在增长趋势上。返青烟干物质积累量表现为中部叶＞下部叶＞上部叶，且不同部位干物质量达到最大后 1～2 周，叶片干物质明显增加，这和烟株后期返青有关。后发烟大田生长过程中干物质量积累缓慢，积累时间较长，且积累至最大后有缓慢下降趋势，各部位烟叶干物质积累量与返青烟相似。贪青晚熟烟下部叶、中部叶前期干物质积累较少，上部叶干物质量在大田生育后期快速增加，表明其上部叶开片较好，叶片较大，干物质积累量较多。

（2）干物质积累量最大时烟叶生理特点 如表 2-10 所示，与

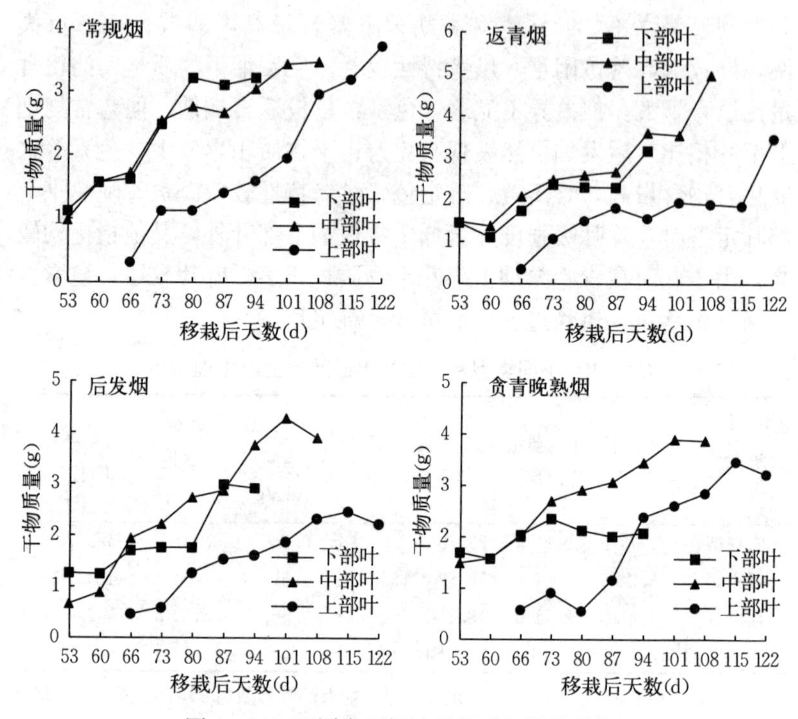

图 2-11　不同类型烟叶干物质积累量变化

常规烟下部叶相比，返青烟下部叶呼吸强度较大，烟叶仍然处在旺盛的生理代谢阶段，烟叶落黄较慢。后发烟下部叶含水率、叶面积、SPAD值最小，呼吸强度最大，后发烟下部叶除叶面积较小、产量较低外，并无难落黄现象产生。贪青晚熟烟干物质积累量最大时，烟叶含水率、叶面积、SPAD值最大，但是呼吸强度最小，烟叶并未真正成熟。

如表 2-11 所示，中部叶的呼吸强度明显增强。与常规烟中部叶相比，返青烟中部叶淀粉含量仅为 17.17%，SPAD值和叶绿素含量显著高于常规烟，但呼吸强度较弱，外观和生理上均未达到成熟。后发烟中部叶叶面积依然较小，淀粉含量较少，色素含量、呼吸强度与常规烟较接近。贪青晚熟烟含水率最高，叶面积最大，色素含量高，淀粉等糖类含量少，碳氮比严重失调，烘烤特性较差。

表 2-10　下部叶干物质积累量最大时生理特点

类　型	含水率（%）	叶面积（cm^2）	SPAD 值	呼吸强度 [mg/(kg·h)]
常规烟	85.32 b	1 313.42 a	38.85 b	160.71 b
返青烟	85.13 b	1 256.94 b	39.30 b	202.27 a
后发烟	82.25 c	1 017.35 c	32.52 c	203.67 a
贪青晚熟烟	87.12 a	1 336.34 a	46.95 a	137.46 c

注：常规烟下部叶移栽后 80 d 干物质积累量最大；返青烟下部叶移栽后 73 d 干物质积累量最大；后发烟下部叶移栽后 87 d 干物质积累量最大；贪青晚熟烟下部叶移栽后 73 d 干物质积累量最大。

表 2-11　中部叶干物质积累量最大时生理特点

类　型	含水率（%）	叶面积（cm^2）	淀粉含量（%）	SPAD 值	叶绿素含量（mg/g）	类胡萝卜素含量（mg/g）	呼吸强度 [mg/(kg·h)]
常规烟	76.06 b	1 284.37 b	30.93 a	33.20 d	0.512 c	0.164 b	377.32 a
返青烟	76.47 b	1 346.64 b	17.17 c	46.30 a	0.621 b	0.161 b	299.32 b
后发烟	75.79 b	1 011.13 c	25.87 b	37.05 c	0.469 c	0.154 c	353.44 a
贪青晚熟烟	81.12 a	1 535.60 a	19.66 c	43.60 b	1.046 a	0.305 a	302.61 b

注：常规烟中部叶移栽后 101 d 干物质积累量最大；返青烟中部叶移栽后 94 d 干物质积累量最大；后发烟中部叶移栽后 101 d 干物质积累量最大；贪青晚熟烟中部叶移栽后 101 d 干物质积累量最大。

如表 2-12 所示，返青烟上部叶含水率较高，淀粉含量较少，但 SPAD 值、色素含量较高，碳氮比例明显失调。后发烟开片较差，叶面积较小，色素含量高，呼吸代谢较旺盛。贪青晚熟烟上部叶叶面积大，淀粉含量低，色素含量高，但呼吸强度较小，表现为明显的生理不成熟。

表 2-12　上部叶干物质积累量最大时生理特点

类　型	含水率（%）	叶面积（cm^2）	淀粉含量（%）	SPAD值	叶绿素含量（mg/g）	类胡萝卜素含量（mg/g）	呼吸强度[mg/(kg·h)]
常规烟	71.84 c	825.92 b	30.15 a	44.05 c	0.287 c	0.115 c	640.49 a
返青烟	78.87 a	714.39 b	19.31 c	59.45 a	0.632 a	0.203 a	515.02 b
后发烟	70.87 c	507.34 c	25.06 b	53.05 b	0.488 b	0.160 b	525.22 b
贪青晚熟烟	73.77 b	959.29 a	21.68 c	55.12 b	0.574a	0.198 a	424.12 c

注：常规烟上部叶移栽后 115 d 干物质积累量最大；返青烟上部叶移栽后 101 d 干物质积累量最大；后发烟上部叶移栽后 115 d 干物质积累量最大；贪青晚熟烟上部叶移栽后 115 d 干物质积累量最大。

3. 不同类型特殊烟叶成熟采收时生理特点

如表 2-13 所示，下部叶成熟采收时，不同类型烟叶代谢活动差别较大，呼吸强度差异显著。返青烟与贪青晚熟烟含水率较高，显著高于常规烟和后发烟。后发烟虽然叶片较小，但干物质积累充实，与常规烟干物质积累量基本一致。贪青晚熟烟成熟时 SPAD 值显著高于其他类型烟叶，表明其田间成熟落黄困难，成熟特征不明显。

表 2-13　下部叶成熟采收时生理特点

类　型	含水率（%）	叶面积（cm^2）	干物质量（g/片）	SPAD值	呼吸强度[mg/(kg·h)]
常规烟	82.67 b	1 303.44 a	3.10 a	29.60 c	228.20 b
返青烟	84.68 a	1 268.58 b	2.31 b	32.15 b	263.29 a
后发烟	82.25 b	1 017.35 c	3.01 a	32.54 b	203.67 c
贪青晚熟烟	84.14 a	1 298.25 a	2.14 b	37.13 a	222.86 b

注：常规烟下部叶移栽后 87 d 成熟采收；返青烟下部叶移栽后 80 d 成熟采收；后发烟下部叶移栽后 87 d 成熟采收；贪青晚熟烟下部叶移栽后 101 d 成熟采收。

如表 2-14 所示，中部叶成熟时，返青烟和贪青晚熟烟含水率显著高于常规烟和后发烟，不同类型烟叶叶面积从大到小排序为：

贪青晚熟烟>返青烟>常规烟>后发烟。与常规烟叶相比，特殊烟叶淀粉含量显著降低；后发烟干物质量显著高于其他烟叶。贪青晚熟烟叶绿素含量高，成熟采收时 SPAD 值最高，落黄不明显，烟叶呼吸强度最高，代谢旺盛。

表 2-14　中部叶成熟采收时生理特点

类　型	含水率（%）	叶面积（cm^2）	淀粉含量（%）	干物质量（g/片）	SPAD 值	叶绿素含量（mg/g）	呼吸强度[mg/(kg·h)]
常规烟	76.83 b	1 237.92 c	30.69 a	3.47 bc	31.31 c	0.245 d	389.48 c
返青烟	78.21 a	1 351.46 b	17.05 c	3.62 b	33.34 b	0.584 b	333.62 d
后发烟	74.19 c	1 103.25 d	25.42 b	4.08 a	34.32 b	0.412 c	409.99 b
贪青晚熟烟	78.92 a	1 521.44 a	18.45 c	3.37 c	38.97 a	0.824 a	443.49 a

注：常规烟中部叶移栽后 108 d 成熟采收；返青烟中部叶移栽后 108 d 成熟采收；后发烟中部叶移栽后 115 d 成熟采收；贪青晚熟烟中部叶移栽后 122 d 成熟采收。

如表 2-15 所示，成熟期后发烟上部叶含水率显著低于常规烟、返青烟和贪青晚熟烟，其淀粉含量与常规烟基本一致。贪青晚熟烟由于后期施肥过多，烟叶旺长，叶面积显著高于其他类型烟叶，烟叶叶绿素含量较高，SPAD 值较大，烟叶成熟落黄特征不明显。与常规烟叶相比，特殊烟叶上部叶成熟采收时呼吸强度略有降低，这可能与烟叶推迟采收有关。

表 2-15　上部叶成熟采收时生理特点

类　型	含水率（%）	叶面积（cm^2）	淀粉含量（%）	干物质量（g/片）	SPAD 值	叶绿素含量（mg/g）	呼吸强度[mg/(kg·h)]
常规烟	70.49 bc	822.91 b	25.84 a	3.22 a	34.22 c	0.247 d	697.31 a
返青烟	74.16 a	719.25 b	18.54 b	1.86 c	38.13 ab	0.604 a	591.46 c
后发烟	69.58 c	511.25 c	24.51 a	2.38 b	37.61 b	0.437 c	568.09 d
贪青晚熟烟	72.12 ab	955.65 a	20.42 b	3.17 a	41.17 a	0.518 b	631.51 b

注：常规烟上部叶移栽后 122 d 成熟采收；返青烟上部叶移栽后 122 d 成熟采收；后发烟上部叶移栽后 129 d 成熟采收；贪青晚熟烟上部叶移栽后 136 d 成熟采收。

四、不同品种烤烟糖代谢变化

糖代谢是烤烟植株生命活动最基本的初生代谢之一，对烟叶的生长发育、干物质积累有重要影响。烤烟成熟期糖代谢的平衡与协调，最终影响烟叶品质。此外，还原糖也是影响烟叶品质的重要成分，可调节烟气酸碱平衡，增加烟叶香吃味。研究烤烟成熟期水溶性糖含量动态变化规律、糖代谢关键酶活性及基因表达模式对探究烟叶品质形成的机理有重要意义。

烟叶内可溶性糖主要包括葡萄糖、果糖、麦芽糖和蔗糖。蔗糖是烟叶内光合作用的主要产物，在碳同化物积累、运输和贮藏中发挥重要作用。蔗糖合成酶（sucrose synthase，SS）、蔗糖磷酸合成酶（sucrose phosphate synthase，SPS）和转化酶（invertase，INV）是蔗糖代谢关键酶，其活性对植物糖代谢有重要影响。蔗糖转化酶的活性可作为碳代谢的标志，其不可逆地催化蔗糖分解为果糖和葡萄糖，参与韧皮部的卸载与库的建立，同时也与烟叶生长和器官建成有关。蔗糖磷酸合成酶控制植物体内碳素的分配和流向，其活性与蔗糖积累趋势相似，在糖代谢中起关键作用。王红丽等[6]研究发现，糖代谢相关基因如蔗糖合成酶基因（*NtSS*）、蔗糖磷酸合成酶基因（*NtSPS*）和转化酶基因（*NtINV*）随着烟草生育期的进行逐渐增强。牛德新等[7]研究发现，烤烟移栽后 90 d，高氮处理显著增强 INV 的表达量。史宏志等[8]研究发现，烟叶发育的不同阶段各酶活性不同，转化酶活性先升高后降低，旺长期转化酶活性达到峰值。贾宏昉等[9]研究发现，植烟土壤中增施腐熟秸秆可增强蔗糖代谢相关基因 *NtSS* 等的表达，促进成熟期烟叶的碳代谢，进而提高烟叶品质。

本节以下部分以秦烟 96、豫烟 6 号和 K326 为材料，测定烟叶成熟期水溶性糖含量及糖代谢关键酶活性变化，并利用实时荧光定量 PCR 技术测定关键酶基因的表达规律，旨在系统探究烟叶品质形成的分子作用机理，为优质烟叶生产奠定理论基础。

1. 不同品种烤烟成熟期水溶性糖组分含量变化

如图 2－12a 所示，3 个品种烤烟成熟期葡萄糖含量变化趋势一

致，先升高后降低；秦烟 96、豫烟 6 号和 K326 烟叶葡萄糖含量均于移栽后 95 d 最高，分别达到 21.4 mg/g、22.3 mg/g 和20.9 mg/g；烟叶成熟后（移栽后 95 d）葡萄糖含量逐渐降低。如图 2－12b 所示，秦烟 96 果糖含量在成熟期含量高于豫烟 6 号和 K326，烟叶移

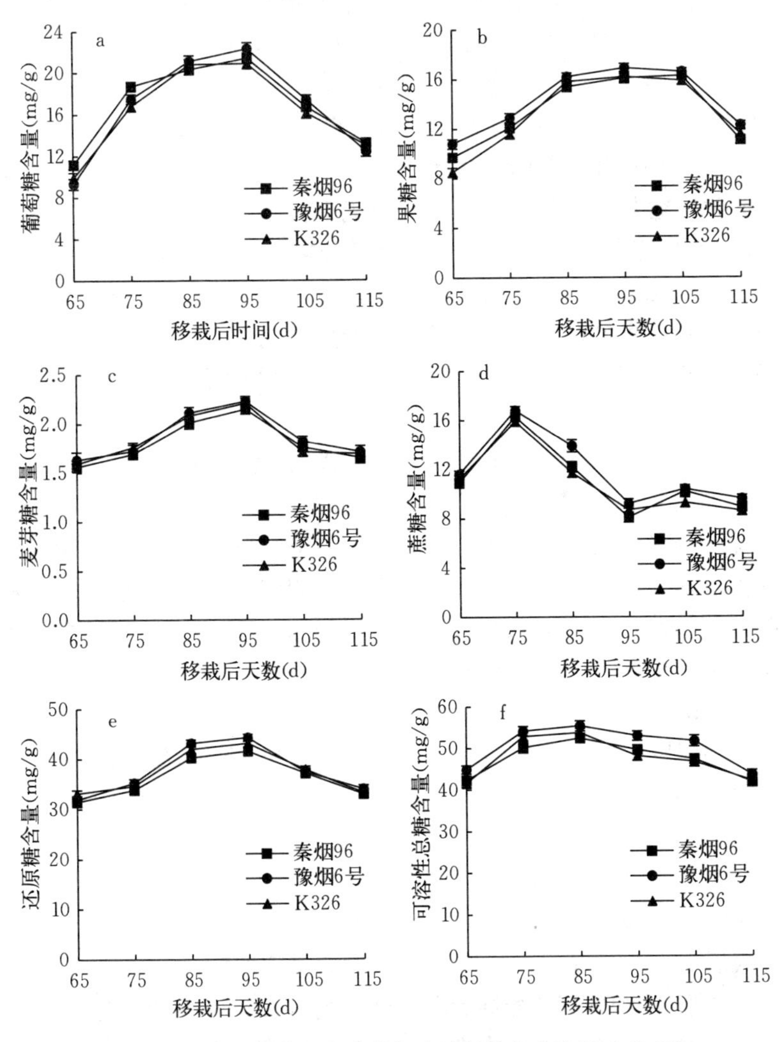

图 2－12　不同品种烤烟成熟期水溶性糖组分含量动态变化

栽后 85 d 之前果糖积累速率较快，移栽后 95 d 其含量快速降低，烟叶成熟时豫烟 6 号和 K326 果糖含量差异不显著。与葡萄糖和果糖含量相比，烟叶内麦芽糖含量较低（图 2－12c），3 个品种烤烟成熟期麦芽糖含量变化趋势一致，呈单峰波动，烟叶成熟时麦芽糖含量达到最高，不同品种烤烟麦芽糖含量差异不显著。如图 2－12 d 所示，烟叶成熟期蔗糖含量呈双峰变化趋势，移栽后 95 d，蔗糖含量最低，随着生育期的进行，蔗糖含量稍有增加随后又逐渐减少；豫烟 6 号在成熟期具有较高的蔗糖含量。烟叶成熟期还原糖含量与葡萄糖、果糖和麦芽糖含量变化趋势相似，如图 2－12e 所示，烟叶还原糖含量随着烟叶的成熟先升高后降低，移栽后 95 d 时，还原糖含量达到峰值，此时豫烟 6 号还原糖含量最高（44.2 mg/g），其次为 K326（43.1 mg/g）和秦烟 96（41.5 mg/g）。3 个品种烤烟可溶性总糖含量在移栽后 85 d 达到最高（图 2－12f），随后其含量呈不同程度下降；成熟期豫烟 6 号可溶性总糖含量均显著高于秦烟 96 和 K326。

2. 不同品种烤烟成熟期糖代谢关键酶活性变化

如图 2－13a 所示，在秦烟 96、豫烟 6 号和 K326 烟叶中，SS 活性（分解方向）具有相同的动态变化趋势，成熟期呈先上升后下降再上升的变化趋势；秦烟 96 和 K326 烟叶 SS 活性在移栽后 85 d 最高，分别为 2.710 mg/(g・min) 和 2.421 mg/(g・min)，而豫烟 6 号 SS 活性在移栽后 95 d 达到最高，为 2.692 mg/(g・min)，之后活性逐渐下降，至移栽后 105 d，SS 活性又快速升高。

不同品种烤烟 SPS 活性在成熟期呈先上升后波动降低的变化趋势（图 2－13b），移栽后 75 d，SPS 活性最高；秦烟 96 和 K326 烟叶 SPS 活性在烟叶成熟时（移栽后 95 d）最低，分别为 0.314 mg/(g・min) 和 0.301 mg/(g・min)，随后 SPS 活性略有回升，而豫烟 6 号 SPS 活性在烟叶成熟时则显著高于秦烟 96 和 K326，为 0.361 mg/(g・min)。移栽后 115 d，3 个品种烤烟 SPS 活性差异不显著。

秦烟 96 和豫烟 6 号烟叶酸性转化酶（AI）活性变化趋势相同（图 2－13c），呈单峰波动趋势，移栽后 85 d，烟叶 AI 活性最高；

K326烟叶AI活与秦烟96和豫烟6号AI活性变化趋势相似，但其AI活性峰值在移栽后95 d；烟叶成熟时（移栽后95 d），3个品种烤烟AI活性存在显著差异。与AI活性相比，在整个烟叶成熟阶段，叶片内中性转化酶（NI）活性始终显著低于AI活性（图2-13 d），烟叶内NI活性较低，变化幅度较小；随着烟叶的成熟，叶片内NI活性略有下降；移栽后95 d之前，豫烟6号NI活性略高于秦烟96和K326，之后其NI活性差异不显著。

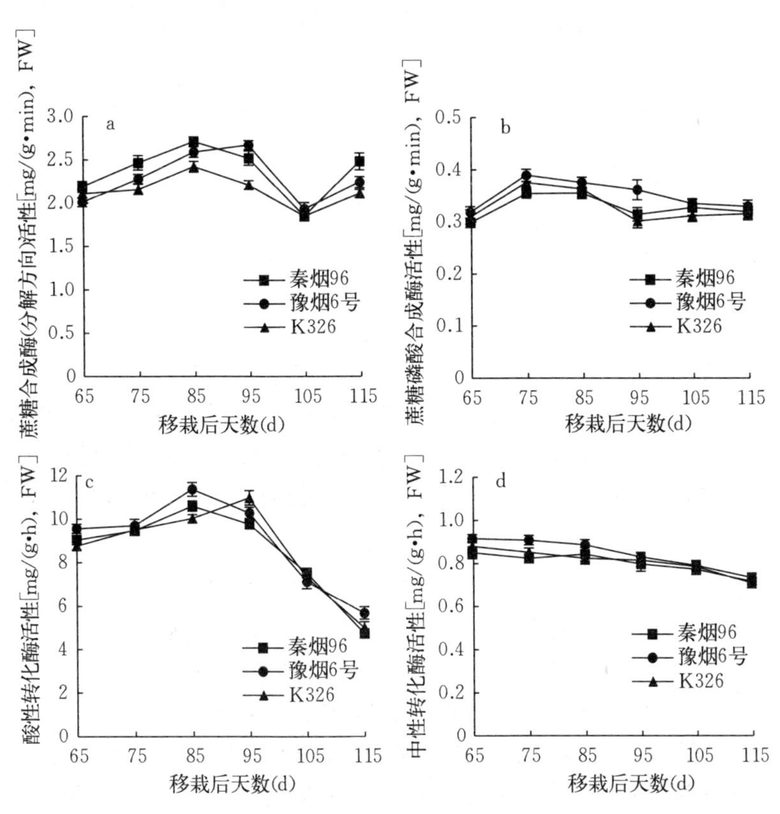

图2-13　不同品种烤烟成熟期糖代谢关键酶活性动态变化

3. 不同品种烤烟成熟期糖代谢相关基因表达量分析

采用改良CTAB法提取样品内总RNA，通过随机引物法反转录合成 cDNA。从 GenBank 核酸数据库中检索烟草蔗糖合成酶、蔗糖磷酸合成酶和蔗糖转化酶序列，利用 Roche LCPDS2 设计引物，糖代谢相关基因 qRT－PCR 引物序列见表 2－16。其中烟草核糖体蛋白基因 *L25* 作为内参基因。

表 2－16 糖代谢相关基因 qRT－PCR 引物序列

基因名称	基因 ID	引物序列（5′→3′）
NtSS	AB055497	F：CCATTTCTCAGCCCAGTTTA R：CTCTGCCTGTTCTTCCAAGT
NtSPS	AFl94022	F：GGAATTACAGCCCATACGAG R：AAGTTCTGGGTGAGCAAA
NtIV	AB055500	F：CTTGCGAGGGATAGGGTG R：TGGTTGGAAGGGATTGAG
NtL25	L18908	F：CCCCTCACCACAGAGTCTGC R：AAGGGTGTTGTTGTCCTCAATCTT

如图 2－14 所示，通过对不同品种烤烟成熟期烟叶糖代谢相关基因（*NtSS*、*NtSPS*、*NtINV*）表达量的分析发现，在烟叶整个成熟阶段中，*NtSS* 的表达量呈先升高后降低再升高的变化趋势，移栽后 85 d 叶片内 *NtSS* 表达量达到第一个峰值，此时豫烟 6 号 *NtSS* 表达量最高；烟叶成熟时（移栽后 95 d），K326 叶片内 *NtSS* 表达量显著高于秦烟 96 和豫烟 6 号。蔗糖磷酸合成酶基因 *NtSPS* 表达量研究表明，移栽后 105 d 之前，各品种烤烟叶片内 *NtSPS* 表达量的上调与下调变化规律不明显，但移栽后 115 d 叶片内 *NtSPS* 的表达量显著上调。不同品种烤烟叶片内 *NtINV* 的表达量变化趋势与 *NtSS* 相似，在烟叶成熟过程中呈先升高后降低再升高的趋势，但不同品种烤烟 *NtINV* 的表达量在不同成熟时期差异较大；烟叶成熟时，豫烟 6 号 *NtINV* 表达量显著高于秦烟 96 和 K326。

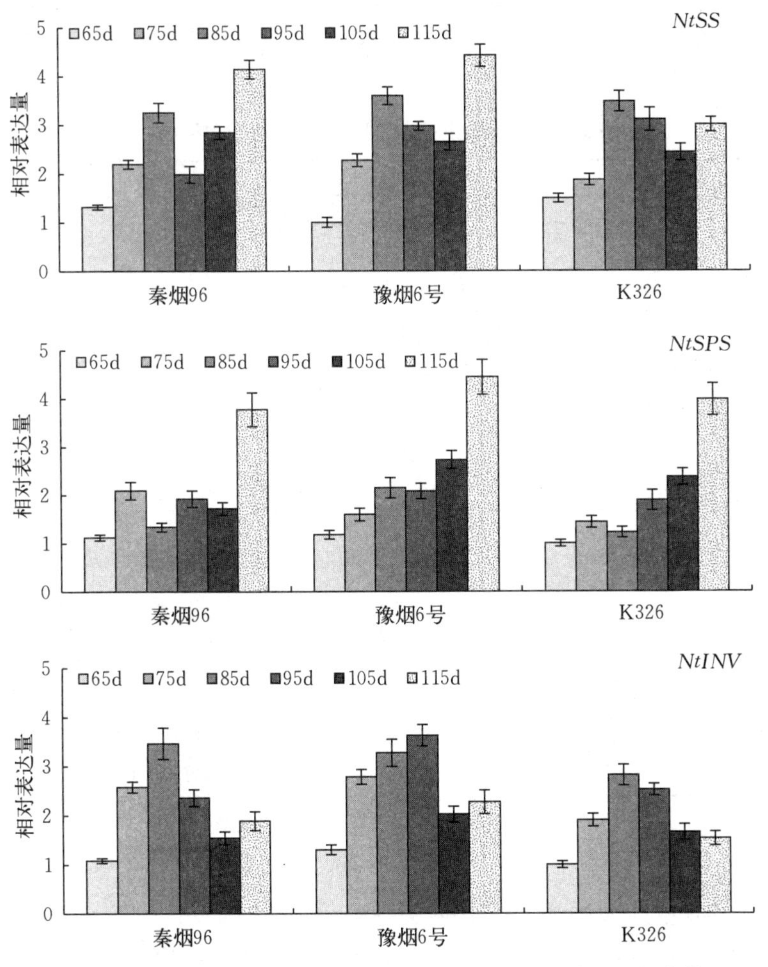

图 2-14　不同品种烤烟成熟期糖代谢关键酶基因表达量的变化

4. 成熟期糖代谢关键酶活性、基因表达量与水溶性糖含量相关性

由表 2-17 可知，烟叶打顶至适熟阶段，大部分水溶性糖（蔗糖除外）含量之间呈正相关，葡萄糖、果糖、麦芽糖与还原糖含量之间达显著或极显著正相关水平；而蔗糖含量与各水溶性

糖含量之间相关性较弱。烟叶适熟至过熟阶段，各水溶性糖含量之间相关性变化不大，与烟叶打顶至适熟阶段水溶性糖含量之间相关性相似。

表 2-17 烤烟成熟期不同水溶性糖之间相关性

发育阶段	指标	Glu	Fru	Mal	Suc	RS	TS
打顶至适熟	Glu	1.000					
	Fru	0.955**	1.000				
	Mal	0.897*	0.904*	1.000			
	Suc	−0.103	−0.362	−0.521	1.000		
	RS	0.901*	0.972**	0.959**	−0.483	1.000	
	TS	0.872*	0.729	0.596	0.374	0.631	1.000
适熟至过熟	Glu	1.000					
	Fru	0.847*	1.000				
	Mal	0.951**	0.639	1.000			
	Suc	−0.332	0.219	−0.609	1.000		
	RS	0.976**	0.835*	0.957**	−0.353	1.000	
	TS	0.927**	0.984**	0.765	0.044	0.832*	1.000

注：Glu，葡萄糖；Fru，果糖；Mal，麦芽糖；Suc，蔗糖；RS，还原糖；TS，可溶性总糖。*和**分别表示在 $P<0.05$ 和 $P<0.01$ 水平上显著性分析，下同。

通过对烤烟成熟期糖代谢关键酶活性与相关基因表达量之间的相关分析，结果显示（表 2-18），烟叶打顶至适熟阶段，SS、SPS 与 AI 活性之间呈正相关，SS 与 AI 之间达极显著正相关水平（$r=0.912$，$P<0.01$）；*NtSS*、*NtINV* 与 SS、AI 活性之间相关性均达到极显著水平。烟叶适熟至过熟阶段，大部分酶活性之间呈负相关；*NtSS*、*NtINV* 与各酶活性之间相关性减弱，而 *NtSPS* 与 AI、NI 活性之间相关性则显著增强；*NtINV* 与 *NtSS*、*NtSPS* 之间相关性显著减弱。

表 2-18　烤烟成熟期糖代谢关键酶活性与相关基因表达量的相关性

发育阶段	指标	SS	SPS	AI	NI	*NtSS*	*NtSPS*	*NtINV*
打顶至适熟	SS	1.000						
	SPS	0.519	1.000					
	AI	0.912**	0.389	1.000				
	NI	−0.721	−0.048	−0.737	1.000			
	NtSS	0.934**	0.564	0.927**	−0.627	1.000		
	NtSPS	0.693	0.401	0.641	−0.897*	0.608	1.000	
	NtINV	0.924**	0.646	0.932**	−0.726	0.961**	0.791*	1.000
适熟至过熟	SS	1.000						
	SPS	−0.634	1.000					
	AI	−0.013	−0.404	1.000				
	NI	−0.189	−0.384	0.767*	1.000			
	NtSS	0.346	0.334	−0.804*	−0.939**	1.000		
	NtSPS	0.576	−0.293	−0.829*	−0.918**	0.824*	1.000	
	NtINV	0.828*	−0.861*	0.497	0.468	−0.367	0.276	1.000

如图 2-15 所示，分别测定分析了烤烟打顶至适熟、适熟至过熟发育过程中糖代谢关键酶活性、基因表达量与水溶性糖含量之间的相关性，结果表明，烟叶打顶至适熟阶段，SS、SPS 活性与水溶性糖含量之间呈正相关；AI 活性与各水溶性糖（蔗糖除外）含量之间达显著或极显著正相关水平；大部分糖代谢相关基因与水溶性糖含量之间呈正相关，其中 *NtINV* 与各水溶性糖（蔗糖除外）含量之间相关性最强，分别达显著或极显著正相关水平。当烟叶由适熟至过熟时，SPS 活性与各水溶性糖含量之间相关性减弱，而 AI 活性与各水溶性糖含量之间依然保持较高的相关性；*NtSS*、*NtSPS* 与各水溶性糖含量之间相关性显著增强，且呈负相关水平；*NtINV* 与各水溶性糖含量之间相关性减弱。

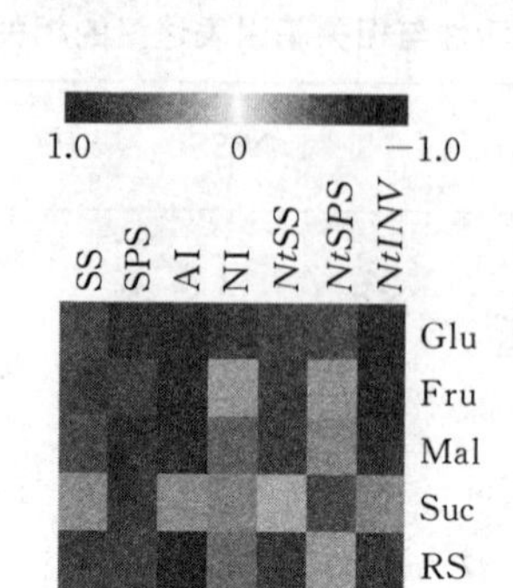

打顶至适熟

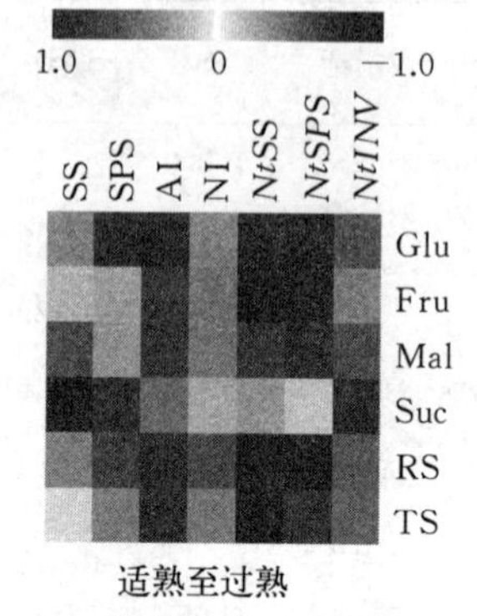

适熟至过熟

图 2－15　烤烟糖代谢关键酶活性、基因表达量与水溶性糖含量的相关性

5. 不同品种烤烟成熟糖代谢变化分析

烤烟成熟期糖代谢活动对烟叶品质有重要影响，糖分的运输和分配是烟叶发育的物质基础，决定了烟叶的产量和品质。烤烟糖代谢受遗传因素、环境条件和栽培措施等的共同影响，是一种多基因调控与环境因素交互作用的结果。本节研究表明，烟叶从移栽后 65～115 d 的成熟过程中，3 个品种烤烟水溶性糖组分含量变化趋势基本一致，各水溶性糖（蔗糖除外）含量呈先升高后降低的变化趋势，烟叶成熟时（移栽后 95 d），其含量达到峰值；豫烟 6 号在烟叶成熟时具有较高的葡萄糖、果糖、麦芽糖、蔗糖和可溶性总糖含量，说明成熟期豫烟 6 号糖代谢活动较强，这可能与烤烟品种自身遗传因素有关。烤烟成熟期蔗糖含量呈双峰波动的变化规律，这可能与烟叶成熟阶段蔗糖大量转化为淀粉等糖类有关。

植物果实发育期间，糖分积累强度与糖代谢相关酶活性紧密相连，蔗糖合成酶和蔗糖磷酸合成酶控制植物体内碳素的分配和流向，可调控叶片中蔗糖的合成及总糖的积累；蔗糖转化酶不可逆地催化蔗糖分解为果糖和葡萄糖，参与烟叶生长及器官形成。本节研究发现，秦烟 96、豫烟 6 号和 K326 的 AI 活性变化趋势相似，呈

单峰曲线，但不同品种烤烟 AI 活性达到峰值的时期略有不同；烟叶成熟后，3 个品种烤烟 AI 活性快速下降，说明烟叶进入衰老阶段，叶片糖代谢减弱。3 个品种烤烟 NI 活性在整个成熟期均较低，变化不显著，说明 NI 在烤烟成熟期非烟叶糖代谢关键酶，进一步说明成熟期烤烟糖代谢活动主要发生在液泡中。

大量研究表明，糖代谢相关基因参与调控了烟叶的糖代谢。本节研究发现，3 个品种烤烟 *NtSS* 基因表达量呈先升高后降低再升高的变化趋势，这是因为当烟叶由适熟至过熟的过程中，叶片内糖代谢底物逐渐减少，烟叶糖代谢减弱，相应的基因表达量下调；烟叶适熟时，K326 叶片内 *NtSS* 基因表达量显著高于秦烟 96 和豫烟 6 号；*NtSPS* 基因表达量波动较大，移栽后 115 d 其表达量显著上调；*NtINV* 基因表达量呈单峰曲线变化，移栽后 85 d 达到峰值。烟叶打顶后，3 个品种烤烟糖代谢关键酶基因表达量均不同程度上调，说明烟叶进入成熟期糖代谢活动增强。秦烟 96、豫烟 6 号和 K326 各基因表达量在不同成熟阶段存在一定差异，这可能与烤烟品种遗传特性和适应性有关。

综合分析烤烟成熟期打顶至适熟、适熟至过熟发育阶段糖代谢水溶性糖含量、酶活性及基因表达量之间关联性可知，烟叶打顶至适熟阶段，SPS、AI 活性与各水溶性糖（蔗糖除外）含量之间相关性较强，而当烟叶适熟至过熟时，SPS 活性与可溶性糖（蔗糖除外）含量之间相关性显著降低，说明烟叶打顶至适熟阶段 SPS 和 AI 活性对烟叶可溶性糖分积累有重要贡献，而当烟叶进入过熟阶段时，AI 活性主要参与烟叶的糖代谢调控。烟叶适熟至过熟阶段，SS、SPS 活性与蔗糖含量相关性较强，说明 SS 和 SPS 活性对烟叶蔗糖的积累起重要作用。烤烟成熟期不同阶段糖代谢相关基因与可溶性糖含量之间相关性波动较大，说明不同发育阶段调控烟叶糖代谢的主要物质不同。烟叶打顶至适熟阶段，*NtINV* 对烟叶糖代谢调控作用较大，而烟叶适熟至过熟阶段，*NtSS* 和 *NtSPS* 对烟叶糖代谢起主要的调控作用。综合分析烤烟成熟过程中水溶性糖含量、糖代谢关键酶活性及相关基因表达量之间的相关性发现，烟叶糖代谢关键酶活性与可溶性糖含量之间的相关性明显高于相关基因与可溶性糖含量之间的相关性，说明糖代谢关键酶直接参与烟叶糖代谢的调控，而糖代谢相关基因则是在分子层面对烟叶糖代谢进行调控。综上所述，烤烟成熟期经历了复杂的生理生化变化过程，糖类往往作为信号分子，与激素、氮等信号协同调节糖代谢和基因表达，由此进一步表明烟叶糖代谢的复杂性。

在烤烟成熟期，烟叶内葡萄糖、果糖、麦芽糖、还原糖和可溶性总糖含量总体呈先上升后下降的变化趋势，叶片成熟时其含量达到峰值；成熟期蔗糖含量呈双峰波动变化，烟叶成熟时蔗糖含量较低。烤烟成熟期不同发育阶段烟叶糖代谢分子调控机制不同，烟叶打顶至适熟阶段，SPS 和 AI 活性对烟叶中水溶性糖的积累贡献最大，*NtINV* 对烟叶糖代谢起主要调控作用；烟叶适熟至过熟阶段，AI 主要参与烟叶糖代谢活动，*NtSS* 和 *NtSPS* 对烟叶糖代谢起主要调控作用。同一生态环境和栽培条件下，豫烟 6 号内含物质充实，具有较高的水溶性糖分含量，SPS 和 AI 活性的差异可能是造成烟叶糖组分及含量不同的重要原因。

五、烟叶成熟期淀粉代谢变化

烟草（*Nicotiana tabacum* L.）属茄科一年生或有限多年生草本植物，在我国南北各地广泛种植，是以收获叶片为目标的一种重要经济作物。其中烤烟种植范围最广，是卷烟工业的主要原料。烤烟是以积累淀粉为主的粉叶类植物，成熟鲜烟叶中淀粉含量可达40%，淀粉代谢作为烤烟最基本的初生代谢，直接影响着烟叶的基本生命活动。烤烟成熟期烟叶淀粉的合成、积累、分解、转化状况，决定了烤后烟叶内部各化学成分之间的协调程度，进而影响烟叶的外观商品质量及内在品质。研究烤烟成熟期淀粉精细结构、淀粉代谢关键酶活性及基因表达模式，对探究烟叶品质形成作用机理及制定优质烟叶生产策略均有重要意义。

烤烟淀粉代谢是一个淀粉由积累到降解的动态变化过程。植物生长发育过程中对淀粉生物合成有重要影响的酶主要有 5 种，分别

为1,6-二磷酸腺苷葡萄糖焦磷酸化酶（ADP-glucose pyrophosphorylase，AGPase）、颗粒结合型淀粉合成酶（granule-bound starch synthase，GBSS）、可溶性淀粉合成酶（soluble starch synthase，SSS）、淀粉分支酶（starch branching enzyme，SBE）和淀粉去分支酶（debranching enzyme，DBE）。有研究表明，直链淀粉含量及直链淀粉与支链淀粉的比例对粮食作物口感起决定性作用，淀粉组分含量及比例不同会影响淀粉粒的大小、结构以及酶解性能，淀粉的酶解程度与直链淀粉的含量成反比，直链淀粉含量越高，淀粉抗酶解性越强。烟叶淀粉的生物合成是一个复杂的生化过程，是多种酶协同互作的结果。烤烟淀粉代谢受遗传因素、环境条件和栽培措施等的共同影响，是一种多基因调控与环境因素交互作用的结果。

淀粉是烤烟的主要内含物质之一，成熟期烤烟淀粉代谢旺盛，其含量和比例最终影响烤后烟叶品质。本节研究以不同淀粉积累型烤烟品种秦烟96和豫烟6号为材料，研究烤烟成熟期淀粉含量的变化、淀粉代谢关键酶活性的变化、淀粉代谢关键酶基因表达量的变化，探讨淀粉精细结构与关键酶活性、基因表达的关系，以阐明烤烟成熟期淀粉代谢的分子调控机制，为优质烟叶生产提供理论依据。

1. 烤烟成熟期烟叶淀粉含量的变化

如图2-16a所示，秦烟96和豫烟6号在整个烤烟成熟期烟叶淀粉含量呈先升高后降低的变化趋势，烟叶打顶后（移栽后65 d），叶片内淀粉快速积累，两个品种烟叶淀粉含量均于移栽后85 d达到高峰，其淀粉含量分别为317.4 mg/g和285.6 mg/g；从移栽后75 d开始，秦烟96烟叶淀粉含量显著高于豫烟6号。与烟叶淀粉积累规律相似，烟叶内直链淀粉含量和支链淀粉含量也呈先升高后降低的单峰波动变化（图2-16b、图2-16c），移栽后85 d之前，秦烟96叶片内直链淀粉含量显著或极显著高于豫烟6号，此后两个品种烟叶直链淀粉含量差异不显著；秦烟96烟叶支链淀粉开始积累至达到峰值的时间长于豫烟6号，其支链淀粉含量于移栽后

95 d 达到高峰。移栽后 85 d 之前，豫烟 6 号烟叶支链淀粉含量与直链淀粉含量的比值高于秦烟 96（图 2-16 d）；移栽后 95 d，秦烟 96 烟叶支链淀粉含量与直链淀粉含量的比值快速升高，显著高于豫烟 6 号烟叶支链淀粉含量与直链淀粉含量的比值，此后其比值波动下降。

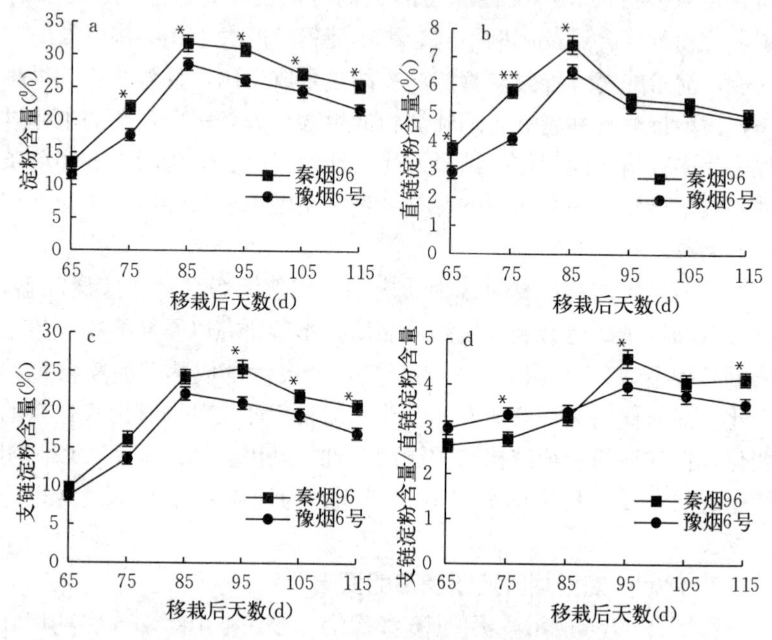

图 2-16　烤烟成熟期烟叶淀粉组分含量及比例变化

注：* 和** 分别表示在 $P<0.05$ 和 $P<0.01$ 水平上显著分析。下同。

2. 烤烟成熟期淀粉代谢关键酶活性的变化

秦烟 96 烟叶中 AGPase 活性从移栽后 65 d 开始快速升高，至移栽后 85 d 达到高峰，之后快速下降；豫烟 6 号烟叶中 AGPase 活性变化趋势与秦烟 96 相似，但其酶活性低于秦烟 96（图 2-17a）。两个品种烤烟 GBSS Ⅰ活性在整个烤烟成熟期均较高，随着烤烟的成熟，GBSS Ⅰ活性呈先升高后降低的变化趋势，且在成熟期差异不显著（图 2-17b）。

如图 2－17c 所示，烤烟成熟期烟叶 SSS 活性呈先升高后降低的变化趋势，但两个品种烤烟 SSS 活性达到峰值的时间略有不同，豫烟 6 号 SSS 活性峰值时间早于秦烟 96。在整个烤烟成熟期，秦烟 96 和豫烟 6 号烟叶 SBE 活性变化趋势虽然一致，呈单峰波动变化，但秦烟 96 烟叶 SBE 活性显著高于豫烟 6 号（图 2－17 d）；移栽后 95 d，秦烟 96 和豫烟 6 号 SBE 活性达到最高，分别为 14.23 nmol/(g・min) 和 11.57 nmol/(g・min)。秦烟 96 和豫烟 6 号烟叶 DBE 活性在移栽后 95 d 之前变化趋势相似，其 DBE 活性随着烤烟的成熟逐渐升高；但移栽后 95 d 之后，两者 DBE 活性差异较大，秦烟 96 仍保持较高的 DBE 活性，呈波动缓慢降低，而豫烟 6 号烟叶 DBE 活性则快速降低（图 2－17e）。

在整个烤烟成熟期，秦烟 96 和豫烟 6 号烟叶淀粉酶活性呈先降低后升高再降低的波动变化趋势，移栽后 95 d 之后，其淀粉酶活性快速升高，至移栽后 105 d 达到峰值，随后其淀粉酶活性略有降低（图 2－17f）。虽然在烤烟成熟期两个品种烤烟叶 α－淀粉酶活性变化趋势相似，但与秦烟 96 相比，豫烟 6 号烟叶 α－淀粉酶活性波动较大；移栽后 105 d，秦烟 96 和豫烟 6 号烟叶 α－淀粉酶活性达到最高，分别为 2.42 mg/(g・min) 和 2.73 mg/(g・min)（图 2－17 g）。秦烟 96 和豫烟 6 号烟叶 β－淀粉酶活性变化趋势与淀粉酶活性一致，移栽后 105 d，两者 β－淀粉酶活性达到峰值，分别为 10.56 mg/(g・min) 和 11.02 mg/(g・min)（图 2－17 h）。

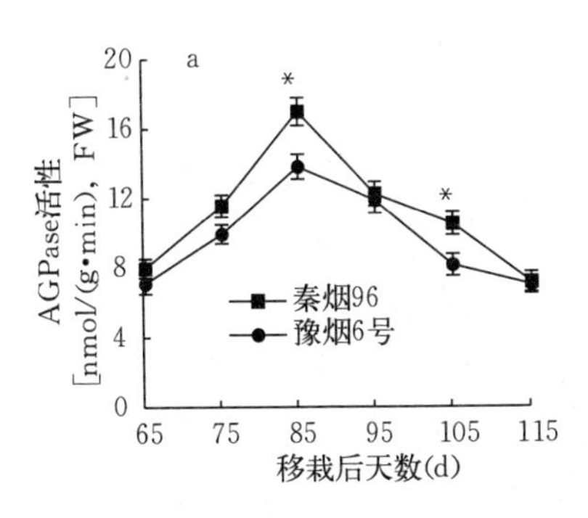

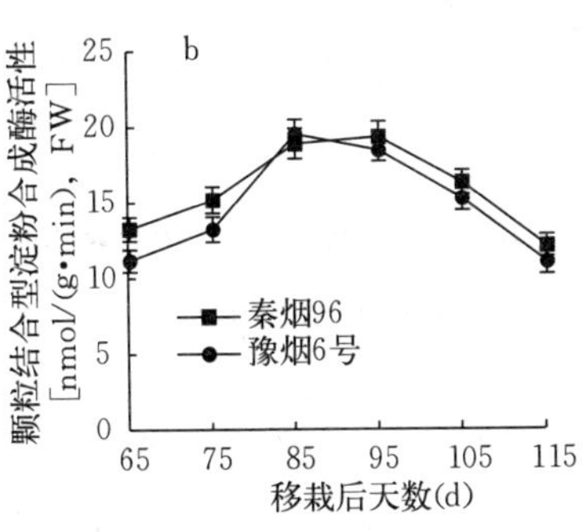

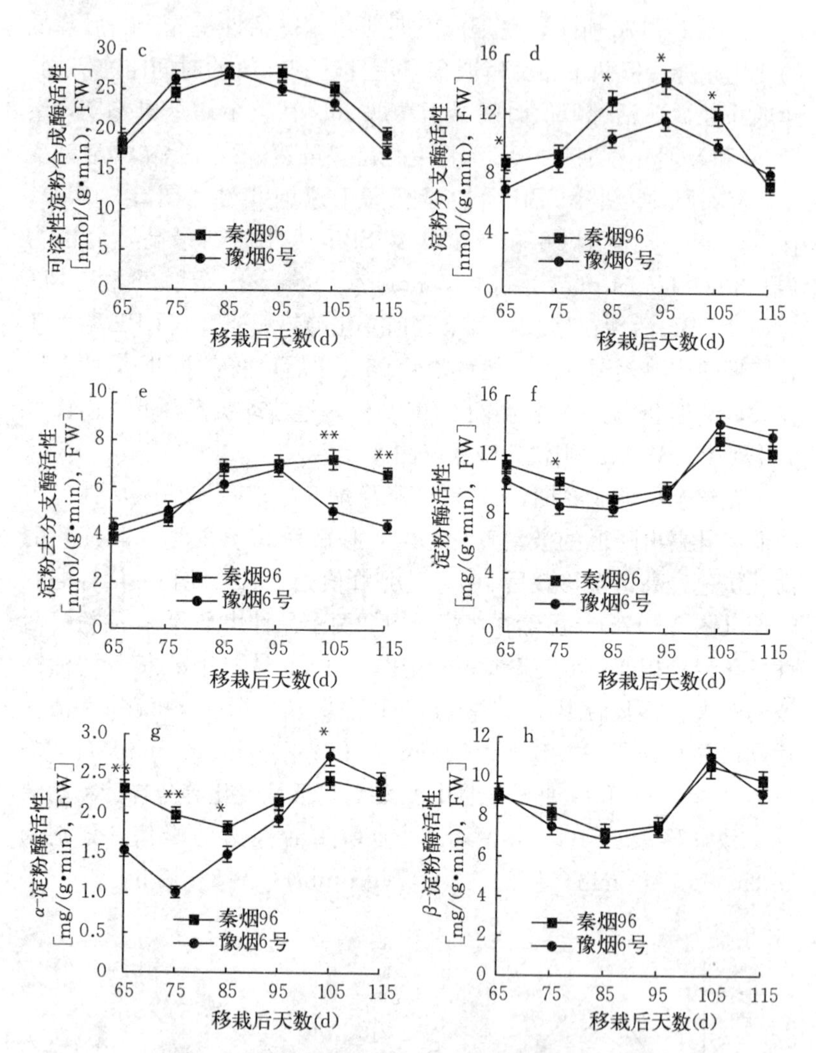

图 2-17　烤烟成熟期淀粉代谢关键酶活性变化

3. 烤烟成熟期淀粉代谢关键酶基因表达量的变化

从 GenBank 核酸数据库中检索烟草 AGPase、GBSS、SSS、SBE、DBE、α-amylase 和 β-amylase 序列，利用 Roche LCPDS2 设计引物，见表 2-19。其中烟草核糖体蛋白基因 *L25* 作为内参基因。

表 2-19　淀粉代谢相关基因 qRT-PCR 引物序列

基因名称	基因 ID	引物序列（5′→3′）
NtAGPase	DQ399915	F：CGTGATAAGTTCCCTTGTGG R：TCACATTGTCCCCTATACGG
NtGBSS Ⅰ	DQ069270.1	F：GGTAGGAAAATCAACTGGATG R：TATCCATGCCATTCACAATCC
NtSSS	DQ021463	F：CGGGACAATATTCAATTCGTC R：GGTGGGAAACTGGAACACTAAA
NtSBE	AB028067	F：TATTTCAGCGAGGCTACAGATG R：CATGAAATTGAGGTACCCCTC
NtDBE	DQ021462	F：AGTTGGTCTCACTACAGGACATC R：GGCAAAGAACAATCTAAAGCAGC
Ntα-amylase	DQ021455	F：ATATTGCAGGCCTTCAACTGGG R：TGGAAGGTAACCTTCAGGAGACAA
Ntβ-amylase	DQ021457	F：TGAGCTATTGGAAATGGCGAAGA R：AAGAGGGATCGTGCAGGAATCA
NtL25	L18908	F：CCCCTCACCACAGAGTCTGC R：AAGGGTGTTGTTGTCCTCAATCTT

如图 2-18 所示，通过对秦烟 96 和豫烟 6 号成熟期烟叶淀粉代谢相关基因（*NtAGPase*、*NtGBSS* Ⅰ、*NtSSS*、*NtSBE*、*NtDBE*、*Ntα-amylase*、*Ntβ-amylase*）表达量的分析发现，在烟叶整个成熟阶段，*NtAGPase* 基因表达量呈先升高后降低的变化趋势，秦烟 96 和豫烟 6 号在移栽后 85～95 d 具有较高的 *NtAGPase* 基因表达量，之后其表达量快速下调。从移栽后 65 d 开始，*NtGBSS* Ⅰ 基因表达量逐渐上调，至移栽后 95 d，其表达量达到最高，豫烟 6 号 *NtGBSS* Ⅰ 基因表达量显著高于秦烟 96。

秦烟 96 烟叶 *NtSSS* 基因表达量在成熟期呈双峰波动变化，移栽后 75 d 其表达量达到第一个峰值；而豫烟 6 号 *NtSSS* 基因表达量变化趋势与之不同，其 *NtSSS* 基因表达量呈先升高后降低的单峰变化趋势，移栽后 85 d，其表达量达到最高。烤烟成熟期 *NtSBE*

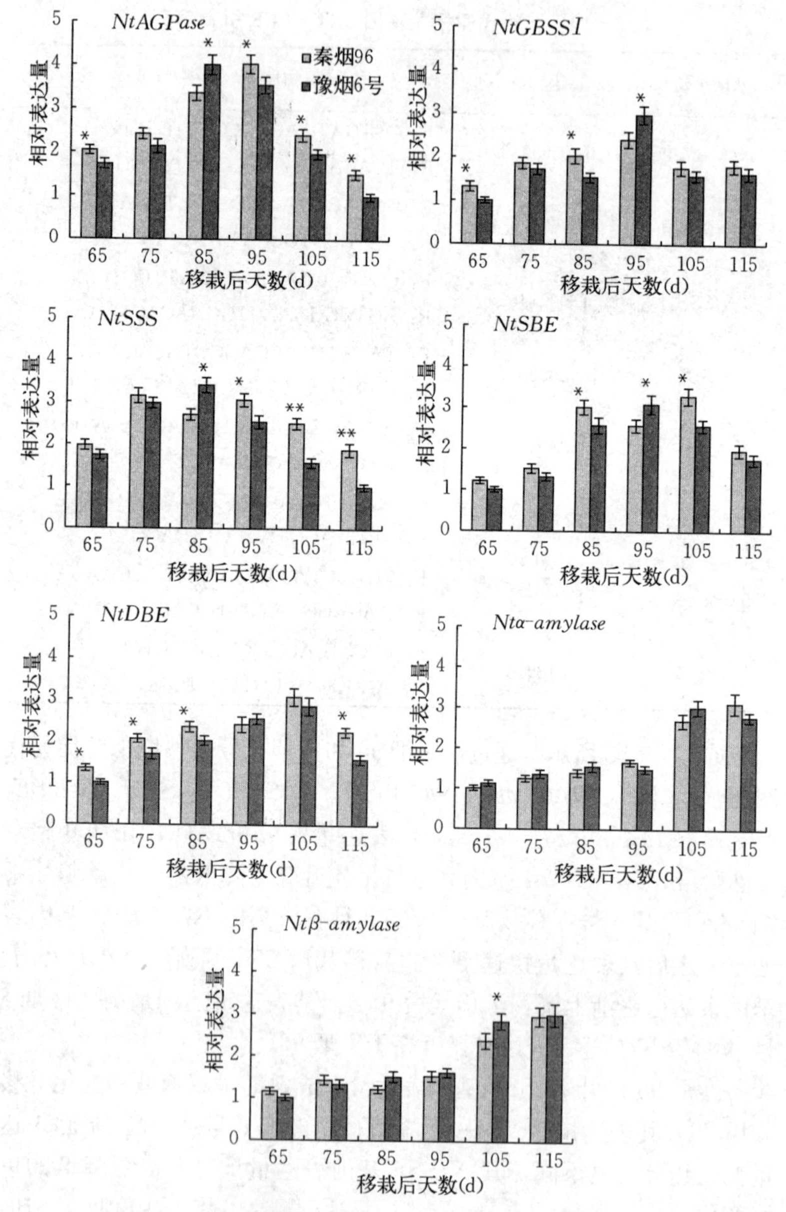

图 2-18　烤烟成熟期淀粉代谢关键酶基因表达量的变化

基因表达量变化趋势与 *NtSSS* 基因表达量一致，但其达到峰值的时间略有不同。在整个烤烟成熟期，秦烟 96 和豫烟 6 号 *NtDBE* 基因表达量先升高后降低，移栽后 105 d，其 *NtDBE* 基因表达量达到最高。

移栽后 65～95 d，秦烟 96 和豫烟 6 号烟叶 *Ntα-amylase* 基因表达量较低，移栽后 95 d 之后，其表达量显著上调，并保持较高的表达水平。烟叶中 *Ntβ-amylase* 基因表达量变化规律与 *Ntα-amylase* 基因表达量相似，其基因表达量也于移栽后 95 d 之后快速上调。

4. 烤烟成熟期淀粉代谢酶活性、基因表达量和淀粉含量之间相关性

由表 2-20 可知，烤烟打顶至适熟阶段，烟叶中 AGPase、GBSS Ⅰ、SSS、SBE 和 DBE 活性与烟叶淀粉含量之间达显著或极显著正相关水平；AGPase、GBSS Ⅰ活性与烟叶直链淀粉含量之间达极显著正相关水平；SSS、SBE、DBE 活性与烟叶支链淀粉含量之间达显著或极显著正相关水平；SBE、DBE 活性与烟叶中支链淀粉与直链淀粉的比值达显著正相关水平；而烟叶中淀粉酶、α-淀粉酶和β-淀粉酶活性则与烟叶中淀粉含量及比例相关性较弱。烟叶适熟至过熟阶段，烟叶中 AGPase、GBSS Ⅰ、SSS、SBE 和 DBE 活性与烟叶淀粉含量相关性减弱，而烟叶中淀粉酶（α-淀粉酶、β-淀粉酶）活性与烟叶淀粉含量及比例相关性显著增强，达显著或极显著负相关水平。

表 2-20 烤烟成熟期淀粉代谢关键酶活性与淀粉含量的相关性

发育阶段	指标	AGPase	GBSS Ⅰ	SSS	SBE	DBE	Amylase	α-amylase	β-amylase
打顶至适熟	Sta	0.936*	0.979**	0.906*	0.925*	0.968**	−0.387	−0.006	−0.217
	AM	0.971**	0.958**	0.734	0.744	0.805	−0.411	−0.329	−0.279
	AP	0.823	0.824	0.889*	0.965**	0.915*	−0.202	0.066	−0.355
	AP/AM	0.437	0.769	0.579	0.909*	0.865*	−0.365	0.537	−0.585

（续）

发育阶段	指标	AGPase	GBSS Ⅰ	SSS	SBE	DBE	Amylase	α-amylase	β-amylase
适熟至过熟	Sta	0.697	0.838*	0.701	0.720	0.061	−0.952**	−0.914*	−0.878*
	AM	0.530	0.725	0.603	0.592	−0.141	−0.971**	−0.933*	−0.958**
	AP	0.720	0.852*	0.712	0.737	0.095	−0.985**	−0.973**	−0.917*
	AP/AM	0.886*	0.755	0.758	0.754	0.434	−0.841*	−0.916*	−0.811

注：打顶至适熟，移栽后65～95 d；适熟至过熟，移栽后95～115 d；Sta，淀粉；AM，直链淀粉；AP，支链淀粉；AP/AM，支链淀粉含量/直链淀粉含量。*和**分别表示在 $P<0.05$ 和 $P<0.01$ 水平上显著性分析，下同。

通过对烤烟成熟期淀粉代谢关键酶活性基因表达量与淀粉含量及比例之间相关系数的关联度分析，结果（表2-21）显示，烟叶打顶至适熟阶段，所有淀粉代谢关键酶基因表达量与烟叶淀粉含量及比例呈正相关，但其相关性与淀粉代谢关键酶相比波动较大，且大部分相关性减弱。烟叶适熟至过熟阶段，*Ntα-amylase* 和 *Ntβ-amylase* 基因表达量与烟叶淀粉含量及比例相关性显著增强，达显著或极显著负相关水平；*NtAGPase*、*NtGBSS Ⅰ*和 *NtSSS* 基因表达量与烟叶支链淀粉与直链淀粉的比值达显著或极显著正相关水平。

表2-21 烤烟成熟期淀粉代谢关键酶基因表达量与淀粉含量的相关性

发育阶段	指标	*NtAGPase*	*NtGBSS Ⅰ*	*NtSSS*	*NtSBE*	*NtDBE*	*Ntα-amylase*	*Ntβ-amylase*
打顶至适熟	Sta	0.901*	0.747	0.766	0.869*	0.907*	0.245	0.326
	AM	0.831*	0.901*	0.801	0.758	0.791	0.341	0.618
	AP	0.983**	0.792	0.736	0.980**	0.955**	0.573	0.314
	AP/AM	0.819	0.961**	0.382	0.803	0.854*	0.462	0.482
适熟至过熟	Sta	0.603	0.695	0.836*	0.882*	0.464	−0.903*	−0.944**
	AM	0.409	0.492	0.697	0.778	0.531	−0.839*	−0.831*
	AP	0.631	0.725	0.654	0.871*	0.449	−0.954**	−0.897*
	AP/AM	0.858*	0.953**	0.947**	0.664	0.254	−0.966**	−0.907*

图2-19分析了烤烟打顶至适熟、适熟至过熟发育阶段淀粉代谢关键酶活性与基因表达量之间的相关性，结果表明，烟叶打顶至适熟阶段，大部分烟叶淀粉代谢关键酶基因表达量与酶活性呈正相

关水平，淀粉酶和 β-淀粉酶活性与各相关基因表达量呈负相关。烟叶适熟至过熟阶段，烟叶中 AGPase、GBSS Ⅰ、SSS、SBE 和 DBE 活性与各相关基因表达量之间相关性减弱，而淀粉酶、α-淀粉酶和β-淀粉酶活性与各相关基因表达量之间相关性显著增强，其中 *Ntα-amylase* 和 *Ntβ-amylase* 基因表达量与淀粉酶（α-淀粉酶、β-淀粉酶）活性达显著或极显著正相关。

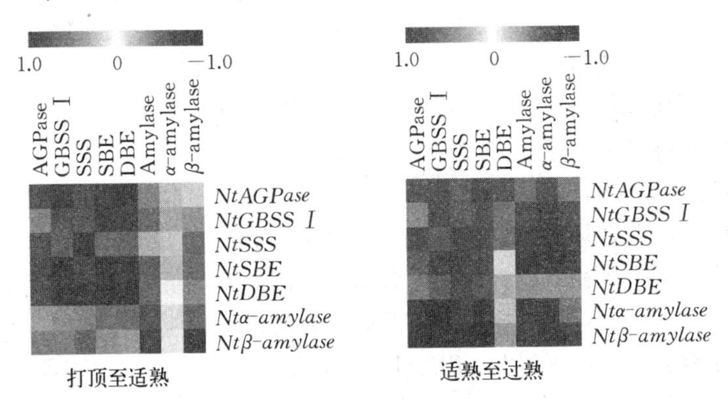

图 2-19 烤烟成熟期淀粉代谢关键酶活性与基因表达量的相关性

5. 烟叶成熟期淀粉代谢变化分析

烤烟成熟期烟叶淀粉快速合成、积累，代谢旺盛。烟叶成熟期淀粉含量逐渐上升，至烟叶生理成熟期达到最高，随后淀粉含量下降；直链淀粉和支链淀粉含量变化趋势与总淀粉含量变化一致，但支链淀粉含量达到峰值的时间则提前。秦烟 96 和豫烟 6 号从移栽后 65 d 淀粉快速积累，标志着烟叶生长进入成熟阶段；移栽后85 d 淀粉含量达到峰值，说明此时烟叶为生理成熟期，淀粉含量最高，当烟叶适熟时（移栽后 95 d），两个品种烟叶淀粉含量稍有降低，但秦烟 96 淀粉含量显著高于豫烟 6 号，说明不同基因型烤烟淀粉代谢存在一定差异，秦烟 96 烟叶淀粉代谢活动高于豫烟 6 号。通过对成熟期烟叶淀粉组成比例研究发现，烟叶淀粉中支链淀粉含量显著高于直链淀粉，直链淀粉与支链淀粉含量变化趋势与总淀粉含量变化相同，呈先升高后降低的单峰波动变化，烟叶生理成熟期直链淀粉和支链淀粉含量最高，烟叶适熟时支链淀粉所占比例最高。成熟期烤烟积累大量淀粉，其中大部分淀粉在烟叶烘烤变黄期降解，而直链淀粉含量所占比例高，烟叶淀粉易形成结晶区，烟叶淀粉不易降解，烤后烟叶淀粉含量较高，烟叶品质降低。

植物果实发育期间淀粉积累强度与淀粉代谢相关酶活性紧密相连，AGPase是高等植物淀粉生物合成第一个关键调节酶，催化G-1-P和ATP生成淀粉前体物质，其活性大小决定淀粉合成速率及淀粉合成量的多少。大量研究表明，抑制AGPase活性可导致淀粉生物合成部分或完全停止，而*AGPase*基因过表达可提高转基因作物种子重量及淀粉含量。从移栽后65 d开始，烟叶AGPase活性逐渐增强，烟叶生理成熟期（移栽后85 d）时其活性最高，此时烟叶淀粉含量最高；烟叶工艺成熟期（移栽后95 d）AGPase活性显著降低，相应的烟叶淀粉含量呈不同程度降低，但支链淀粉含量与直链淀粉含量的比值显著升高，表明烟叶直链淀粉降解速率高于支链淀粉，这可能与SBE、DBE等活性有关；与豫烟6号相比，秦烟96具有更高的AGPase活性及淀粉含量。GBSS是直链淀粉合成的关键酶，它通过α-1,4-D-糖苷键将ADPG中葡萄糖残基与葡聚糖非还原端相连接，形成线性大分子。本节研究发现，烤烟成熟期GBSS Ⅰ活性与直链淀粉含量变化趋势一致，进一步证实了GBSS Ⅰ对直链淀粉合成的重要性。

SSS与GBSS功能相同，将ADPG中葡萄糖残基通过α-1,4-D-糖苷键与葡聚糖非还原端相连接，但其主要存在于质体基质中，与SBE共同参与直链淀粉的合成。SBE又称Q酶，它不仅能水解α-1,4-糖苷键连接的葡聚糖链，还能将切下的短链通过α-1,6-糖苷键与受体链连接，形成支链淀粉的分支结构。有研究认为DBE对支链淀粉分支进行修饰，最终合成具有一定晶体结构的淀粉结晶体。Nakamura等[10]认为SBE与DBE活性之间的动态平衡对支链淀粉α-1,4-侧链的长度分配起着决定性作用。在整个烤烟成熟发育期，SSS、SBE和DBE活性均呈先升高后降低的单峰变化趋势，自移栽后65 d，三者酶活性快速增强，烟叶支链淀粉含

量升高；烟叶工艺成熟期（移栽后 95 d），秦烟 96 具有更高的 SSS 和 SBE 活性，相应的秦烟 96 具有更高的支链淀粉含量及比例。淀粉降解主要通过淀粉酶（α-淀粉酶、β-淀粉酶）进行，自烟叶移栽后 95 d 达到工艺成熟，烟叶淀粉酶活性逐渐升高，淀粉降解，说明烟叶逐渐进入过熟阶段，淀粉代谢逐渐减弱。

淀粉代谢相关基因参与调控烟叶的淀粉代谢。本节研究发现，秦烟 96 和豫烟 6 号 *NtAGPase* 基因表达量在成熟期呈先升高后降低的变化趋势，移栽后 85～95 d 其基因表达量较高，之后快速下调。烟叶中 *NtGBSS Ⅰ* 基因表达量与 GBSS Ⅰ活性相似，移栽后 95 d 豫烟 6 号具有较高的 *NtGBSS Ⅰ* 基因表达量，但其直链淀粉含量少于秦烟 96，这可能是因为秦烟 96 成熟前期直链淀粉积累较多。成熟期秦烟 96 烟叶 *NtSSS* 基因表达量呈双峰波动变化，而豫烟 6 号 *NtSSS* 基因表达量则呈单峰变化，*NtSBE* 基因表达量变化趋势与 *NtSSS* 基因表达量一致，而两个品种烤烟 *NtDBE* 基因表达量则呈先升高后降低的变化趋势；秦烟 96 在烟叶成熟期 *NtSSS*、*NtSBE* 和 *NtDBE* 基因表达量高于豫烟 6 号，这可能是导致秦烟 96 烟叶支链淀粉含量高于豫烟 6 号的主要原因。移栽后 105 d，秦烟 96 和豫烟 6 号烟叶 *Ntα-amylase* 和 *Ntβ-amylase* 基因表达量显著上调，说明烟叶生长进入衰老阶段，淀粉代谢减弱。

综合分析烤烟成熟期打顶至适熟、适熟至过熟发育阶段淀粉含量及比例、淀粉代谢关键酶活性与基因表达量之间的关联性可知，烟叶打顶至适熟阶段，AGPase、GBSS Ⅰ、SSS、SBE 和 DBE 活性与烟叶淀粉含量之间达显著或极显著正相关水平，其中 AGPase、GBSS Ⅰ与烟叶直链淀粉含量达极显著正相关水平，SSS、SBE、DBE 与烟叶支链淀粉含量之间达显著或极显著正相关水平，这进一步证实了 GBSS Ⅰ是直链淀粉合成的关键酶，SSS、SBE 和 DBE 是支链淀粉合成关键酶；SBE、DBE 与烟叶中支链淀粉含量与直链淀粉含量的比值达显著正相关水平，说明 SBE 和 DBE 是调控烟叶支链淀粉与直链淀粉比例的关键酶。烟叶适熟至过熟阶段，AGPase、GBSS Ⅰ、SSS、SBE 和 DBE 活性与烟叶淀粉含量相关性减弱，而淀粉酶（α-淀粉酶、β-淀粉酶）活性则与烟叶淀粉含量及比例相关性显著增强，说明当烟叶进入过熟阶段后，对烟叶淀粉代谢起主要调控作用的是淀粉酶（α-淀粉酶、β-淀粉酶）。烤烟成熟期淀粉代谢相关基因与淀粉含量及比例相关性和关键酶活性相似，但其相关性略低于关键酶活性与淀粉含量及比例相关性，说明淀粉代谢关键酶直接参与烟叶淀粉代谢的调控，而淀粉代谢相关基因则是在分子层面对烟叶淀粉代谢进行调控。

综上所述，烤烟成熟期经历了复杂的生理生化变化过程，淀粉代谢是一个受多种酶、多种基因调控的代谢活动。烤烟糖类积累以淀粉为主，在烤烟发育成熟期，烟叶淀粉、直链淀粉和支链淀粉含量呈先升高后降低的变化趋势，烟叶生理成熟期其含量最高。烟叶打顶至适熟阶段，AGPase 和 GBSS Ⅰ对烟叶直链淀粉的积累贡献最大，*NtGBSS Ⅰ*对直链淀粉代谢起主要调控作用；SSS、SBE 和 DBE 活性对烟叶支链淀粉积累起重要作用，*NtSBE* 和 *NtDBE* 对烟叶支链淀粉代谢起主要调控作用。当烟叶过熟时，淀粉酶（α-淀粉酶、β-淀粉酶）主要参与烟叶的淀粉代谢活动。同一生态环境和栽培条件下，秦烟 96 淀粉积累较多，具有较高的支链淀粉比例，SBE 和 DBE 活性的差异可能是造成烟叶直链淀粉与支链淀粉比例不同的重要原因。此外，淀粉代谢产生的糖类往往作为信号分子，与激素、氮等信号协同调控淀粉代谢与基因表达，由此进一步表明烟叶淀粉代谢的复杂性。

第四节　特殊烟叶采烤现状

一、烟叶采收

受气候条件及采收技术的影响，各地烟叶采收状况存在较大的差异，当前部分烟农在烟叶采收过程中还存在以下几个方面的问题亟待解决：①抢青采烤现象突出。由于烟农在采收烟叶时害怕受到雨水过多、冰雹、病虫害等自然灾害或者对烟叶成熟度标准判断把握不准等客观因素，部分烟农在烟叶采收过程往往会出现抢青采

烤，雨季一到，不管烟叶成熟与否，大量抢青采烤，中、上部烟叶抢青采烤更加严重。抢青采烤往往造成烟叶内含物积累不够或者转化不充分，烟叶含水量大且保水能力强，在烘烤过程中变黄脱水困难，易烤成青烟和光滑烟，严重影响烤后烟叶质量。②分类编烟不彻底，排队入炉不到位，混编混装现象突出。由于多数烟区是以农户为单位的烤烟生产模式为主，这种模式就会出现烟农在鲜烟叶采收后无法进行很好的分类甚至不分类就进行编烟，同一竿鲜烟叶上往往出现不同成熟度、不同部位甚至不同品种的烟叶，杂花烟现象严重（图 2-20）。由于分类编烟不彻底，同一竿鲜烟叶的素质差异较大，因此，也无法按照烟叶成熟度不同进行排队入炉。由于烤房本身不同部位存有温湿度差异，会导致烟叶在烘烤过程中烟叶整体变化不一致。

图 2-20　烟叶采收情况

注：混编、混装，分类不均匀（左图返青烟与常规烟混装，右图憨烟与常规烟混装）。

二、调制技术

针对不同烟区出现的特殊烟叶类型，各地产区均采取了相应的技术措施。2016 年大理白族自治州弥渡县烟叶烘烤以提高变黄期烟叶变黄程度、慢升温定色为主，烤房装烟量：480～550 竿/房，装烟密度较大，2016 年产区下部叶烘烤工艺如表 2－22 所示，2016 年产区中部叶烘烤工艺如表 2－23 所示，2016 年产区上部叶烘烤工艺如表 2－24 所示。

表 2－22　2016 年产区下部叶烘烤工艺

干球温度/湿球温度	稳温时间	风速	烟叶状态
35 ℃/35 ℃	10～12 h	低速	叶尖变软
38 ℃/36 ℃	30 h	低速～高速	高温层叶片 7～8 成黄
40 ℃/36 ℃	8～12 h	高速	低温层叶片 8～9 成黄
43 ℃/35 ℃	20 h	高速	高温层黄片黄筋、勾尖卷边
45 ℃/35 ℃	16 h	高速	低温层黄片黄筋、勾尖卷边
48 ℃/36 ℃	20 h	高速	低温区主脉变黄、小卷筒
53 ℃/36 ℃	16 h	高速	整房烟叶大卷筒
60 ℃/37 ℃	8 h	高速	烟筋收缩
68 ℃/38 ℃	20 h	高速	烟筋全干

表 2－23　2016 年产区中部叶烘烤工艺

干球温度/湿球温度	稳温时间	风速	烟叶状态
35 ℃/35 ℃	15 h	低速	叶尖变软
38 ℃/36.5 ℃	30 h	低速	高温层叶片 8～9 成黄
40 ℃/36 ℃	12～16 h	高速	低温层叶片 8～9 成黄
43 ℃/35.5 ℃	20 h	高速	高温层黄片黄筋、勾尖卷边
45 ℃/35 ℃	16～18 h	高速	低温层黄片黄筋、勾尖卷边
48 ℃/36 ℃	20 h	高速	低温区主脉变黄、小卷筒
53 ℃/(36.5～37 ℃)	16 h	高速	整房烟叶大卷筒
60 ℃/37 ℃	8 h	高速	烟筋收缩
68 ℃/38 ℃	25 h	高速	烟筋全干

表 2-24　2016 年产区上部叶烘烤工艺

干球温度/湿球温度	稳温时间	风速	烟叶状态
35 ℃/35 ℃	15 h	低速	叶尖叶边缘变软
38 ℃/36.5 ℃	30 h	低速	高温层叶片 7～8 成黄
40 ℃/36 ℃	15～18 h	高速	低温层叶片 7～8 成黄
43 ℃/35.5 ℃	20 h	高速	高温层黄片黄筋、勾尖卷边
45 ℃/(35～35.5 ℃)	16～18 h	高速	低温层黄片黄筋、勾尖卷边
48 ℃/36 ℃	18～20 h	高速	低温区主脉变黄、小卷筒
55 ℃/(36.5～37 ℃)	14～16 h	高速	整房烟叶大卷筒
60 ℃/37 ℃	8～10 h	高速	烟筋收缩
68 ℃/38 ℃	30 h	高速	烟筋全干

图 2-21 是 2016 年红花大金元烤后烟叶进行的初步分级，每个分图中从左到右依次为上等烟、中等烟、下等烟，下部叶上等烟、中等烟比例较多，中部叶的中等烟比例较多，上部叶烘烤质量最差。

下部叶

中部叶

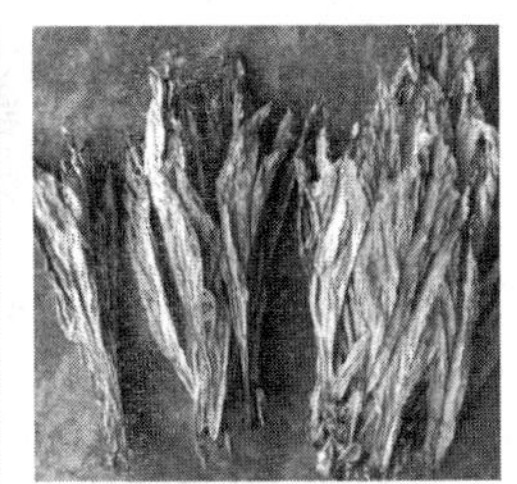

上部叶

图 2-21　不同部位烤后烟叶情况

三、特殊烟叶防控现状

针对不同地区特殊烟叶类型及发生情况，不同产区采取相应的防控方法，对大理白族自治州不同素质特殊烟叶所采取的防控方法进行调查调研，如表 2-25 所示。

表 2-25 难落黄烟叶防控现状

调查项目	后发烟	返青烟	贪青晚熟烟
现行田间防治方法	先盖膜后移栽，墒内及时浇 3～5 kg 水，视旱情一周浇一次，第一次施肥量为总量的 20%～30%，防治病虫害，及时喷施农药	①合理施肥，看烟追肥；②烟叶成熟期做到沟无积水；③喷施落黄剂；④按时令早栽，尽早施第二、三次肥，每季至少喷施叶面肥（钾肥）1～2 次；⑤提前摘除底脚叶，提高光照空气通透性，喷施叶面肥，看烟株长势打顶	①预整地结束后灌水一次，让氮肥消失一部分再起垄；②推迟打顶时间，多消耗一部分营养物质，促使烟叶适时落黄；③喷施落黄剂；④尽量少用或者不用底肥，第二、三次尽早施肥，在栽后 15 d 内追完，钾肥的比例为总量的 50%；⑤多走沟水 2～3 次（旺长期），加快氮肥流失，增施钾肥，尽量喷施叶面肥
现行采收方法	下部叶适时早采，中部叶适熟采收，上部叶 4～5 片一次性成熟采收，每株采烤 6～7 次完成	正常落黄后再采烤，做到成熟一片采一片；采收前，脚叶要尽早清除，下部叶要视情况封顶后及时采收，中、上部烟叶根据成熟度适当缓收，延长采收时间	成熟后 1～2 次采烤结束。要根据烟株部位的成熟度，不分部位采收，除了多清除底脚叶外，先采收中腰部叶，底部叶待光照后采收
现行烘烤方法	变黄期要先低温变黄，31～32 ℃使叶尖变黄后逐渐上升至 35～38 ℃的时间要拉长；定色期 55 ℃保持叶片全黄；干筋期 68 ℃后关小地洞天窗，保持温度 40～41 ℃	变黄期在湿度保持住的情况下，温度始终在 36～40 ℃，时间延长，一般需要三天三夜左右，定色期达至 54 ℃，大约需要两天两夜，干筋期更需要时间，不要过急。发软变黄要同步进行	变黄期时间不要过长，定色期一般 50 ℃以下（需两天三夜）干筋期一般需要 60 h 左右，让主脉的水分慢慢消失。变黄温度稍高，41 ℃左右，先发软后变黄，采用高温低湿变黄
烘烤效果	柠檬色多，如是橘色，烟叶主脉边的细筋青筋较多，没有青筋的叶片多出现柠白色	大部分出现金黄色，但青筋多，油分少，光泽弱，正反两面的面色差异大；易产生挂灰	大部分出现暗黄，颜色光泽暗，油分少，一片烟叶色彩多种，在分级的过程中很难把握；叶片多红黄色，青筋黄片多；青片、杂色多，且蒸片烟叶多

参 考 文 献

[1] 刘国顺，杨兴有，叶协锋，等．不同生育期弱光胁迫对烤烟生长和品质的影响 [J]. 中国农学通报，2006，22 (7)：275-281.

[2] 刘国顺．烟草栽培学 [M]. 北京：中国农业出版社，2012.

[3] 唐远驹，汤利华．烤烟单叶重形成过程的初步研究 [J]. 中国烟草科学，1980 (4)：8-13.

[4] 冯国忠．烟草不同品种类型干物质生产规律的探讨 [J]. 辽宁农业科学，1979 (2)：14-20.

[5] 王能如，王春生．白肋烟单叶重的形成特点及其栽培学意义初探 [J]. 中国烟草科学，1987，3 (3)：8-11.

[6] 王红丽，杨惠娟，苏菲，等．氮用量对烤烟成熟期叶片碳氮代谢及萜类代谢相关基因表达的影响 [J]. 中国烟草学报，2014，205 (5)：116-120.

[7] 牛德新，连文力，崔红，等．施氮量对烤烟成熟期中部烟叶碳氮代谢及相关基因表达的影响 [J]. 烟草科技，2017，49 (8)：8-13.

[8] 史宏志，李志，刘国顺，等．皖南焦甜香烤烟碳氮代谢差异分析及糖分积累变化动态 [J]. 华北农学报，2009，24 (3)：144-148.

[9] 贾宏昉，陈红丽，黄化刚，等．施用腐熟秸秆肥对烤烟成熟期碳代谢途径影响的初报 [J]. 中国烟草学报，2014，20 (4)：48-52.

[10] NAKAMURA Y，YUKI K. Changes in enzyme activities associated with carbohydrate metabolism during the development of rice endosperm [J]. Plant Science，1992，82 (1)：15-20.

>>> 第三章　特殊烟叶大田管理

烟草生产要求产量和质量并重，不同素质烟叶其经济价值相差很大，也直接影响工业产品的质量。烟草的栽培同其他作物相比有许多不同的特点，特别是特殊烟叶，除了大田期之前的育苗工作，还需采取合理的措施，促进其田间正常生长发育，保证烟叶产量和质量。

在中国，大部分烤烟生长依赖天气，烤烟适宜生长在大田光照充足而不过高，温度适宜，前期需水适中、中期旺长时需水较多、后期成熟落黄时需水较少，土壤前期肥力充足而后期肥力较少的生态条件下，这样的条件有利于烟株的早生快发，提高烟叶产质量。但是近年来，干旱和降雨分布不均匀等多重因素严重影响了烟叶正常的生长发育。降雨导致烟株光合作用减弱，烟叶碳氮营养代谢失调，影响了鲜烟叶质量的形成。因大田期降雨过多、光照不均、肥效利用供应迟缓，在采收烘烤季节有的烟叶嫩黄，有的烟叶返青后发，有的烟叶成为老憨烟。这些烟叶在田间落黄成熟较难，大都没有明显的成熟特征。烟叶烘烤主要受鲜烟叶内在质量的影响，鲜烟叶长得好，烘烤就相对容易。因此，如何调控在特殊气候条件下形成的烟叶，使烟叶在田间“长势”不错的情况下，减少烘烤损失，这就需要在大田管理时采取相应的措施，这些管理措施就是大田管理的任务[1]。

第一节　大田管理的依据

烤烟大田管理环节多、内容广，从移栽到成熟采收，应重点抓

好烤烟大田管理中的科学施肥、中耕培土、灌溉排水、打顶抹杈和病虫害防治等措施。烤烟大田期的长短因品种和栽培条件而异，一般为 120～130 d。烟草生育期可分为返苗期、伸根期、旺长期和成熟期，根据不同时期烤烟生长特点采取相应的栽培管理措施。特殊烟叶的形成条件与优质烟叶不同，如何判断特殊烟叶类型，是大田管理采取管理措施的依据。

一、特殊烟叶的长相

烟叶长相是生态条件、品种及栽培技术等综合作用的具体表现。烟叶生产存在群体与个体的矛盾，烤烟的产量主要取决于群体，而品质则取决于个体。优质烟叶生产既要有合理的群体结构，又要有良好发育的个体，只有建立合理的群体结构，才能较好地协调和统一群体与个体的矛盾，这也是保证烟草获得适宜产量、产值和质量的基础。合理的群体结构既要群体得到较大发展，保证一定的光合面积，获得稳定的烟叶产量，又要使烟株具有一定的营养面积和空间，单株得到健壮生长，单叶重保持在适宜水平。因此，确定优质烤烟合理的生育进程以及各生育期适宜的外观形态十分必要，可为烟叶大田管理及调控提供依据。

我国烤烟种植分布广泛，各地自然条件差异大，加上品质、生产水平和栽培技术等差别，各个产区对优质烟田间长势长相的指标和要求不同。但优质烟叶的形成，都是充分利用当地有利的自然条件、生产条件，克服不利条件，通过科学的田间管理措施，满足烟叶生长发育的需求，处理好群体与个体的矛盾而取得的。许昌烟区提出“三一致”的长相标准，即烟苗大小一致、烟株高矮一致、同部位烟叶成熟一致。云南省烟草研究所提出“中棵烟”的标准，即烟株大小中等，长势既不过旺也不过弱，中棵烟的主要内容在于适当控制烟株长势和长相，在保证烟叶产量的基础上提高烟叶质量。

优质烟叶生产中，明确烟株群体与个体标准长相是十分重要的。从烟株群体结构来看，大田烟株群体结构应该疏密有致，即行与行相对分散，株与株相对集中，行间叶尖基本达封行状态，下部叶成熟期行间叶尖保持 15～20 cm 的距离，能让阳光照射到沟底，增加漫射光源，改善中、下部叶片的光照条件；沟中有 15～20 cm 的间隔，光柱射到沟底产生漫射光所及的面积要比直射光面积大若干倍；大田烟株群体长势长相具有一致性，即烟株高矮一致，生长一致，叶片大小一致，烟叶成熟一致，花期前后相差一周左右。

从烟株个体结构来看，主要有株高、茎围、叶片大小、单叶重及分布等。一般认为，打顶后优质适产烟株高 110 cm 左右，呈筒形或腰鼓形；单株有效叶数 18～22 片，腰叶最大叶平均长 60～80 cm；茎围 9～12 cm，茎围过粗或过细意味着烟株的营养水平偏高或偏低；单株叶面积 1.6～2.2 m^2，田间最大叶面积系数 3.0～3.3，田间采收总面积系数 2.8～3.2（表 3－1）。优质适产烟叶长势长相不要求叶片过大而扩大叶面积系数，降低叶面受光量，应合理调节烟株节距，使各层叶片个体与群体相对平衡，形成理想的单株长势长相。

表 3－1　优质烤烟群体和个体长相形态指标

项　目	指　标	项　目	指　标
株高（cm）	110±10	栽烟行株距（cm）	(100～120)×(48～55)
茎围（cm）	9～12	旺长期行间叶尖距离（cm）	20～30
有效叶数（片）	18～22	单株叶面积（m^2）	1.6～2.2
最大叶长（cm）	60～80	田间最大叶面积系数	3.0～3.3
单叶干重（g）	6～12	田间采收总面积系数	2.8～3.2
种植密度（株/hm^2）	16 500～19 500	现蕾时下部叶光照强度（%）	29～32

与优质烟叶不同，由于非人为因素如降雨和时空分布不合理造成的烟叶不能正常生长和成熟，如嫩黄烟、多雨寡日照烟、返青烟、旱黄烟、后发烟、高温逼熟烟等，这些烟叶的烘烤特性较差，称为特殊烟叶。常见特殊烟叶可以分为三种：水分大烟叶、水分小烟叶和其他特殊烟叶。

水分大烟叶长势长相：①嫩黄烟，主要发生在雨水过多、徒长和过于繁茂的烟田，多为下部烟叶，烟叶水分含量大，嫩而发黄；

②多雨寡日照烟叶，在长期阴雨寡日照环境中生长达到成熟，烟叶含水较多，叶色浓绿；③雨淋烟和返青烟，已经正常成熟的烟叶突遭雨水，并在降水开始 24 h 内及时采收的烟叶称为雨淋烟，若受较长时间降雨影响后烟叶明显转青发嫩，原有成熟特征消失，这类烟称为返青烟，此类烟叶水分含量较大，生理特性变化较小。

水分小烟叶长势长相：①旱天烟，主要发生在干旱地区和非灌溉烟田干旱气候条件下形成的烟叶，叶片较小，水分含量较少；②旱黄烟，烟叶旺长至成熟过程中遭受严重的空气干旱和土壤干旱双重胁迫，不能正常吸收营养和水分，"未老先衰"，烟叶提前落黄。

其他特殊烟叶长势长相：①后发烟，由于烟田施肥欠合理，烟叶生长前期干旱，中后期降雨相对较多的情况下形成的，叶面落黄不均匀，黄绿不协调；②秋后烟，由于栽培或气候方面的原因，烟叶在秋后气候条件下采烤，烟叶水分含量小；③高温逼熟烟，常发生在南方烟区，上部叶受连续高温强光照影响，叶组织尚未成熟就出现较多黄斑并快速变褐，烟叶落黄不均匀。

二、特殊烟叶营养积累状况

不同类型特殊烟叶其营养积累状况不同，要注意根据具体特殊烟叶类型采取相应的栽培措施。水分大烟叶营养积累特点见表 3－2，水分小烟叶营养积累特点见表 3－3，其他特殊烟叶营养积累特点见表 3－4。

表 3－2 水分大烟叶营养积累特点

水分大烟叶	营养积累特点
嫩黄烟	多为下部叶，干物质积累少，水分大，嫩而发黄
多雨寡日照烟叶	含水较多，干物质积累相对亏缺，蛋白质、叶绿素等含氮化合物含量较高
雨淋烟	生理特性未发生明显改变，仅烟叶含水量增加
返青烟	淀粉等糖类含量降低，蛋白质、叶绿素等含氮化合物含量较高，烟叶水分含量增加

表 3-3 水分小烟叶营养积累特点

水分小烟叶	营养积累特点
旱天烟	水分含量较少，鲜干比值多为5～6，结合水所占比例较高，结构紧密，干物质积累较为充实
旱黄烟	内含物质欠充实，化学组成不合理，含水量较少，叶片结构紧密

表 3-4 其他特殊烟叶营养积累特点

其他特殊烟叶	营养积累特点
后发烟	干物质积累较多，身份较厚，叶片组织结构紧实，含氮化合物较多，内部化学成分不协调
秋后烟	叶内含水量尤其是自由水含量少，叶片厚实，叶组织细胞排列紧实，内含物质充实
高温逼熟烟	多发生于上部叶，内含物质充实，叶绿素等含氮化合物较多，结构紧密

第二节 特殊烟叶的大田管理

烤烟大田管理是保证烟叶优质适产的重要环节。大田管理的实质是一种调控技术，从烟苗移栽后开始，主要通过一系列田间管理措施培育优质烟株，促进烟株充分生长发育，延长有效生育期，发挥品种的优良特性，实现烟叶提质增效的目标。大田管理的措施主要有合理施肥、中耕培土、灌溉与排水、打顶抹杈与病虫害防治等。

一、合理施肥

烤烟种植过程中，其对各种养料的吸收通常按照适宜的比例要求进行，为了能够有效调节土壤养分比例，需要进行平衡施肥。平衡施肥包括施肥量、施肥方法及肥水管理等田间管理措施，旨在提高肥料利用率，确保烟株营养均衡、生长健旺和烟叶发育充分。施

肥时要因地制宜，选择合适的肥料，控氮、适磷、增钾，重视有机肥，调配微量肥。具体施肥时，还需要考虑气候状况、土壤状况、烤烟品种及烟株生长状况，灵活施肥。在制定施肥量时，一要根据当地施肥试验和施肥经验为基础；二要测土配方施肥，采用经验施肥和测土配方施肥相结合，并以经验施肥为主的方法。

施肥时要讲究一定的策略：①适施氮肥，合理搭配磷、钾肥。烤烟生育期有规律地按比例吸收各营养元素，重视氮、磷、钾及微肥的施用，使各营养元素之间的比例协调，互相增进肥效，有利于优质适产。②有机肥与无机肥料相结合。有机肥可以改良土壤的物理性能，创造良好的土壤结构，增加土壤微生物的活力，为作物提供较完全的养分，但有机氮肥的分解和释放受土壤温度、湿度及微生物活动的影响，同时也取决于有机氮肥自身碳/氮比值，较难控制和预测，因此需要有机肥和无机肥料搭配施用，保证烟株在每个生长阶段充分吸收养分。③基肥与追肥相结合。根据烟草生长的特点及需肥规律，烟苗移栽时，要施足基肥，之后适时追肥，充分满足烟株各生育期的养分需求。烤烟的需肥特点是“少时富，老来贫”，烟株旺长期时，土壤中需要有充足的养分供应，以满足烟株的生长需要；当烟叶成熟时，需严格控制土壤中可溶性肥料的含量，尤其是氮肥含量，以便烟叶成熟落黄。基肥与追肥结合施用时，还需注意基肥、追肥比例，一般来说，我国北方烟区基肥、追肥比例以7∶3为宜，而南方降雨较多的烟区，为减少养分流失，适当降低基肥比例，以基肥、追肥比例1∶1为宜，同时适当增加追肥用量。

特殊烟叶如后发烟，就是在烟田施肥欠合理、烟叶生长前期干旱、中后期降雨相对较多的情况下形成的，合理把握施肥量及施肥时间，对调控特殊烟叶的形成有重要作用。

二、中耕培土

中耕培土是烤烟种植大田管理的一道重要环节。中耕培土一般和除草、追肥相结合。

1. 中耕

通过中耕措施，能够使土壤更加疏松，改善土壤通气状况，对土壤水肥供应情况进行适当调节，有利于根系的生长。通过中耕，切断了土壤毛细管，减少土壤水分的蒸发，起到抗旱保墒的作用。烟草的根具有很强的再生能力，烟苗移栽前20 d，其根系主要以向下生长为主，随后其横向生长迅速，通过中耕，将烟株土壤表层根系切断，促进根系向纵向发展。中耕结合培土，还能促进茎基部发生不定根，形成庞大的根系，促进烟株地上部生长，提高烟叶产量和质量。同时，中耕可以有效地清除田间杂草，从而降低病虫害发生的概率。

中耕一般以进行三次左右为宜，主要根据烟草生育时期、气候条件、土壤性质及杂草滋生情况而定。中耕时应注意“头遍浅，二遍深，三遍不伤根”和“窝间浅，行间深”的原则。第一次中耕在幼苗移栽成活后进行，移栽后 7～10 d，宜浅中耕，烟株附近中耕深度以 3～5 cm 为宜，垄体和垄沟以 5～7 cm 为宜，此次中耕宜浅锄、碎锄，破除土壤板结，切记伤根或触动烟株。第二次中耕在烟株摆大盘时期（烟株叶片 7～8 片）进行，移栽后 20～25 d，宜深中耕，可结合追肥培土进行。此次深中耕以保墒、促根、除草和适当培土为主要目的，为烟株生长创造良好的土壤环境，促进根系的生长发育，为烟叶旺长奠定基础。要求锄深、锄透、锄匀，以烟株为中心，由浅而深，株间距以 5～7 cm 为宜，垄体和垄沟以 10～14 cm 为宜。第三次中耕在团棵期左右进行，移栽后 30～35 d，宜浅中耕，中耕深度以 5 cm 左右为宜，原则上在不损伤根系的条件下疏松表土，减少土壤水分消耗，清除杂草。

2. 培土

培土又称为壅土，是烤烟大田管理中的一项重要管理措施。培土的作用，主要是使土壤疏松，通透性好，增加活土层，扩大营养吸收面积，促进烟株的生长发育。早期培土还可以促进不定根的大量发生，增强根系吸收能力，促进上部叶开片。培土适宜，高温时可降低地温，同时还有利于烟田灌溉和排水，防止涝灾。烟草植株高大，易受风害，培土后，烟株根系发达，支持能力强，使烟株防

风抗倒伏。培土还有利于田间通风、换气，减少病虫害的发生，生产中常把培土作为预防黑胫病等根部病害的重要措施之一。

培土一般进行两次，第一次在移栽后 15～20 d 进行，可结合追肥进行；第二次在移栽后 30～35 d 进行高培土。培土高度一般根据气候条件、地势及土壤特性而定，北方烟区一般以 15～20 cm 为宜，南方烟区雨水较多，以 20～25 cm 为宜。培土除了高度达到要求外，还要求培土后垄面宽实饱满，垄面平整而略隆起呈瓦背形，垄土要细碎，并与烟茎基部紧密接触。

三、灌溉与排水

土壤水分是烟草生长的基础，只有土壤水分适宜，烟株才能正常生长发育，从而获得最佳的产量和品质。水参与烟草代谢过程中物质的合成、分解、转化、运输等生命活动。水分也是烟草有机体的主要组成成分，占烟株总质量的 70%～80%，旺长期可占烟株总质量的 90%左右。水分不足或过多都将会严重影响烟叶的产量和品质。

烤烟生长过程中，适宜的土壤含水量可加快肥料的分解和微生物活动，有利于烟株吸收，加快烟株生长，烟株较高，节距较长，叶片较大、较薄，成熟落黄好，易烘烤，烤后烟叶油分足，色泽鲜明，颜色均匀，烟碱、总氮含量较低，糖含量较高；干旱胁迫条件下生产的烟叶，叶片结构较紧密，单位面积重量较大，叶片较小，不易落黄，难烘烤，烤后烟叶色泽较暗，烟碱、蛋白质、总氮含量高；灌水不当或灌水过多，不仅使烟株生长受阻，叶片发黄，干物质积累少，烤后烟叶颜色浅，浓度小，严重影响烟叶质量，而且可能造成病害的传播。总之，烤烟生长对水分要求较高，生产过程中应按烤烟的需水规律及时灌溉，在雨水过量或者灌水不当造成烟田积水时，还要做好排水工作。

1. 大田需水规律

（1）还苗期 从移栽到烟苗成活，一般为 5～7 d。此阶段烟株较小，叶面蒸腾量少，因此烟株消耗水分少，仅占生育期总耗水量的 5%。但还苗期要有充足的土壤水分供应，增加底墒，促进烟苗早生根、早还苗，提高成活率。还苗期土壤含水量应达到最大土壤持水量的 70%～80%。

(2) 伸根期 移栽后 20～30 d 是促进根系发育的关键时期，应在兼顾烟株地上部和地下部生长的前提下，着重促进根系的生长和壮大。此阶段应遵循适当控制水分（保持土壤最大持水量的 50%～60%）的原则，烟田一般不浇水，抑制烟株地上部的生长速度，促进根系发育，增大根系体积。此时期轻度干旱（保持田间土壤最大持水量的 40%～60%）对烟株生长有利。但若干旱严重，低于田间土壤最大持水量的 40%时也应适当灌水。

(3) 旺长期 移栽 30 d 后至烟株现蕾为旺长期。此阶段烟株生长发育最旺盛，叶片增多，叶面积扩大，伴随着气温和地温的日益升高，烟株光合作用和呼吸作用增强，蒸腾量增加，烟株田间耗水量急剧上升，占全生育期的 50%以上。此时期若供水不足将直接影响烟叶的产量和品质，尤其是旺长后期，如果缺水，烟叶叶尖和叶缘变硬，叶片扩展不开，难以成熟落黄，采后烟叶不易烘烤，烤后烟叶质量较差。因此，烟株进入旺长期必须加强灌溉，充分供水，保持烟田土壤最大持水量的 80%左右，以满足烟株对水分的需要，使烟株体内各生理活动旺盛进行，促进烟株生长发育。

(4) 成熟期 烟株打顶后 10～15 d，烟叶由下而上逐渐成熟，叶片内干物质逐渐转化积累。此时期保持田间土壤最大持水量的 60%～70%，以利于顶叶展开，促进叶片成熟。若土壤干旱，顶叶难以开片，烟叶难烘烤，烤后多“花片”；而水分过多，或阴雨连绵，湿度大而日照少，则易使烟叶贪青晚熟，易发生病害，烤后烟叶弹性差，香气量减少。

2. 灌溉技术

(1) 灌溉时期和次数 我国烟区烤烟适宜的灌水时期、次数和灌水量多数是凭经验，即“看天，看地，看烟株”来确定。

“看天”，就是看当时的气候条件，主要是降雨情况，旱天多浇水。“看地”，就是看土壤特性、肥力状况和土壤含水量。一般情况下，除伸根期土壤可适度干旱以外，其余时期土壤含水量的掌握应

以手抓烟株根际 10 cm 左右的土壤，若手握成团，掉下散开，说明土壤水分适宜，否则需要灌水。“看烟株”，就是在夏季中午、傍晚和早晨 3 个时期观察烟株叶片凋萎和恢复情况。如果中午呈现叶片轻度凋萎，傍晚能恢复正常，说明是暂时的生理缺水，如果凋萎严重，至傍晚仍不能恢复，则表示烟田土壤缺水，必须及时灌水，连续灌溉 2～3 次，可保证烟株正常生长。

（2）灌溉方法　烟田灌溉方法有穴灌、沟灌、喷灌、滴灌等。一般喷灌和滴灌的效果优于沟灌。目前应用最多的是穴灌和沟灌，生产中根据当地情况采取适宜的灌溉方法，以保证烟叶产量和品质。

（3）烟田排水　烤烟生长需水较多，但同时对土壤通透性要求也很严格。雨水过多易发生病害，积水还会淹死烟株。因此，烟田要注意排水，尤其是在降雨较多的地区和低洼地块，要预先在烟田周围开排水沟。坡地种烟则应在烟地上方开拦水沟，以防止山坡水流冲塌烟畦。平地种烟，则在大田整地时要整平，以防低处积水，大田生长期，结合中耕培土要清好垄沟，以利排水。

四、打顶抹杈

到了烤烟生长后期，烟株进入生殖生长期，出现花蕾，这时需要进行打顶抹杈，这样不仅有助于调控烟株营养，更重要的是能够提升烟叶品质。烟草是以收获叶片为主的叶用型植物，若任其自由生长繁殖，不仅会增加各种病害发生的风险，还会对其产量和品质造成影响。适时打顶抹杈，可以去除烟株顶端优势，使其体内养分重新调整分配，更多地流向叶片，有利于中、上部叶片的充分发育和成熟，从而提高烟叶的产量和品质。同时，打顶抹杈可以促进根系发育，尤其是次生根，可以增加根的深度和密集度，提高肥料利用率。打顶结合抹杈，可改善烟田田间通风透光条件，降低田间小气候湿度，减少病虫害的发生。打顶后，烟株避免了无效的营养消耗，节约大量养分，改善烟株体内营养状况，使营养更好地供应叶片，延长叶片寿命，提高烟叶的成熟度。

1. 打顶

通常，烤烟幼苗移栽成活后 45～60 d，开始出现花蕾，如果任其生长下去，势必会消耗大量养分。因此，需要根据烟株自身及烟田情况选择适宜的打顶方式，保证烟叶产量及品质。

打顶主要有以下几种方法：一是扣心打顶。此时花蕾还被顶端小叶片包裹在内，只需掐去刚长出来的小花蕾。这时打顶由于花蕾生长比较小，消耗的养分比较少，所以能够有效促进上部叶片生长，这种打顶方法主要适合于瘦田，以及缺乏足够的肥料、植株生长较弱的田地。二是现蕾打顶。此时打顶，花蕾才刚刚长出嫩叶，因此可以掐去花蕾及其顶端的几片小叶。该方法由于花蕾长势较小，养分消耗较少，不仅操作比较方便，而且打顶效果也会更好，主要在烟株长势一般、肥力水平中等的田地中比较适用，是生产上普遍采用的方法之一。三是初花打顶。该打顶方法是在第一朵中心花开放时进行，掐去主茎顶部和花轴、花序、小叶。由于此时打顶对养分的消耗比较多，所以一般选用在长势较好、水肥都比较充足的田地中进行，该方法也是生产上普遍采用的方法之一。四是盛花打顶。当烟株顶端花序大量开放或处于盛花期时，将整个花序连同其下2～3 片小叶一并摘除。由于此方法养分消耗多，适宜于烟株营养状况好、长势强或土壤肥力高、施肥过量或旺长期遭遇干旱、肥料未能被烟株充分吸收而残留过多的烟田。

关于烟株打顶的时期及留叶数，需要综合考虑烟叶品种、土壤肥力、气候、密度和栽培条件等，以能形成优质烟长势长相为标准。实际生产中，打顶还需注意：打顶应在晴天上午进行，此时间打顶有利于烟株伤口愈合，避免伤口感染和病原菌侵入，引发病害的发生。打顶后，烟株主茎的顶端要略高于顶叶的叶基部，以免伤口距顶叶太近，影响顶叶对水分的保持。打顶时摘下的花序和烟芽要带出烟田，集中处理。

2. 抹杈

烟株打顶后，其每个叶腋可再生 2～3 个或更多的腋芽，若任其生长，会消耗大量养分，影响主茎叶片的生长和充实。因此，需要对长出腋芽的烟株及时去除腋芽，早打、勤打和反复打是烤烟抹杈时必须坚持的原则。生产上，抹杈可分为人工抹杈和化学抑芽。

一般人工抹杈应掌握在腋芽长到 3～4 cm 时进行，人工抹杈需要多次进行，一般 3～4 d 抹杈一次。化学抑芽操作相对简单，通过抑芽剂控制腋芽的生长，通常涂于叶腋内并在打顶完成后 24 h 内完成。

五、病虫害防治

烟叶绿色防控是指以确保烟叶生产、质量和生态环境安全为目标，以减少化学农药使用为目的，采取生态控制、生物防治和物理防治、科学用药等环境友好型技术措施控制烟草病虫害的行为，是综合防治的深化和发展。

1. 农业防治技术

凡是能改善烟株生长、降低病虫害发生危害的农业措施均属于农业防治技术。

（1）合理轮作　烟田实行 2～3 年轮作制，前作不种植茄科十字花科作物。

（2）选择抗病品种　根据当地生态特点和病虫害发生情况，选用抗（耐）病品种。

（3）深耕晒垡　创制不利于病虫害发生的环境，减少侵染源基数。

（4）培育无病壮苗　育苗场地、育苗设施、器械应严格消毒。

（5）适时移栽　合理安排移栽期，避开病虫害发生期，减少危害。

（6）均衡营养，测土配方施肥　施用有机肥改善土壤环境，均衡烟株营养，提高烟株抗性。

（7）清洁烟田　保持田间卫生，及时清除杂草、烟株病残体。将病残体带出田外深埋，特别是烟草番茄斑萎病等病株要及时清除，减少侵染源。

（8）高起垄，高培土，深挖沟，确保烟田排灌系统畅通，防止淹水，减少病害发生。

(9) 卫生操作 中耕培土、除草、打药、打顶、抹杈和采收等农事，按照先健株再病株的顺序操作，防止病害传染。

2. 物理防治技术

应用昆虫信息素（性引诱剂、聚集素等）、植物诱控、光诱、板诱、食饵诱杀、防虫网阻隔、银灰膜驱避害虫等理化诱控技术防控病虫害，减少农药用量。

苗期全程采用防虫网覆盖，减少苗期虫害及其所传病害（如TSWV、烟草丛顶病、CMV、曲叶病等）的危害。性诱防治小地老虎、棉铃虫、烟青虫和斜纹夜蛾等害虫；灯诱防治鞘翅目、鳞翅目等害虫；板诱防治蚜虫等害虫。

3. 生物防治技术

采用以虫治虫、以螨治螨、以菌治虫、以菌治菌等生物措施进行病虫害防治，推广植物源农药、农用抗生素、植物诱抗剂等生物生化制剂应用技术。如间隔或烟田周围种植万寿菊、向日葵等植物引诱昆虫，保护天敌；人工释放或保护自然天敌防治烟草害虫。

4. 化学防治技术

根据病虫害预测预报情况，适时选用高效、低毒、低残留、环境友好型农药，农药交替使用、精准使用和安全使用，严格遵守农药安全使用间隔期。

（1）预防为主，综合防治。

（2）以农业防治为基础，生物防治为重点，物理防治为辅助，化学防治为补充。

（3）优先采用非化学农药防控措施，最大限度地减少化学农药的使用，避免农药残留超标。

第三节　特殊烟叶的物理促黄

烤烟是一种特殊的经济作物，烟叶的质量在生产中至关重要。我国部分烟区烟叶存在田间难落黄、烤中难落黄的问题，严重影响了烟叶的可用性。良好的大田管理可以一定程度解决烟叶田间难落

黄问题，但效果不显著，还需采取一些物理、化学手段，促进烟叶田间落黄。

一、断根、环割与烤烟生长发育

烟株所需要的矿质营养和水分，大部分是通过根系从土壤中吸收的，其根群的分布和根系活力的大小决定了烟株的吸收能力。因此，可以通过在烟草生育期进行适时断根处理，从而提高烟叶的质量。植株韧皮部是向下运输地上部分同化物的通道，同时也是一些无机元素的运输通道。环割作为一种韧皮部损伤措施，能够有效阻遏物质运输，降低上部烟叶烟碱含量，并增加钾含量。

随着生态条件的改变和施肥水平的提高，烤烟在采收烘烤季节容易返青后发，贪青晚熟，造成烟叶采烤期延长，茬口紧张；上部烟叶较小、较厚，组织结构紧密，颜色偏深，烘烤过程中极易烤青和挂灰，工业可用性低，造成烟叶产量和质量下降。研究发现，打顶后断根和环割处理可协调烤烟中、上部叶的碳氮比例，促进上部叶干物质的积累，控制烟叶内部化学成分的协调性[2~3]。李小勇等[4]对延边烟区烟叶进行不同程度的断根处理，发现团棵期轻度断根可显著提高烟株生长后期的根系活力，提高烟叶烟碱和钾含量，降低烟叶糖含量。打顶期不同时间环割能够降低烟株硝酸还原酶活性，提高烟叶转化酶活性，改善烟叶碳氮代谢。肖波等[5]认为，环割后一次性采收上部叶，可促进烘烤过程中叶片叶绿素和超氧化物歧化酶活性下降，淀粉酶活性上升，有利于提高上部叶的烘烤质量。沈方科等[6]研究表明，打顶后断根、环割处理改变了烟株中不同内源激素的含量和比值，降低钾在根系的积累，促进烟叶钾营养的积累，改善烟叶化学成分的协调性，提高了烟叶的经济效益。

断根、环割作为有效的农艺技术措施，这些研究进展对提高烟叶田间质量具有积极意义，为烤烟烘烤提供帮助。

二、烤烟断根、环割处理的方法

目前，关于烤烟断根、环割的方法还没有统一的标准。传统的环割方式是通过刀片将茎干表皮及韧皮部割下的物理操作，但操作过于烦琐，不适于大面积推广应用。

为简化烤烟断根、环割操作，规范烤烟断根、环割技术流程，分别采用铁铲和环割刀对烤烟进行断根和环割处理（图 3-1）。

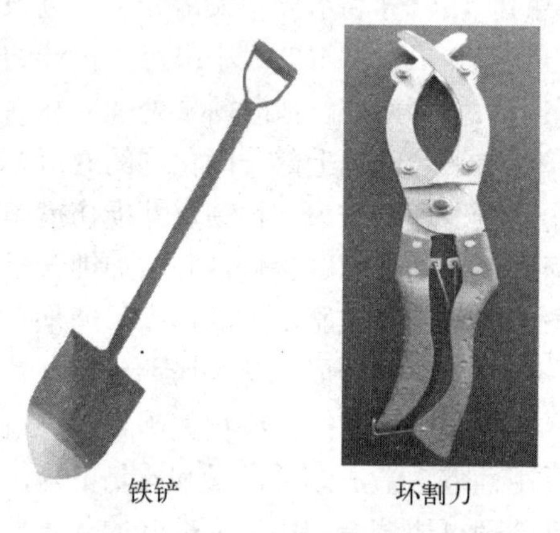

图 3-1　烤烟断根、环割工具

断根方法：下部叶采收后，用铁铲在靠近烟垄的一面距茎基部 10 cm 处垂直往下切断根系，其中断根可分为轻度断根和重度断根，轻度断根为一侧断根，重度断根为两侧断根（图 3-2）。

图 3-2　烤烟断根处理（左图为轻度断根，右图为重度断根）

环割方法：采用环割刀于根茎连接处向上 10 cm 处割去韧皮部而不伤及木质部，宽度为 1 cm，环割可分为中期环割和后期环割，中期环割于下部叶采收后进行，后期环割于中部叶采收后进行（图 3-3）。

图 3-3　烤烟环割处理

本节以下部分讨论对象为不同程度断根、环割处理烤烟，其中 CK 为对照，既不断根也不环割；T1 为轻度断根；T2 为重度断根；T3 为中期环割；T4 为后期环割。

三、不同程度断根、环割叶片发育规律

烟叶厚度反映了烤烟的营养状况和成熟特征。由表 3-5 可见，与 CK 相比，T1 轻度断根处理后，中部叶 9 叶位和 12 叶位叶片变厚，15 叶位、18 叶位叶片变薄，但差异不显著；T2 处理后，9 叶位叶片变厚 1.51%，12 叶位叶片变薄 2.23%，但差异不显著，上部叶 15 叶位、18 叶位叶片厚度分别减小 3.50%、3.29%，达显著水平；T3 处理分别促使各叶位叶片变薄 3.01%、4.74%、10.98%、10.09%，其中 9 叶位差异不显著，12 叶位差异显著，15 叶位、18 叶位差异极显著；T4 处理可促进上部叶变薄。综上，轻度断根对叶片厚度无显著影响，重度断根显著促进上部叶变薄；环割可促进中、上部烟叶叶片变薄，其中中期环割处理（T3）对叶片厚度影响最大。

表 3-5 断根和环割后的烟叶厚度和叶面积

处 理	叶片厚度（mm）				叶面积（cm²）			
	9叶位	12叶位	15叶位	18叶位	9叶位	12叶位	15叶位	18叶位
CK	0.332abA	0.359aAB	0.428aA	0.456aA	1 219.05cB	1 076.50cB	844.10cC	546.59dC
T1	0.341aA	0.364aA	0.422abA	0.450abA	1 210.56cB	1 102.31cbB	832.98cC	550.23dC
T2	0.337abA	0.351abAB	0.413bA	0.441bA	1 371.34bA	1 183.92bB	893.12bB	595.22bB
T3	0.322bA	0.342bB	0.381cB	0.410cB	1 449.64aA	1 301.53aA	982.21aA	633.38aA
T4	—	—	0.415bA	0.452abA	—	—	883.10bB	573.95cB

注：同列数据后不同小写字母表示差异显著（$P<0.05$），不同大写字母表示差异极显著（$P<0.01$）。下同。

由表 3-5 可知，与 CK 相比，T1 处理后，各个叶位叶面积无显著变化；T2 处理后，12 叶位叶面积增加 9.98%，达显著水平，9 叶位、15 叶位、18 叶位叶面积分别增加 12.49%、5.81%、8.90%，达到极显著水平；T3 处理对叶面积影响最大，分别促使 9 叶位、12 叶位、15 叶位、18 叶位叶面积增加 18.92%、20.90%、16.36%、15.88%，达极显著水平；T4 处理极显著促使 15 叶位、18 叶位叶面积增加 4.62%、5.01%。与 CK 相比，中期环割（T3）、重度断根（T2）可明显促进中、上部鲜烟叶叶面积增大。

四、不同程度断根、环割烟叶落黄情况

SPAD 值表征烟叶叶绿素相对含量，叶绿素含量下降是烟叶大田成熟期落黄的重要标志。由表 3-6 可知，中、上部烟叶成熟期 SPAD 值整体呈现下降趋势，同一时期，随着叶位的升高，烟叶的 SPAD 值逐渐升高。不同程度的断根和环割处理均能使烟叶叶片 SPAD 值迅速下降，其中，T3 处理 9 叶位、12 叶位、15 叶位、18 叶位采收时 SPAD 值分别较同期 CK 下降 10.92%、22.77%、45.63%、50.33%，相比于其他处理各个叶位 SPAD 值下降最多，且达到极显著水平。8 月 13 日进行 T4 处理后，上部叶 15 叶位、18 叶位的 SPAD 值快速下降，8 月 25 日时分别较同期 CK 下降 28.64%、21.13%，与 CK、T1、T2 处理呈极显著差异。T1、T2

表 3-6　断根和环割后的烤烟叶片 SPAD 值

叶位	处理	SPAD值								
		8月1日	8月4日	8月7日	8月10日	8月13日	8月16日	8月19日	8月22日	8月25日
9	CK	(37.6±1.2)aA	(35.8±1.2)abA	(35.3±1.2)aAB	(34.9±1.1)aA	(28.4±1.8)aAB				
	T1	(38.4±1.4)aA	(37.4±0.9)aA	(36.7±1.2)aA	(35.1±1.1)aA	(31.2±1.5)aA				
	T2	(37.3±1.1)aA	(34.3±1.7)bA	(32.5±1.3)bBC	(31.0±1.6)bB	(29.4±1.3)aAB				
	T3	(37.8±1.4)aA	(35.4±1.3)abA	(29.4±1.4)cC	(26.9±1.8)cC	(25.3±1.2)bB				
12	CK	(45.8±1.2)aA	(49.9±1.5)aA	(47.0±1.1)aA	(47.4±1.2)aA	(42.2±1.6)aA	(41.2±1.3)aA	(38.2±0.6)aA		
	T1	(45.5±1.3)aA	(44.1±1.1)bB	(43.4±1.5)bB	(42.2±1.4)bB	(39.0±1.0)bB	(36.1±1.1)bB	(36.0±0.7)bB		
	T2	(45.3±1.1)aA	(38.9±1.3)cC	(38.1±1.3)dC	(37.0±1.1)cC	(33.6±1.1)cC	(32.4±0.9)cC	(32.1±0.8)cC		
	T3	(45.1±1.1)aA	(46.4±1.0)bB	(40.6±1.3)cBC	(38.1±0.7)cC	(33.1±0.6)cC	(30.1±0.7)dC	(29.5±0.7)dD		
15	CK	(48.5±0.4)aA	(51.1±1.2)aAB	(53.4±0.8)aA	(49.3±0.9)aA	(46.9±1.5)aA	(45.3±1.1)aA	(43.2±1.1)aA	(41.5±1.1)aA	(41.2±0.8)aA
	T1	(48.4±0.9)aA	(48.9±1.9)bBC	(50.0±0.7)bB	(45.6±1.0)bB	(43.3±0.8)bB	(42.8±1.4)bAB	(41.3±1.0)bAB	(40.3±0.9)aA	(34.1±1.5)bB
	T2	(48.7±1.3)aA	(48.6±0.7)bBC	(47.7±1.0)cC	(44.0±0.7)bB	(43.8±1.6)bB	(40.1±0.9)cB	(39.3±1.0)cBC	(35.7±1.3)bB	(33.6±1.1)bB
	T3	(48.2±0.7)aA	(45.9±1.1)cC	(41.7±0.5)dD	(40.4±1.1)cC	(36.7±0.7)cC	(34.8±1.3)dC	(32.9±0.6)dD	(22.5±0.9)cC	(22.4±0.6)dD
	T4	(47.3±0.6)aA	(52.2±0.5)aA	(53.9±0.5)aA	(50.7±1.3)aA	(47.9±0.5)aA	(42.3±0.7)bAB	(38.5±0.5)cC	(35.8±0.6)bB	(29.4±0.7)cC
18	CK	(56.6±1.0)aA	(55.0±0.8)aAB	(54.0±0.7)bAB	(53.6±0.7)aA	(53.0±0.7)aA	(51.3±1.4)aA	(51.3±0.6)aA	(47.1±0.7)aA	(45.9±0.6)aA
	T1	(56.8±0.7)aA	(55.1±1.1)aAB	(52.7±0.6)cBC	(50.5±0.8)bB	(50.2±0.7)bB	(47.8±0.7)aB	(46.6±0.7)bB	(46.4±0.8)aA	(42.5±0.6)bB
	T2	(57.1±0.7)aA	(53.3±0.8)bBC	(52.0±1.0)cC	(49.2±0.7)cB	(46.8±0.6)cC	(46.7±0.8)bB	(42.9±0.6)cC	(42.4±1.0)bB	(42.0±0.4)bB
	T3	(56.7±1.2)aA	(51.9±0.4)bC	(45.3±0.5)dD	(37.8±0.5)dC	(33.8±0.6)dD	(31.1±0.9)dD	(29.8±1.0)eD	(28.4±1.0)dD	(22.8±0.3)dD
	T4	(57.6±0.6)aA	(56.1±0.8)aA	(55.3±0.6)aA	(54.2±0.7)aA	(51.8±1.1)aAB	(43.3±0.7)cC	(41.2±1.0)dC	(39.9±0.4)cC	(36.2±0.5)cC

处理均一定程度上抑制 9 叶位 SPAD 值的下降，8 月 13 日叶片 SPAD 值较 CK 处理高，但差异不显著；T1、T2 处理可显著促进 12 叶位、15 叶位、18 叶位烟叶 SPAD 值的下降，且 T2 处理较 T1 处理 SPAD 值下降量大；T1、T2 处理后 3 d，中部叶 9 叶位、12 叶位 SPAD 值下降较 T3 处理快，但 3 d 后 T3 处理的各个叶位 SPAD 值迅速下降，且快于 T1、T2 处理。图 3-4 为 8 月 13 日 12 叶位采收烟叶。

图 3-4　8 月 13 日 12 叶位采收烟叶（从左到右依次是早期环割、CK、轻度断根、重度断根）

五、不同程度断根、环割叶片光合速率变化

由表 3-7 可知，不同程度断根、环割处理，不同叶位叶片净光合速率变化动态基本一致，进入成熟期后，叶片净光合速率逐渐下降，且叶位越低，净光合速率下降越快。下部叶采收后，断根处理（T1、T2）延缓了 9 叶位净光合速率的下降，8 月 13 日 T1、T2 处理 9 叶位叶片的净光合速率分别达 10.68 μmol/(m^2 · s)、7.21 μmol/(m^2 · s)，较 CK 增加 82.88%、23.46%；环割处理（T3）促进 9 叶位净光合速率的迅速下降，但与 CK 相比，8 月 13 日采收时净光合速率较 CK 下降 8.73%，差异不显著。各处理对 12 叶位净光合速率的影响差异较大，T1 处理后 3 d，12 叶位净光

表 3－7　断根和环割的烤烟叶片净光合速率

叶位	处理	净光合速率 Pn[μmol/(m² · s)]								
		8月1日	8月4日	8月7日	8月10日	8月13日	8月16日	8月19日	8月22日	8月25日
9	CK	(21.33±1.09)aA	(19.85±0.66)aA	(15.32±0.59)bAB	(14.21±0.43)aA	(5.84±0.40)cC				
	T1	(21.68±0.57)aA	(18.93±0.59)abAB	(16.86±0.66)aA	(14.34±0.85)aA	(10.68±0.56)aA				
	T2	(21.42±1.22)aA	(17.73±0.49)cB	(14.76±0.53)bB	(13.08±0.45)bA	(7.21±0.32)bB				
	T3	(21.37±0.49)aA	(18.56±0.40)bcAB	(15.12±0.50)bB	(10.75±0.46)cB	(5.33±0.48)cC				
12	CK	(22.52±0.47)aA	(23.48±0.53)aA	(23.07±0.46)aA	(23.36±0.51)aA	(21.85±0.30)aA	(16.43±0.40)bB	(14.23±0.31)bB		
	T1	(22.48±0.54)aA	(22.36±0.35)bA	(22.86±0.30)aAB	(23.28±0.49)aA	(22.76±0.58)aA	(21.38±0.61)aA	(18.56±0.45)aA		
	T2	(22.57±0.78)aA	(20.88±0.38)cB	(18.86±0.37)cC	(18.55±0.46)cC	(17.56±0.49)bB	(15.22±0.48)cB	(12.11±0.41)cC		
	T3	(22.39±0.35)aA	(22.11±0.66)bAB	(21.87±0.31)bB	(20.32±0.49)bB	(18.21±0.69)bB	(12.11±0.55)dC	(9.62±0.43)dD		
15	CK	(24.35±1.07)aA	(24.43±0.39)aA	(24.77±0.79)aA	(24.12±0.62)aA	(22.07±0.77)bA	(20.46±0.36)bB	(19.13±0.97)bB	(15.81±0.23)bB	(14.57±0.48)bB
	T1	(24.37±0.26)aA	(24.21±0.31)aA	(24.83±0.41)aA	(24.76±0.57)aA	(23.66±0.22)aA	(22.18±0.28)aA	(21.09±0.10)aA	(18.88±0.20)aA	(16.66±0.43)aA
	T2	(24.42±0.38)aA	(20.33±0.48)cC	(20.07±0.44)cC	(19.55±0.40)cB	(18.62±0.57)cB	(18.23±0.34)cC	(16.76±0.46)cC	(14.21±0.11)cC	(11.55±0.27)cC
	T3	(24.41±0.25)aA	(23.22±0.29)bB	(21.54±0.40)bB	(20.45±0.36)bB	(17.88±0.19)cB	(15.42±0.42)dD	(12.43±0.36)dD	(10.44±0.36)eE	(10.26±0.45)dD
	T4	(23.98±0.87)aA	(24.22±0.35)aA	(24.56±0.40)aA	(24.18±0.37)aA	(22.11±0.98)bA	(18.77±0.55)cC	(16.22±0.38)cC	(12.41±0.41)dD	(11.33±0.27)cC
18	CK	(23.75±0.58)aA	(23.66±0.45)aA	(23.45±0.37)aA	(22.89±0.40)aA	(22.76±0.19)bB	(22.12±0.29)bB	(21.72±0.24)bB	(20.62±0.11)bB	(18.23±0.28)bB
	T1	(23.71±0.27)aA	(23.55±0.36)aA	(23.35±0.30)aA	(23.33±0.45)aA	(23.56±0.37)aA	(23.07±0.19)aA	(22.77±0.09)aA	(21.08±0.09)aA	(20.31±0.23)aA
	T2	(24.13±0.19)aA	(21.53±0.13)cC	(20.66±0.21)cC	(20.14±0.62)bB	(19.78±0.29)cC	(18.55±0.29)dD	(18.11±0.20)cC	(15.64±0.22)cC	(12.43±0.19)cC
	T3	(23.68±0.58)aA	(22.48±0.29)bB	(21.87±0.19)bB	(20.31±0.18)bB	(18.47±0.32)dD	(16.23±0.28)eE	(14.33±0.25)dD	(12.47±0.13)eE	(11.09±0.13)eD
	T4	(24.23±0.30)aA	(24.12±0.35)aA	(23.88±0.51)aA	(22.92±0.10)aA	(22.56±0.28)bB	(20.77±0.10)cC	(18.06±0.42)cC	(13.56±0.25)dD	(11.93±0.42)dC

合速率较CK有明显下降，但随后净光合速率下降缓慢，8月19日采收时12叶位净光合速率高达18.56 μmol/(m^2·s)，较CK增加30.43%；8月19日与CK相比，T2、T3处理分别促进12叶位净光合速率较CK下降14.90%、32.40%，其中T2处理叶片前期净光合速率下降快，T3处理后期净光合速率下降快。对于上部叶15叶位、18叶位，T1处理延缓叶片净光合速率下降，导致采收时叶片净光合速率较CK处理分别增加14.34%、11.41%；T2、T3、T4处理可促进上部叶烟叶净光合速率快速下降，15叶位8月25日采收时净光合速率分别较CK下降20.73%、29.58%、22.24%，18叶位分别较CK下降31.82%、39.17%、34.56%。

六、不同程度断根、环割对烟叶产量和质量的影响

由表3-8可知，断根、环割处理对烟叶产量和质量具有极显著影响。下部叶采收后环割处理（T3）产值最高，较CK提高5.40%，差异达到极显著水平；重度断根处理（T2）产值较CK提高2.07%，亦达极显著水平；轻度断根处理（T1）造成烟叶产值极显著降低；中部叶采收后环割处理（T4）对烟叶产值影响不明显，差异不显著。在相同栽培密度和栽培管理条件下，烟叶产值由产量和价格决定。与CK相比，T1处理产量显著增加1.85%，但均价和上中等烟比例明显下降，造成整体产值较低；T2、T3处理产量较CK虽然分别下降3.61%、5.39%，但由于上中等烟比

表3-8 断根和环割的烟叶产量和质量

处理	产量 (kg/hm²)	均价 (元/kg)	上中等烟比例 (%)	产值 (元/hm²)
CK	2 202.35bAB	28.32cC	84.14cC	62 199.35cC
T1	2 243.13aA	27.66dC	83.27dD	62 020.12dD
T2	2 122.87cC	29.86bB	88.14bB	63 487.78bB
T3	2 083.56dC	31.47aA	89.8aA	65 555.47aA
T4	2 189.23bB	28.53cC	84.71cC	62 142.56cC

例的提高，均价分别增加5.44%、11.12%，且差异均达到极显著水平，促使烟叶产值极显著提高。T4处理对烟叶产量、均价、上中等烟比例影响不大。

七、断根、环割与烟叶生产的关系

叶片厚度是烟叶物理性状的重要指标之一，一定程度上反映烟叶的发育情况、成熟程度和烟叶品质；是烟叶分级中的重要参考因素，厚度适中的烟叶等级才会高。在保证烟叶品质的前提下，提高叶片面积是保证烟叶产量的重要措施，特别是促进上部叶开片，提高上部叶叶面积。SPAD值表示叶绿素的相对含量，可代表烟叶外观的成熟落黄程度，与烟叶成熟度呈显著负相关关系。结果表明，适时环割可促进中、上部叶身份变薄，叶面积增大，SPAD值迅速下降，烟叶成熟落黄较快，缩短烟叶的采烤期。一侧断根对烟叶厚度和叶面积无显著影响，但会造成短期内叶片SPAD值降低，但以后迅速恢复并显著提高。两侧断根能促进上部叶厚度变薄，中、上部叶叶面积增加，SPAD值较CK下降快，烟叶成熟落黄较快，这主要是因为两侧断根烟株自我恢复所需时间较长，造成烟叶SPAD值下降，即一侧断根前期可控制烟叶叶绿素的增加，之后具有补偿甚至超补偿效应，叶片叶绿素含量较CK下降缓慢，甚至有增加趋势，两侧断根不具有补偿效应，叶片叶绿素下降迅速。下部叶采收后环割和两侧断根，促使中、上部叶叶绿素快速降解，烟叶迅速成熟落黄，虽然叶片光合速率下降快，但光合面积有一定增加，光合产物可以有效积累。

光合作用是作物产量和质量形成的基础，环境条件和农艺措施往往通过改变叶片的光合性能来影响光合产物的合成、运输、积累和分配，最终影响作物产量和质量。优良的烤烟品种必须具备光合速率高和光合性能好的特性，净光合速率Pn是反映叶片光合性能高低及衰老程度的重要指标，烟叶在成熟过程中净光合速率不断下降。烟株对轻度断根具有一定的超补偿效应，轻度断根后光合速率短期有所下降，但随后迅速恢复且恢复较CK快，重度断根烟株难以恢复，烟叶净光合速率下降；环割造成烟叶净光合速率极显著下降。下部叶采收后环割虽然降低了烤烟的光合速率，但同时阻断营养物质通过韧皮部的向下运输，有利于叶片中光合产物的积累；同时断根和环割协调了烟叶化学成分的协调性，通过提高上中等烟比例和均价，提高烟叶的经济效益。

烟草是我国重要的经济作物，其经济性状主要包括产量、均价、上中等烟比例、产值等。有研究表明，在烟叶适产栽培中应在首先保证一定单位面积株数的基础上，着力增加单位面积产量，提高上中等烟比例，从而提高均价和产值。下部叶采收后环割和两侧断根虽然降低了烟叶产量，但增加了叶面积，同时烤后烟叶上中等烟比例和均价高，烟叶产值极显著提高；一侧断根对烟叶产量有一定提高，但是烟叶成熟落黄缓慢，烤后烟叶质量较差，上中等烟比例和均价较低，烟叶产值极显著下降；中部叶采收后环割仅对上部叶产生一定影响，加之作用时间较短，烟叶整体经济性状无显著变化。

烤烟在进入成熟期后易因气候和土壤肥力问题出现返青后发、贪青晚熟等难落黄现象，特别是上部叶开片较差，颜色深且叶片厚，组织结构紧密，烘烤难度大。不同程度的断根、环割处理可明显促进中、上部叶的成熟落黄，其中断根处理前期烟叶落黄较快，但整体落黄效果较环割差。综上所述，下部叶采收后环割可明显促进中、上部叶的成熟落黄，改善烟叶组织结构和化学成分协调性，可作为促进中、上部叶成熟落黄、提高烟叶产量和质量的一项技术措施。

第四节　特殊烟叶的化学促黄

烟叶生产中，除了可以采用物理手段促进难落黄烟叶的成熟落黄之外，还可以采取一些化学促黄方法，如田间喷施一定浓度的乙烯利等，促进烟叶成熟落黄，提高烟叶品质。

一、乙烯利的作用

1. 乙烯利的理化性质

乙烯利是一种人工合成的有机化合物，学名 2 -氯乙基膦酸，又称乙烯磷，其化学结构见图 3 - 5，是一种优质高效的植物生长调节剂，具有促进果实成熟、刺激伤流、调节花的性别转换等效应。乙烯利市售产品一般为 40％水剂（图 3 - 6），其在 pH＜3.5 的水溶液中极为稳定，当 pH＞4 时即分解释放出乙烯。

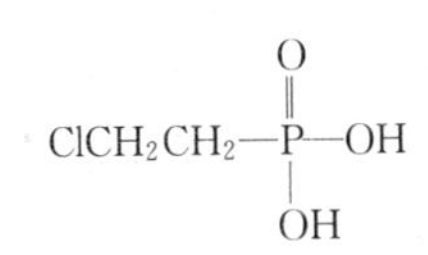

图 3 - 5　乙烯利的化学结构

图 3 - 6　40％水剂乙烯利

当乙烯利在 pH＞4 的植物组织或器官中分解释放乙烯时，具有加速果实成熟、衰老、刺激伤流、诱导或抑制开花以及调节花的性别分化等生理效应。在一定条件下，乙烯利不仅能释放乙烯，还可以诱导植物自身产生乙烯。乙烯作为一种迄今为止发现的结构最简单的植物激素，广泛存在于植物各个部位，参与植物种子的萌发、植株的生长、发育、成熟、衰老等生命历程。

乙烯利与乙烯作用相同，主要是增强细胞中核糖核酸合成的能力，促进蛋白质的合成。在植物离层区如叶柄、果柄、花瓣基部，由于蛋白质的合成增加，促使在离层去纤维素酶重新合成，因为加速了离层形成，导致器官脱落。乙烯利能增强酶的活性，在果实成熟时还能活化磷酸酯酶及其他与果实成熟的有关酶，促进果实成熟。在衰老或感病植物中，由于乙烯利促进蛋白质合成而引起过氧化物酶的变化。乙烯还能抑制内源生长素的合成，延缓植物生长。

乙烯利的降解受环境温度的影响，温度越高，降解速度越快。

有研究表明，葡萄果实中乙烯利半衰期低于5 d，生长发育过程中，随着乙烯利的不断消解，残留量也逐渐降低，葡萄成熟时残留量低于国标限量（1 mg/kg）。因此，在使用乙烯利时，应规范乙烯利使用标准，科学合理地进行施用。

2. 乙烯与烤烟的关系

烟草是一种适应性较强的叶用经济作物，准确把握其成熟度是优质烟叶生产的关键技术之一，对适时采收和科学调制都具有重要意义。近年来，由于全球气候变暖，烟叶生长季节自然灾害频发，干旱和降雨分布不均等多重因素严重影响了烟叶正常生长发育，使烟叶田间成熟落黄较难，烟叶采烤期延长，茬口紧张。

乙烯在植物生长发育、果蔬成熟衰老等方面有重要作用。乙烯利是一种外源植物激素，在植物生长发育、果蔬成熟衰老等方面有重要作用。冯彤等[7]研究发现，银杏采前喷施500 mg/L的乙烯利可使呼吸高峰提前，果肉软化，容易去皮；孟祥春等[8]研究表明，夏橙转黄期喷施外源乙烯可促进转黄着色；徐增汉等[9]研究发现，田间喷施乙烯利可以促进烟叶落黄，有效解决上部叶烤青问题。烟叶烘烤过程中采用乙烯利熏蒸可缩短烘烤时间，降低烟叶烘烤成本，增加产值，提高烟叶烘烤质量和工业可用性。

烟叶的成熟特征，在外观上表现为主支脉发白，叶片绿色褪去，叶色转黄；化学成分上表现为淀粉等干物质的积累；生理上则表现为呼吸强度和乙烯释放量的增加。外源乙烯在烟叶中应用的研究多集中在烘烤方面，田间研究也仅侧重于视觉落黄，对于田间成熟期喷施外源乙烯对烟叶成熟过程中生理变化的研究鲜有报道。研究成熟期喷施不同浓度外源乙烯对烟叶成熟过程中生理变化的影响，为促进烟叶田间成熟及提高采收成熟度提供理论和实践依据。

二、乙烯利的使用方法

使用乙烯利可以促进番茄、香蕉等果实成熟，在生产上已普遍采用，效果显著，既可提早采收，又能增加产量。目前，乙烯利在

烟叶生产上的应用还没有严格的要求，这就需要通过合理的农业技术措施加以促进和控制。

1. 注意事项

（1）药剂与药效。市场上纯正的乙烯利多为40%水剂。使用前要检查是否失效，方法是取少量原药倒在水泥地上，发泡较多的证明有效。如药液产生沉淀物，可用70～80 ℃的温水加热振荡，等沉淀物溶解后再用，不影响药效。

（2）乙烯利生理活性强，不可乱用，使用不当可能发生药害；乙烯利在中性溶液中极易分解，使用时应现配现用，同时也不可同碱性农药或化肥混用。

（3）乙烯利具有强酸性，可以腐蚀金属、皮肤、衣物等，使用时应佩戴手套和眼镜，防止造成损伤。

（4）乙烯利应在20 ℃以上使用，温度过低，乙烯利分解缓慢，使用效果降低。

（5）乙烯利低毒，但对人的皮肤、眼睛有刺激作用，应尽量避免与皮肤接触，施药后及时用清水或肥皂水清洗皮肤。

2. 使用方法

乙烯利使用剂量小，但效果显著，因此需要严格根据不同类型作物特点，选择适宜的施用浓度。一般常用的使用方法有喷雾法、涂抹法和浸渍法等，根据作物类型，选择适宜的方法。烟草植株较大，生产中宜采用喷雾的方法对田间难落黄烟叶喷施乙烯利。

（1）正确的喷雾方法　喷雾必须在晴天或露水干后进行，喷后2～3 d叶片变黄即可采收烘烤。为了确定烟叶成熟度达到适于用乙烯变黄的正确施用时间，应在乙烯利喷施整个烟田之前，先做喷施试验。在烟地中找一些具有代表性的烟株，控制好喷施浓度，喷施后两三天观察这些烟叶是否达到成熟落黄标准。只有喷施试验效果较好的烟田才能使用乙烯利。

为了使喷施乙烯利后烟叶落黄均匀一致，喷施乙烯利时尤其注意叶基和顶叶，喷洒越均匀，烟叶落黄效果越好。针对难落黄烟叶，当各部位烟叶成熟度达欠熟标准（中部叶欠熟标准：叶色淡

绿，刚落黄，主脉2/3变白，支脉青，茸毛较少脱落；下部和上部烟叶的欠熟标准参照中部烟叶，同时适当考虑部位差别）时，每次仅喷施达到欠熟标准的同一部位烟叶，喷施次数1次，喷施浓度为40%水剂乙烯利4 000～6 000倍液。

(2) 正确的采收时间 采收时间应限制在喷施乙烯利48～72 h之内，若时间过短，不能使烟叶内化学物质充分转化，不利于烟叶烘烤。此外，还要及时检查烟叶落黄情况，避免烟叶因采收前乙烯利处理过度导致烟叶变黄过度而脱落。

本节以下部分讨论对象为烤烟成熟期（欠熟）喷施不同浓度乙烯利的中部叶，设置5个不同乙烯利喷施浓度，分别为40%水剂乙烯利2 000倍液、3 000倍液、4 000倍液、5 000倍液、6 000倍液，并以喷清水为对照（CK）。

三、乙烯释放量的变化

由图3-7可看出，与CK相比，喷施乙烯利后0～72 h烟叶乙烯释放量均呈增加趋势。喷施乙烯利的烟叶，0 h时乙烯浓度高于12 h时的，可能是由于当时叶面附着较多乙烯利溶液，测定过程中乙烯利释放的外源乙烯影响了烟叶的乙烯释放量；12 h后，乙烯释

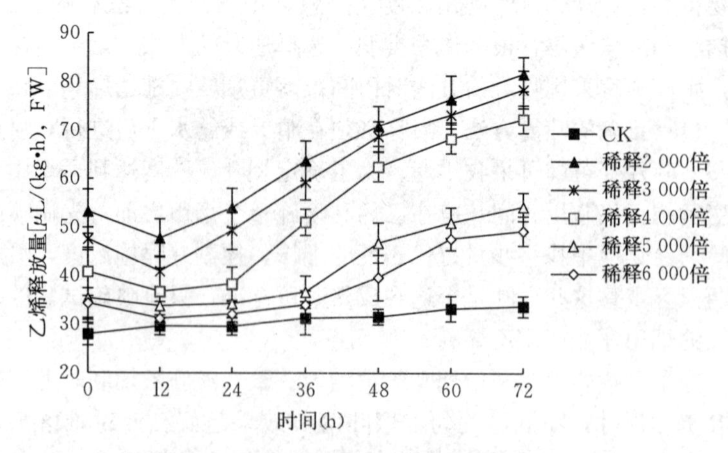

图3-7 不同乙烯利喷施浓度下烟叶乙烯释放量变化规律（中部叶）

放量均呈增加趋势，且乙烯利喷施浓度越大，烟叶的乙烯释放量越大。与CK相比，2 000倍和3 000倍乙烯利处理烟叶的乙烯释放量较大，喷施后12 h乙烯释放量迅速增加，72 h时两者乙烯释放量分别是CK的2.42倍和2.33倍；4 000倍乙烯利处理烟叶的乙烯释放量从喷施24 h后开始迅速增加，72 h时是CK的2.15倍；5 000倍和6 000倍低浓度乙烯利处理烟叶的乙烯释放量前期增加缓慢，36 h后开始以较快速度增加，72 h时分别是CK的1.61倍和1.46倍。

四、呼吸作用的变化

呼吸强度是评价植物呼吸作用强弱的生理指标，与果蔬的成熟度、品质的变化等有密切关系。由图3-8可看出，烟叶在落黄成熟过程中，呼吸强度不断增大；乙烯利喷施浓度越大，烟叶的呼吸强度增加越快；2 000倍和3 000倍乙烯利处理12 h时烟叶呼吸强度比CK分别高39.06%和39.90%，72 h时比CK分别高88.42%和77.22%；4 000倍乙烯利处理前24 h烟叶呼吸强度增长较快，后期增速变缓，72 h时呼吸强度比CK高72.92%；5 000和6 000倍乙烯利处理的烟叶呼吸强度增加趋势与CK接近，72 h时分别比CK高69.55%和65.00%。

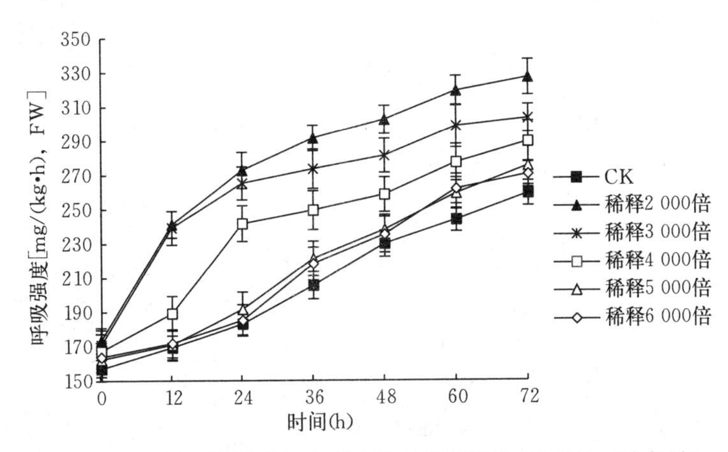

图3-8　不同乙烯利喷施浓度下烟叶呼吸强度变化规律（中部叶）

五、烟叶落黄情况

乙烯利具有促进烟叶落黄的作用，喷施乙烯利稀释液后，烟叶叶面明显转黄。为了统计烟叶落黄情况，采用 SPAD－502 叶绿素仪测定叶片 SPAD 值，每片烟叶测定正面 6 个点（图 3－9）。

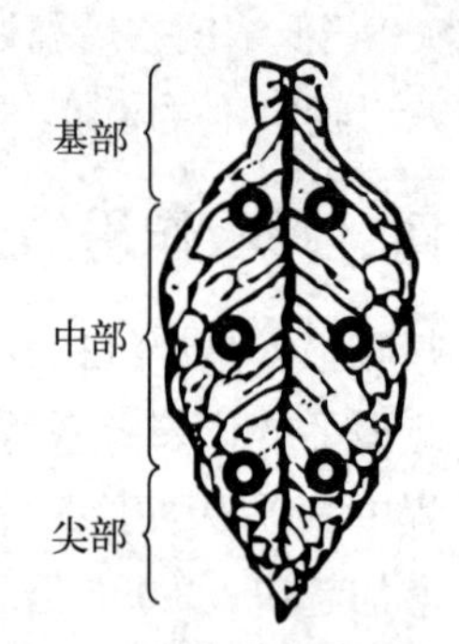

图 3－9　SPAD－502 叶绿素仪测定点

从图 3－10 可以看出，与 CK 相比，随着喷施后时间的延长，喷施乙烯利溶液烟叶的 SPAD 值迅速下降，且乙烯利浓度越大，SPAD 值下降幅度越大。72 h 后，CK 的 SPAD 值下降了 5.05%，基本没有落黄现象；2 000倍、3 000 倍和 4 000 倍乙烯利处理的烟叶 SPAD 值从 12 h 起开始快速下降，72 h 时分别比 0 h 时下降 46.77%、42.46%和 35.53%，落黄现象显著且迅速；5 000 倍和6 000倍乙烯利处理的 SPAD 值 36 h 后开始快速下降，72 h 时分别下降 29.55%和 23.47%，有落黄现象，但效果不如高浓度乙烯利处理明显。

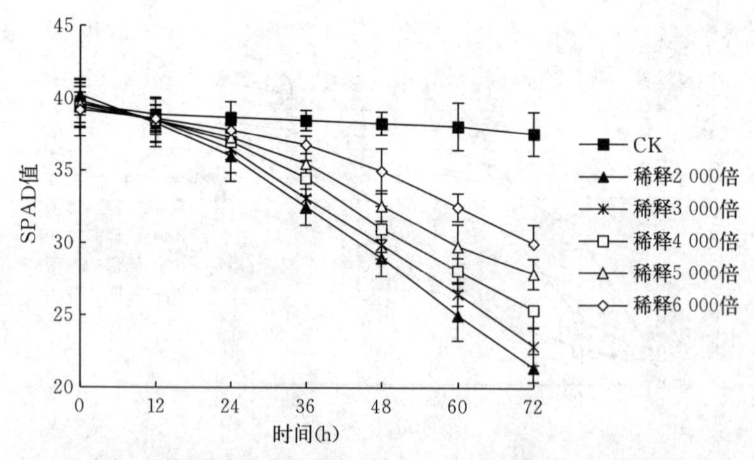

图 3－10　不同乙烯利喷施浓度下烟叶 SPAD 值变化规律（中部叶）

落黄均匀是烟叶烘烤特性良好的必要条件。烟叶从叶尖部向叶基部逐渐变黄，其中叶尖部最易变黄，叶基部变黄较慢。基尖差是叶基部与叶尖部的SPAD差值，可大致表示烟叶落黄的均匀程度，差值越小，烟叶落黄越均匀。从表3-9可以看出，与CK相比，喷施乙烯利后，叶基部SPAD值下降较慢，叶中部和叶尖部SPAD值相对下降最快。2 000倍、3 000倍和4 000倍乙烯利处理的烟叶基尖差较大，显著高于CK（$P>0.05$），烟叶落黄不均匀；5 000倍和6 000倍乙烯利处理的烟叶基尖差较小，与CK差异不显著（$P>0.05$），落黄较均匀。

表3-9　不同乙烯利喷施浓度下叶片不同部位的SPAD值（中部叶）

处　理	SPAD值			
	叶基部	叶中部	叶尖部	基尖差
CK	38.9a	37.3a	36.6a	2.3b
稀释2 000倍	28.7c	18.7d	16.8c	11.9a
稀释3 000倍	30.3bc	22.8c	15.6c	14.7a
稀释4 000倍	31.1b	26.7bc	18.4c	12.7a
稀释5 000倍	30.7b	27.3b	25.7b	5.0b
稀释6 000倍	31.6b	28.7b	29.7b	1.9b

注：同列数据后不同小写字母表示差异显著（$P<0.05$）。下同。

从图3-11可以看出，随着喷施乙烯利浓度的增加，难落黄烟叶田间落黄程度明显增加。在低浓度5 000倍和6 000倍乙烯利处理下烟叶颜色转淡，落黄较均匀，落黄效果较好；在高浓度2 000倍和3 000倍乙烯利处理下烟叶颜色虽然转黄程度较高，但不均匀，叶基部与叶尖部落黄差异较大，烘烤时易造成叶尖烤糟、叶基烤青，烘烤效果较差。

CK

稀释6 000倍

稀释5 000倍

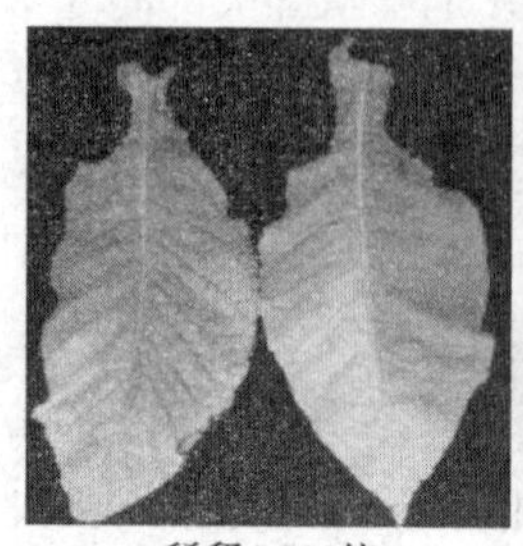

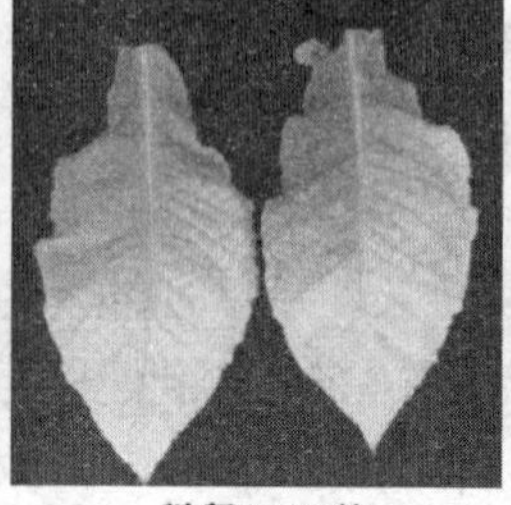

图 3－11　不同浓度乙烯利喷施效果（3 d 后）

六、干物质及淀粉含量的变化

由表 3－10 可看出，田间喷施乙烯利后，烟叶的干物质量整体呈下降趋势。与 CK 相比，上部叶、下部叶 2 000 倍和 3 000 倍乙烯利处理、中部叶 2 000 倍乙烯利处理烟叶的干物质量显著下降；上部叶 5 000 倍和 6 000 倍、中部叶 4 000 倍、5 000 倍和 6 000 倍乙烯利处理的干物质量与 CK 相比变化不显著；下部叶各乙烯利处理干物质量均比 CK 显著降低，可能与下部叶本身干物质含量少、耐熟性较差有关。

表 3－10　不同乙烯利喷施浓度下烟叶的干物质量

处　理	干物质量（g）		
	上部叶	中部叶	下部叶
CK	12.87 a	12.29 ab	8.85 a
稀释 2 000 倍	11.26 c	11.22 c	5.93 c
稀释 3 000 倍	11.46 c	11.86 bc	6.29 c
稀释 4 000 倍	11.93 bc	12.31 ab	6.88 bc
稀释 5 000 倍	12.65 ab	12.15 ab	7.68 b
稀释 6 000 倍	12.84 a	12.86 a	7.57 b

烟叶从未熟至成熟时淀粉含量不断积累，成熟至过熟时淀粉含量则呈减少趋势。由图 3－12 可以看出，与 CK 相比，2 000 倍和

3 000倍乙烯利处理的烟叶淀粉含量明显下降，下部叶淀粉含量分别下降 44.63%和 30.24%，差异达显著水平；4 000 倍、5 000 倍和6 000倍乙烯利处理各部位烟叶淀粉含量反而增加，上部叶淀粉含量分别显著增加 9.27%、11.89%和 12.36%。可能是由不同浓度乙烯利对烟叶光合作用、呼吸作用的影响不同引起的。由此可知，4 000倍、5 000 倍和 6 000 倍乙烯利处理促进了烟叶淀粉的积累，使烟叶提前进入成熟期。

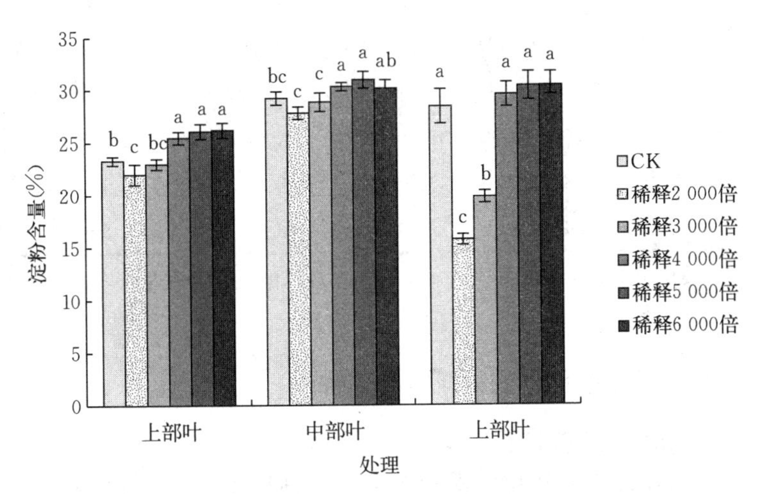

图 3-12　不同乙烯利喷施浓度下烟叶淀粉含量

注：同部位烟叶中不同小写字母表示差异显著（$P<0.05$）。

七、烤后烟叶质量分析

由表 3-11 可以看出，与对照烟叶相比，喷施 2 000 倍和 3 000 倍浓度的乙烯利显著降低烤后烟叶上中等烟比例，而喷施 4 000 倍、5 000倍和 6 000 倍浓度的乙烯利可以增加烤后烟叶上中等烟比例，且以喷施稀释 5 000 倍的乙烯利最佳。橘色烟比例随着乙烯利稀释浓度增加而增大，但较高浓度的乙烯利会降低橘色烟比例；喷施不同浓度的乙烯利可明显减少青烟比例，但高浓度乙烯利（稀释 2 000 倍和 3 000 倍）对改善烤青烟效果较差，可能是因为喷施

2 000倍和3 000倍浓度的乙烯利导致烟叶落黄不均匀，从而造成烟叶烤青。综合分析发现，喷施稀释 5 000 倍的乙烯利对提高烤后烟叶质量效果最好。

表 3-11　不同乙烯利喷施浓度烘烤质量初步统计

处　理	上中等烟比例（%）	橘色烟比例（%）	青烟比例（%）	黑糟烟比例（%）
CK	46.8±2.6 bB	32.4±1.6 aA	29.4±2.2 aA	9.5±0.8 cC
稀释 2 000 倍	31.1±2.0 dD	17.7±1.5 bB	19.7±1.5 bB	29.8±1.7 aA
稀释 3 000 倍	39.0±1.9 cC	20.7±2.1 bB	18.5±2.3 bB	23.9±0.6 bB
稀释 4 000 倍	58.0±2.2 bB	31.5±1.7 aA	9.5±1.3 dD	7.9±1.2 cCD
稀释 5 000 倍	69.8±1.6 aA	33.4±2.2 aA	7.4±1.2 dD	5.5±0.6 dD
稀释 6 000 倍	60.1±2.3 bB	34.7±2.0 aA	12.7±1.6 cC	9.8±0.7 cC

注：同列数据后不同小写字母表示差异显著（$P<0.05$），不同大写字母表示差异极显著（$P<0.01$）。

八、不同类型烟叶喷施效果

1. 多雨寡日照烟

多雨寡日照烟叶长期在阴雨寡日照环境中生长，烟叶含水较多，干物质积累相对亏缺，蛋白质、叶绿素等含氮组分较正常烟叶含量高得多。多雨寡日照烟叶大而薄，角质层较薄，叶片比较敏感，乙烯利喷施浓度要低，以防损伤烟叶或使烟叶落黄不均匀，加剧烘烤难度。

常规中部叶采收后，对还未落黄的多雨寡日照中部叶喷施不同浓度乙烯利：①清水；②稀释 6 000 倍；③稀释 8 000 倍；④稀释 10 000 倍。如图 3-13 所示，喷施不同浓度乙烯利 72 h 后观察发现，与喷施清水相比，多雨寡日照中部叶喷施稀释 6 000 倍乙烯利落黄效果最好，但是烟叶落黄不均匀；喷施稀释 8 000 倍乙烯利的中部叶有落黄效果，且叶面落黄均匀一致；喷施稀释 10 000 倍乙烯利的烟叶无明显落黄现象。

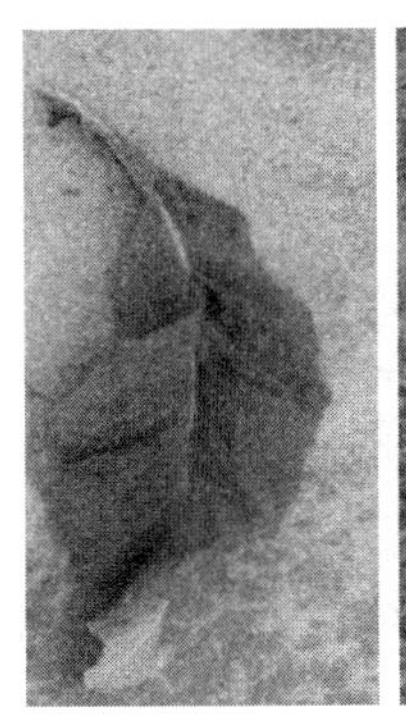

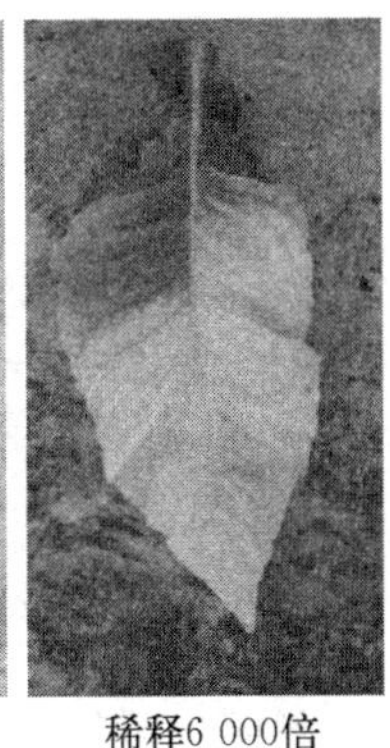

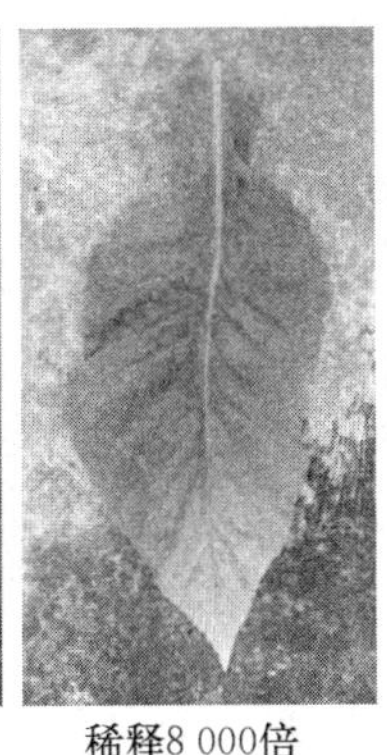

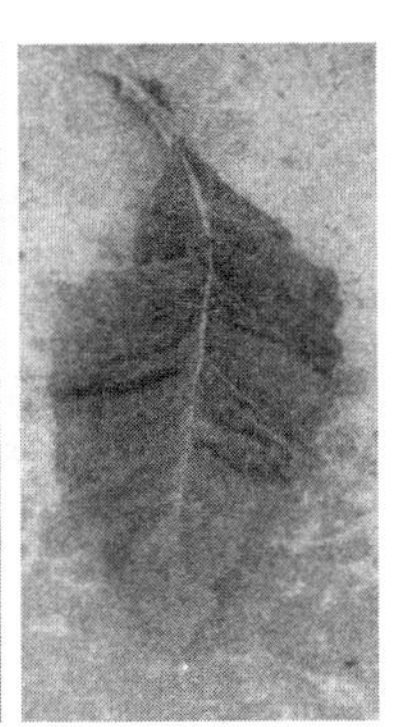

CK　稀释6 000倍　稀释8 000倍　稀释10 000倍

图 3-13　多雨寡日照烟中部叶喷施乙烯利后 72 h

2. 返青烟

正常烟叶在已经达到或接近成熟时，受较长时间降雨影响后明显转青发嫩，原有成熟特征消失，形成返青烟。返青烟叶色素含量高，淀粉等干物质积累较少，碳氮比例失调，过度推迟采收会造成内含物降解，烟叶耐烤性下降。喷施乙烯利可促进烟叶田间落黄，提早采收时间。

中部叶采收 7 d 后，对上部叶喷施不同浓度乙烯利：①清水；②稀释 2 000 倍；③稀释 4 000 倍；④稀释 6 000 倍。如图 3-14 所示，喷施不同浓度乙烯利 72 h 后，上部烟叶随着喷施乙烯利浓度的增加而落黄效果变好，但喷施稀释 2 000 倍乙烯利烟叶变薄，内含物质减少，进而导致烟叶耐烤性下降，综合落黄效果和烘烤特性，返青上部叶喷施稀释 4 000 倍乙烯利效果最佳。

3. 贪青晚熟烟

贪青晚熟烟由于烟田施肥欠合理，烟叶前期干旱生长缓慢，部分烟农在此期间增加追肥量，中后期雨水较多，烟叶肥料吸收过量出现贪青晚熟。贪青晚熟烟叶叶色浓绿，身份偏厚，主支脉粗大偏木质化，烟叶青、脆、易折断，蛋白质等含氮类大分子化合物较多，上部叶多肥，易出现类似角质层物质，烟叶保水能力强。

CK　　稀释2 000倍　　稀释4 000倍　　稀释6 000倍

图 3-14　返青烟上部叶喷施乙烯利后 72 h

常规中部叶采收后，对未落黄的中部贪青晚熟烟喷施不同浓度的乙烯利：①清水；②稀释 2 000 倍；③稀释 4 000 倍。如图 3-15 所示，喷施不同浓度乙烯利 72 h 后发现，喷施稀释 4 000 倍浓度的乙烯利烟叶落黄均匀，效果较好。

CK　　稀释2 000倍　　稀释4 000倍

图 3-15　贪青晚熟烟中部叶喷施乙烯利后 72 h

中部叶采收 7 d 后，对剩余 5～7 片上部叶喷施不同浓度乙烯利：①清水；②稀释 2 000 倍；③稀释 4 000 倍。如图 3-16 所示，喷施 72 h 后，以喷施稀释 2 000 倍浓度乙烯利烟叶落黄最佳。

贪青晚熟烟，特别是憨烟，烟叶色素、蛋白质、烟碱等含量

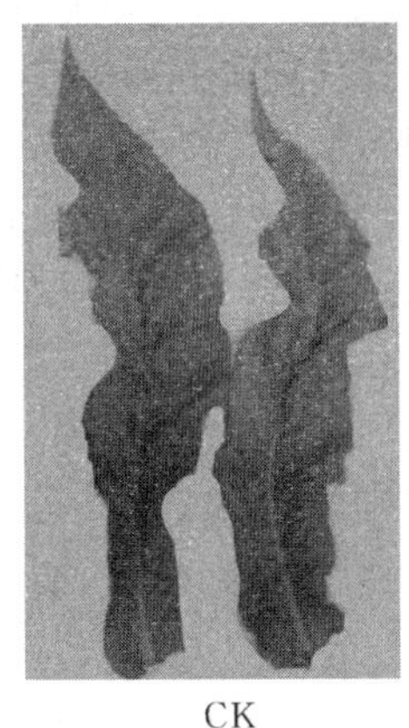
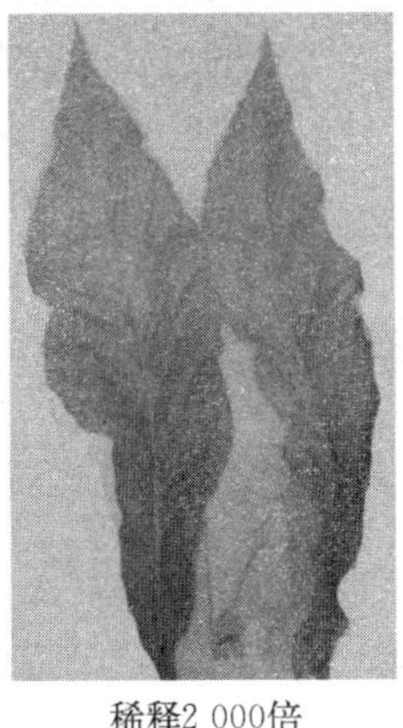
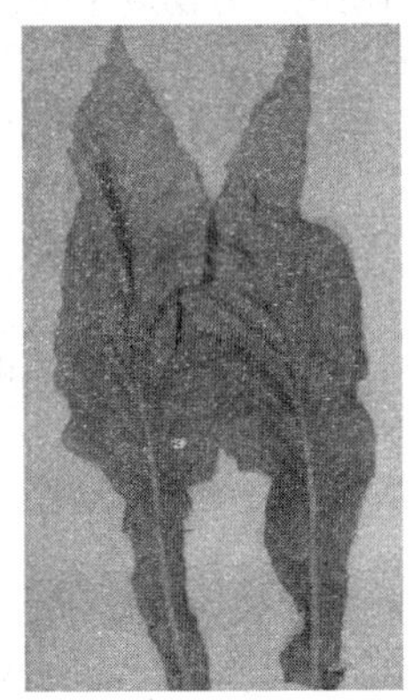

CK　　　稀释2 000倍　　　稀释4 000倍

图 3-16　贪青晚熟烟上部叶喷施乙烯利后 72 h

高，叶组织僵硬，角质层厚，对乙烯利不敏感，因此适宜喷施浓度较高的乙烯利溶液。贪青晚熟烟中部叶喷施稀释 4 000 倍乙烯利效果较好；中部叶采收 7 d 后，剩余 5～7 片烟叶一次性喷施稀释 2 000倍的乙烯利溶液，烟叶田间落黄效果较好。

九、乙烯利与烟叶生产的关系

乙烯是一种植物内源激素，是植物衰老过程中的重要产物。在烟叶的成熟和衰老过程中，均有乙烯产生，它与多种生理生化代谢密切相关，乙烯释放量的多少是烟叶成熟衰老的标志。果实成熟衰老研究中发现，果实成熟期间均可对外源乙烯有响应。外源乙烯浓度越高，诱导植物产生内源乙烯就越快，内源乙烯积累到一定限制，便会出现合成乙烯的自动催化作用，从而使乙烯释放量迅速增加。本节研究结果表明，施加外源乙烯后，烟叶的乙烯释放量明显增加，这主要是因为外源乙烯诱导了烟叶内源乙烯的合成；乙烯利喷施浓度越高，烟叶乙烯释放时间越早，且释放量越大，这与在水果上的研究结果类似；但喷施稀释 2 000～4 000 倍乙烯利后，烟叶乙烯释放量增长过快、过多，烟叶衰老过快，不利于烟叶成熟采收。

外源激素处理通过调节呼吸作用的强弱及呼吸高峰出现的时

间，调节了植物的衰老进程及软化腐熟过程。呼吸作用是烟叶生理代谢的基础，其强弱直接影响烟叶的理化特性，最终影响烟叶的品质。本节研究结果表明，随着烟叶的落黄成熟，呼吸强度不断增大，这和韩锦峰等[10]的研究结果一致，即呼吸强度的增加是烟叶成熟的一个重要指标；乙烯利喷施浓度越大，烟叶的呼吸强度增长越快，且烟叶的呼吸强度和乙烯释放量的变化趋势较为一致，这可能是外源乙烯诱导烟叶产生大量内源乙烯的同时，刺激了烟叶呼吸作用的加强；但对于烟叶采收成熟度来说，喷施稀释 2 000～4 000 倍的乙烯利溶液，烟叶呼吸强度增长过快，烟叶直接衰老，造成采收时烟叶过熟，烘烤质量下降。

表征相对叶绿素含量的 SPAD 值在各成熟度等级之间有显著差异，SPAD 值可以作为鲜烟叶成熟度的判定指标。田间喷施乙烯利能够显著促进烟叶的田间落黄，2 000～4 000 倍的高浓度乙烯利处理促进烟叶落黄迅速且明显，烟叶外观变黄较快；但由于同一片烟叶不同部位的耐熟性有差异，田间喷施高浓度乙烯利后，烟叶明显表现为叶尖部颜色淡黄而薄，叶基部颜色深绿而厚，即叶尖部过熟，叶基部生青，同一片烟叶素质差异过大，烘烤时易造成叶尖烤糟、叶基烤青，增加烟叶的烘烤难度；喷施 5 000～6 000 倍的低浓度乙烯利时，烟叶基尖差较小，落黄相对均匀，烟叶烘烤特性较好。

烟叶的代谢过程是淀粉不断积累的过程，淀粉含量越高，烟叶成熟度越高。喷施 2 000～3 000 倍乙烯利可造成烟叶淀粉含量下降，喷施 4 000～6 000 倍乙烯利则一定程度上促进了烟叶淀粉的积累，可能是由于喷施较高浓度乙烯利后，烟叶内叶绿素迅速下降，导致光合作用减弱，同时，烟叶呼吸强度变大，呼吸作用大于光合作用，淀粉等干物质不能有效积累；而喷施较低浓度乙烯利后，呼吸强度虽有增加，但整体上光合作用大于呼吸作用，在一定程度上淀粉等干物质还能有效积累。

田间喷施较低浓度（稀释 4 000～6 000 倍）的外源乙烯可使烟叶叶绿素平缓降解，呼吸强度和乙烯释放量逐渐增大，加速烟叶的成熟，同时促进了淀粉等干物质的积累，烟叶外观和生理上的变化

规律和烟叶自然成熟规律类似，在促进烟叶落黄的同时推动了烟叶的生理成熟，达到了真正提高烟叶成熟度的目的。与中上部叶相比，下部叶本身干物质含量少，成熟落黄较快，对乙烯利敏感，不适合喷施外源乙烯。

参考文献

[1] 刘国顺．烟草栽培学［M］．北京：中国农业出版社，2012.

[2] 孙适．部分断根措施对烤烟氮素循环和上部叶化学成分的影响［D］．郑州：河南农业大学，2014.

[3] 李思云．烤烟打顶后环割对氮素分配及上部叶品质的影响［D］．郑州：河南农业大学，2014.

[4] 李小勇，赵铭钦，王鹏泽，等．断根对延边烤烟根系生长和烟叶糖、烟碱及钾含量的影响［J］．中国烟草科学，2014，35（5）：1-5.

[5] 肖波，刘光辉，陈建军，等．环割和留腋芽采收对烤烟上部叶烘烤特性和质量的影响［J］．作物研究，2013，27（4）：329-332.

[6] 沈方科，何明雄，黄芩芬，等．断根、环割处理对烤烟内源激素水平及钾积累的影响［J］．中国烟草学报，2011，17（6）：37-42.

[7] 冯彤，庞杰，于新．采前激素处理对银杏种子的脱皮与保鲜效果的研究［J］．农业工程学报，2005，21（1）：146-151.

[8] 孟祥春，高子祥，张昭其，等．夏橙果实发育后期及返青期类胡萝卜素积累及乙烯的调控［J］．中国农业科学，2011，44（3）：538-544.

[9] 徐增汉，王能如．乙烯利对烤烟上部叶烘烤特性的影响［J］．现代化农业，1998（8）：8-10.

[10] 韩锦峰，林学梧，黄海棠，等．烟叶成熟过程中一些生理变化的研究［J］．华北农学报，1991，6（1）：63-67.

>>> 第四章　特殊烟叶成熟采收

烟叶是卷烟工业的基础，其质量优劣直接决定着卷烟产品的品质。成熟度是烟叶生产的核心，是保证和提高烤后烟叶品质及工业可用性的前提，准确把握烟叶的成熟度是提高烟叶质量的关键因素之一。特殊烟叶田间落黄异常，采收成熟度不易掌握，如何正确认识特殊烟叶采收成熟度，对提高烟叶品质具有重要意义。

第一节　特殊烟叶成熟采收与调制前整理

一、成熟采收

1. 对烟叶成熟度的认识

烟叶成熟度是一个质量概念，是指烟叶适于调制加工和满足最终卷烟工业可用性要求的质量状态和程度，包括田间成熟度和分级成熟度。田间成熟度是烟叶在田间生长发育过程中表现出来的成熟程度，分级成熟度是田间收获的叶片经烘烤调制后形成的产品按采收标准而划分的成熟度档次。其次，成熟度的涵义是相对的、历史的，它随着时代发展而改变。烟草作为卷烟工业的原料，它随着卷烟工业对烟叶原料质量的需求而改变，从 20 世纪 60 年代要求生产“黄、鲜、净”的烟叶，到目前卷烟工业和原料生产要求“黄、鲜、香”和“一高两低”烟叶的转变，烟叶成熟度的内涵不断深化。

烟叶成熟度是烟叶外观质量的一种综合状态，它反映出烟叶颜色、叶片结构、油分、色度及身份等分级因素的综合状态。外观质

量也是烟叶生产上评判烟叶成熟度最直接的标准。由于不同叶位的烟叶生长特性不同，成熟度对其外观质量影响也不同。一般来说，烟叶的颜色受成熟度影响较大，叶色和成熟度基本成正比，成熟度好，则颜色橘黄，成熟度差，则易含青，颜色也浅淡；叶片结构的疏松程度也和成熟度成正比，成熟度越高，叶片结构越疏松。对于中、上部烟叶，适时采收烟叶外观质量最佳，过熟或尚熟采收则会降低烟叶外观质量，影响其工业可用性。对河南“浓香型”烤烟而言，随着成熟度的提高，上部烟叶颜色、结构、身份、色度、油分都有很大的改善。适当提高上部叶成熟度，能改善其外观质量，提高其工业可用性。

烟叶内在质量是烟叶品质最主要的表现形式，直接影响卷烟配方及卷烟产品的品质。内在质量包括香气、杂气、吃味、刺激性、劲头、吃味浓度、余味等多个方面，大量研究表明，内在质量的不同指标对成熟度的响应是不同的。对于香气质而言，过熟烟叶香气质最好；对于香气量、劲头、灰色而言，适熟烟叶最好；对于综合得分而言，适熟烟叶感官评吸综合得分最高，过熟烟叶综合得分最低。烤后烟叶的内在质量随着成熟度的提高呈现先上升后下降的趋势，欠熟和过熟的烟叶都不利于烟叶内在质量的形成，只有适宜的成熟度才有利于烟叶最佳内在质量的形成。

烟叶的物理特性极大地影响着烟丝的可用性和吸食性。叶片的物理特性与叶片的生长发育和组织结构密切相关，而烟叶成熟度则与烟叶生长发育和组织结构密切相关。可见，叶片的物理特性受成熟度的影响较大。研究表明，不同的物理特性指标受成熟度的影响不同，烟叶的填充能力、燃烧性与成熟度呈正相关关系，而单位面积重量、叶片厚度与成熟度呈负相关关系。进一步对烟叶进行组织切片观察，发现随着成熟度的提高，叶片中栅栏组织厚度、单位面积细胞数、单位长度内栅栏组织个数及海绵组织细胞数都呈现下降的趋势，而且随着叶片成熟程度的提高，其下降的幅度也越大，而叶片组织中各指标影响叶片的重量和厚度，上述指标的降低会直接导致单叶重、叶片厚度的下降。

烟叶的化学成分是决定烟叶质量的内在因素之一。烟叶成熟过程中，其内在物质发生了一系列的分解和转化，对烟叶的化学组成与品质有很大的影响。当烟叶成熟度控制在85%～90%时，可使烟叶中各项化学指标均处于较适宜的范围之内，随着烟叶成熟的增加，烟碱含量增加，总糖和淀粉含量降低，总氮在一定程度内降低。目前，烟叶成熟度与化学成分之间的关系并无统一的结论，这可能与烤烟品种、烟叶的香型、烟叶成熟度标准及分析方法不同有关。

随着烟叶成熟度的增加，对卷烟工业有不良影响的偏厚叶、光滑叶、青烟等逐渐减少，烟叶组织向疏松多孔转化，烟叶的填充性、耐高温高压性、加香加润和保润性增加，切丝率在一定范围内提高。焦油含量是衡量卷烟安全性的重要指标，而烟叶成熟度对焦油含量有重要影响。研究表明，未熟烟叶焦油释放量虽然较低，但烟叶品质较差，在生产中不可采用。欠熟烟叶焦油释放量最高，适熟烟叶焦油释放量明显降低。

2. 烟叶成熟度的划分

在国际市场上，根据烟叶在田间的生长发育状态和烤后烟叶质量的特点，通常将烟叶的成熟度划分为生青（rude)、不熟（immature)、欠熟（unripe)、生理成熟（mature)、近熟（under-ripe)、工艺成熟（ripe)、完熟（mellow)、过熟（over-ripe)和非正常情况下的假熟（premature)等不同档次。

（1）生青 烟叶仍处于生长发育状态，尚未达到最大叶面积，叶色青绿。

（2）不熟 烟叶生长发育虽已基本完成，达到最大叶面积，但叶内物质积累尚欠缺，内含物不充实。

（3）欠熟 烟叶生长发育接近生理成熟，叶内的干物质积累已基本达到最高点。

（4）生理成熟 烟叶已完成整个干物质的积累，达到了最大的生物学产量，并开始逐渐呈现某些成熟特征。

（5）近熟 指完成生理成熟的烟叶发生一定的干物质降解，外

观上呈现较多的成熟特征，但仍未达到作为卷烟工业原料所要求的最佳水平。

(6) 工艺成熟 烟叶在生理成熟的基础上充分进行内在生理生化转化，达到了卷烟原料所要求的可加工性和可用性，烟叶质量达最佳状态，即达到了适合采收烘烤的工艺水平。工艺成熟的烟叶具有最好的商品价值、使用价值和经济价值。

(7) 完熟 一般是指充分发育、营养充足的上部烟叶在达到工艺成熟之后，进一步进行内在生理生化转变，游离氮彻底降解，可溶糖较多消耗，色素也发生更充分的转化，叶体上通常有较多的“老年斑”（成熟斑），某些外观特征变差，但内在质量会更加完好。

(8) 过熟 指工艺成熟或完熟的烟叶未能及时采收而继续衰老，造成叶内养分过度的消耗，甚至发生一些细胞自溶，整个叶子逐渐接近死亡状态，叶片变薄，叶色变淡，严重时甚至枯焦，过熟烟叶使用价值降低。

(9) 假熟 假熟不属于正常的成熟状态，它是指在各种不良因素下造成的营养不良（如缺肥、密度过大、干旱、水涝、过多留叶等），使烟叶在没有达到生理成熟之前就停止生长发育和干物质积累，同时进行大量的自身养分消耗，导致烟叶呈现外在的黄化状态。但它不是真正的成熟，而是假熟，准确地讲是未老先衰。

我国现行烤烟国家标准中，将烟叶成熟度划分为过熟、成熟、尚熟和未熟四个档次：成熟相当于国外的工艺成熟和完熟；尚熟相当于国外的生理成熟和近熟；未熟是成熟度的最低档次，相当于国外的不熟和欠熟，其中包括发育不完全的烟叶；过熟为烟叶生长发育过程中的最高档次，与国外的过熟相当。

3. 烟叶成熟一般特征

烟叶进入工艺成熟期，由于叶片内复杂的生理生化变化，烟叶外观形态与色泽发生明显变化，生产上通常依据感官感受即眼看、手摸来把握烟叶的成熟度。一般烟叶成熟具有以下特征：

（1）叶色变浅，整个烟株自下而上分层落黄，成熟烟叶通常表现是绿色减退变为绿黄色、浅黄色，甚至橘黄色。

（2）主脉变白发亮，支脉褪青发白。

（3）茸毛部分脱落或基本脱落，叶面有光泽，树脂类物质增多，手摸烟叶有黏手的感觉，多采几片烟叶会黏上一层不易洗掉的黑色物质，俗称烟油。

（4）叶基部产生分离层，容易采下，采摘时声音清脆，断面整齐，不带茎皮。

（5）烟叶和主脉自然支撑能力减弱，叶尖下垂，茎叶角度增大。

（6）中、上部叶片出现黄白淀粉粒成熟斑，叶面起皱，叶尖黄色程度增大，或枯尖焦边。

烟株上的烟叶自下而上可以划分为五个部位：脚叶、下二棚叶、腰叶、上二棚叶和顶叶，不同部位烟叶的成熟特征不同（表4-1）。不同的烤烟品种其成熟度和耐熟性不同，一般叶色深、叶片较厚、成熟慢且耐熟、适熟期长的品种，应在充分显现成熟特征时进行采收；叶色浅、叶片薄、不耐熟、适熟期短的品种，显现成熟特征时及时采收。不同品种烟叶成熟采收标准见表4-2。

表4-1　不同部位烟叶成熟采收特征

部　位	成熟特征
脚叶、下二棚叶	由于上部叶片的遮阴作用，脚叶、下二棚叶处在湿度大、光照差、通风不良的条件下生长成熟，而且自身养分不断地向上部烟叶输送，致使叶片较薄，组织疏松，含干物质少，适熟期短。当主脉变白，叶尖茸毛部分脱落，叶色显现绿黄色，叶面落黄6成左右，叶尖、叶缘稍下垂时，就应采收
腰叶	处于通风透光良好的条件下生长成熟，叶片厚薄适中，成熟特征、特性表现较为明显，应等绿色减退，叶面浅黄，叶面落黄8成左右，茸毛部分脱落，主脉、侧脉变白发亮，叶尖、叶缘下垂，叶面起皱，有成熟斑，适熟时采收
上二棚叶、顶叶	处于光照充足、蒸腾作用激烈的条件下生长成熟，叶片厚、组织紧密、含干物质多、成熟慢，应等叶面淡黄，叶面落黄9成左右，主脉全白发亮，支脉全白，叶尖、叶缘发白下卷，叶面多皱，黄白色成熟斑明显，充分显示成熟特征、特性时采收

表 4-2 不同品种烟叶成熟采收标准

品 种	下部叶	中部叶	上部叶
红花大金元	打顶后 10 d 左右，主脉变白，支脉绿白，叶面落黄 6～7 成	打顶后 30～35 d，主脉全白发亮，支脉变白，叶面起皱，叶色浅黄，有明显成熟斑	打顶后 75 d 左右，主脉黄白。叶色浅黄～淡黄，成熟斑多，褶皱明显，叶尖稍枯
K326	打顶后 15 d 左右，主脉变白，支脉绿白，叶面落黄 7～7.5 成	打顶后 35～40 d，主脉全白发亮，支脉变白，叶面起皱，叶色浅黄，有明显成熟斑	打顶后 80 d 左右，主脉黄白，叶色淡黄，成熟斑多，叶尖稍枯
NC297	打顶后 15 d 左右，主脉变白，支脉绿白，叶面落黄 7.5～8 成	打顶后 35～40 d，主脉全白发亮，支脉变白，叶面略皱，叶色浅黄，有明显成熟斑	打顶后 80 d 左右，主脉黄白，叶色淡黄，成熟斑多，叶尖稍枯
KRK26	打顶后 15 d 左右，主脉变白，支脉绿白，叶面落黄 7～7.5 成，呈绿黄色，叶尖稍勾	打顶后 35～40 d，主脉全白发亮，支脉变白，叶色浅黄，有成熟斑，叶耳黄绿，叶尖稍枯	打顶后 80 d 左右，主脉全白发亮，支脉浅白，叶色淡黄，有成熟斑，叶尖变枯

4. 特殊烟叶采收措施

对于田间难落黄的特殊烟叶，成熟时不容易显现叶面落黄的成熟特征，此时要根据烟叶熟相和叶龄综合分析，在熟相上尽可能使其表现成熟特征（茎叶夹角、叶脉白亮程度、绒毛脱落情况等），叶龄达到或者略高于营养水平正常烟叶即可采收。田间难落黄烟叶，可适当推迟采收，但不是一味地推迟采收，推迟采收过度不仅会造成茬口紧张，影响烟叶烘烤收购，更为严重的是，进入寒露节气后，温度骤降，烟叶易遭遇冷害，挂灰严重，烘烤质量更无法保证。推迟采收时间不能超过烟叶的正常大田生育期（大田生育期≤140 d）或叶龄（下部叶≤60 d，中部叶≤70 d，上部叶≤90 d）太多，推迟时间过长，烟叶衰老过度，甚至木质化，烘烤难度进一步加大。

大田难落黄烟叶根据成熟期呼吸强度的大小可以分为两种：第一种是外观不成熟落黄，但生理上呼吸强度较大，基本已经接近生理成熟，例如贪青晚熟烟下部叶，后发烟中、上部叶，此种烟叶可较常规烟叶推迟几天采收，并配合喷施钾肥、落黄素、乙烯利等促进烟叶表面落黄的药物即可；另一种是不仅外观上不落黄，生理上仍然表现不成熟状态，如返青烟中、上部叶，多肥烟中、上部叶，这种烟叶即使喷施相关叶面肥或者落黄剂落黄后，生理上仍然不成熟，因此要适当拉长烟叶大田生长时期，增加叶龄，让烟叶在田间充分养熟一段时间，且不可盲目抢采。

(1) 返青烟 烟叶成熟期处于多雨寡照气候条件下，光照不足，雨水偏多，易返青，气温偏低，叶绿素降解缓慢，烟叶落黄成熟特征不明显，成熟斑少，病害加重。采收烟叶时，外观成熟标准要适当降低一级。为防止其干物质进一步降解，提高产量，适当早采，即在其干物质积累最大后 7 d 内采收；返青烟中、上部叶淀粉含量少，色素含量高，分别在干物质积累最大后 14 d、21 d 采收，此时呼吸强度较大，SPAD 值为 30～35。

(2) 后发烟 后发烟中、上部叶开片较差，叶面积较小，但干物质积累量较常规多，因此后发烟叶身份较厚，叶片组织结构紧密，保水能力强，色素降解慢，大田期落黄较慢，可在其干物质积累量达到最大后 14 d，适当降低采收标准进行采收，烟叶 SPAD 值为 35～38，呼吸强度较大。

(3) 贪青晚熟烟 由于贪青晚熟烟中、上部叶宽大，导致下部叶通风透光较差，烟叶落黄较慢，在其干物质积累量达到最大后 28 d，呼吸强度明显增大，SPAD 值下降至 37 左右，此时可适当降低采收标准采收；贪青晚熟烟中部叶适宜在干物质积累量达到最大后 21 d 采收，此时烟叶呼吸强度较高，SPAD 值为 39 左右，可适时进行采收；贪青晚熟烟上部叶宜在干物质积累量达到最大后 21 d 进行采收，烟叶 SPAD 值 42 左右，呼吸强度较高，由于烟叶生长期过长，需降低采收标准抢采烟叶。

（4）旱黄烟　由于干旱、高温等气候因素影响，下部叶容易出现旱黄、晒黄，导致“底烘”假熟的发生，叶片表现为皮黄肉不黄。因此要把握好旱黄烟下部叶采收成熟度，待叶片成熟特征明显再进行采烤。

（5）秋后烟　由于秋后昼夜温差较大，烟叶易遭受冷露冻害，导致落黄好的烟叶尖部在田间产生挂灰，降低鲜烟叶质量。因此，秋后烟需要抓紧时间采收，最好在日平均气温低于 18 ℃前采完。当叶面褪绿，呈淡绿色，略显黄色斑点，叶耳绿黄时即可采收，尽量在叶尖部变白前采收。

5. **烟叶成熟采收原则**

（1）成熟采收原则　烟叶成熟度的判断是一个综合评价与权重的过程，烟叶成熟采收要求每次采收同一部位、同一成熟度的烟叶，根据烟叶田间长势长相，下部叶适时早收，中部叶成熟稳收，上部叶充分成熟后 4～6 片一次性采收，严禁顶部仅留 1～2 片叶作最后一炕收烤。烟叶采收后不暴晒、不挤压，确保鲜烟质量。

（2）采收时间　适宜的采收时间有利于烟叶内部各种成分向有利于提高烟叶品质的方向转化，有利于烟叶品质的形成和工业可用性的提高。正常烟株打顶后 10 d 左右第一次采收，以后每隔 7～9 d采收一次。烟叶采收应在上午十点前进行，有利于识别和把握成熟度。若烟叶成熟后遇短时间降雨，应在停雨后立即采收，以防返青。若降雨时间较长烟叶出现了返青，应待烟叶再次呈现成熟特征采收。采后烟叶应避免阳光直射，装运时避免机械损伤，卸烟堆放在阴凉处，保持烟叶洁净，叶基对齐，堆放高度不宜超过80 cm，并及时编（夹）烟。

二、分类编烟

素质相同或相近的鲜烟叶，在烘烤过程中容易调控变黄、定色，整炉烟叶烤得较好。若烟叶自身素质条件差异较大，则不易调控烤房温湿度条件，烟叶烘烤难度大。因此，应根据品种、部位、叶片大小、成熟度等不同素质条件进行分类编烟，这是烟叶烤好的前提和基础。

1. 分类编烟的要求

(1) 按品种分类编烟 根据不同品种烤烟烘烤特性分类编烟，烘烤特性相近的品种，分类编烟，同炉烘烤；烘烤特性差异较大的品种，必须严格按品种编烟，分炉烘烤。不同品种烤烟的编烟要求见表 4-3。

表 4-3 不同品种烤烟的编烟要求

品 种	编烟要求
红花大金元	变黄期易失水，难变黄；定色期不易失水，较难定色；与其他品种烤烟有较大差异，不可与其他品种烟叶同炉烘烤，必须严格分开
K326	上部叶失水慢，变黄慢，不可与其他品种烤烟同炉烘烤，必须严格分开
KRK26	叶片比较薄，水分含量高，变黄前期失水快，变黄中后期失水慢，烟叶变黄慢，不可与其他品种烤烟同炉烘烤，必须严格分开
云烟 85、云烟 87	这两个品种烟叶烘烤特性相近，且易烘烤，可混编、混烤，采用“低温低湿慢变黄，中温中湿快定色，控温控湿干筋”的方法，可将全炉烟叶烤黄、烤干
云烟 97、K326	云烟 97 与 K326 的中、下部叶叶片较厚，失水速度较慢，烘烤特性相近，可混编、混烤，采用“低温低湿慢变黄，中温中湿快定色，控温控湿干筋”的烘烤方法，可将全炉烟叶烤黄、烤干

(2) 按部位分类编烟 烟叶着生部位不同，所处的生长环境不同，干物质积累量不同，其变黄速度、失水速度也不相同，应严格按照不同部位烟叶分类编烟。

下部叶（脚叶、下二棚叶）：下部叶处在湿度大、光照差、通风不良的环境下生长成熟，而且自身的养分又不断地向上部烟叶（生长中心）输送，叶片水分含量较高，叶片较薄，组织疏松，干物质积累较少，耐烤性较差，“不青则枯”。因此，应单独分成一类进行编烟。每竿编烟量以 110～120 片、重 6～8 kg 为宜。底脚叶起始的 2～3 片，无烘烤价值，不编竿。

中部叶（腰叶）：中部叶处于通风透光良好的条件下生长成熟，

叶片厚薄适中，组织疏松，干物质积累较多，耐烤性较好，应另分为一类编烟。每竿 110～120 片，重 8～10 kg 为宜。

上部叶（上二棚叶、顶叶）：上部叶处在通风透光等条件良好的环境下生长成熟，叶片较厚，组织紧密，干物质积累特别多，烟叶失水速度、变黄速度均较慢，烘烤特性较差，易杂色，应单独分为一类编烟。每竿烟叶 110～120 片，重 8～10 kg。

（3）按叶片大小分类编烟　烟叶大小不同，编烟时占据的空间不同，要实现均匀编烟、均匀装烟，须根据叶片大小严格分类编烟。叶片较大，适当减少编烟数量，每竿以 8～10 kg 为宜；叶片较小，则适当增加编烟量数，重 8～10 kg。

（4）按成熟度分类编烟　烟叶成熟度不同，组织疏松程度不同，干物质积累量不同，其变黄速度、失水速度也不同，应严格按照烟叶成熟度进行分类编烟。未熟烟叶宜密编，每竿编 120～130 片，重 9～11 kg；初熟烟叶、适熟烟叶，中等密度编烟，每竿编 110～120 片，重 8～10 kg；过熟烟叶，宜稀编，每竿编 100～110 片，重 6～8 kg。

2. **编烟方法**

（1）活扣编烟法　用麻线或粽叶线一根，拴在距烟竿一头 8～10 cm 处，编第一扣烟叶时，要拉紧麻线，将叶基部斜放在烟竿上，麻线绕烟叶基部旋转一周，自然捆住烟叶放下，然后左边一束，右边一束，依次进行，直到编到距烟竿另一头 8～10 cm 处为止。该方法提高编烟、解烟工效，简便迅速，但烟叶编扎得不够牢固。

（2）死扣编烟法　用麻线或细草绳一根，拴在离烟竿一头 8～10 cm 处。编第一扣烟叶时，要拉紧麻线，将叶基部朝左方，放在麻线上，麻线绕烟叶基部一周，然后将烟叶按顺时针方向转半周，即烟叶基部朝右方，可以用手捏住，上下滚动，以调节编烟密度。编第二扣烟叶时，仍拉紧麻线，将烟叶基部放在麻线下面，然后使柄端经左手上方及麻线右方，移到麻线上面，麻线即在烟叶基部缠绕一周，并调节密度。如此左右继续扣编至烟竿另一头 8～10 cm

处为止。该方法烟叶编扎牢固，不易掉叶，不怕翻竿，但烤后解烟费工，易将叶基部的主脉折断及产生碎烟。

(3) 走线套扣编烟法 用麻线或细草绳两根，一根固定在烟竿上，另一根拴在距烟竿一头 8～10 cm 处，编第一扣烟时，要拉紧麻线，左手拿着烟叶，将叶基部从扣下放进去，右手拉紧麻绳向前推，编好右边第一扣烟；然后将麻线绕至烟竿另一边，形成扣，左手拿着烟叶，将叶基部从扣下放进去，右手拉紧麻绳向前推，编好另一边第一扣烟，如此左右反复进行，直至扣编至烟竿另一头 8～10 cm 处为止。该方法编烟和解烟速度均较快，省时省工，但出炉时易掉烟。

三、装烟

装烟又称装炕、装炉、挂烟，烟叶编好后应及时装烟，同一炉烟叶采收、编烟、装烟应尽量在 1 d 内完成。装烟技术与烘烤技术密切，装烟过密，排湿不畅，影响色泽；装烟过稀，难以变黄，容易烤青。装烟数量必须与烤房烘烤能力相适应，以确保烘烤质量。

1. 分类装烟

与编烟相似，装烟时也需分类装烟，同一炉烤房装同一品种、同一部位、整体素质相近的烟叶，要掌握同层同质、上密下稀的原则。变黄速度快的过熟叶、病叶等装在烤房高温层，使之快速变黄、脱水、定色；变黄速度中等的适熟叶等，装在烤房中部；变黄速度慢、成熟度略低的烟叶装在烤房低温层，使烟叶有充分的变黄时间。

2. 装烟密度

装烟密度要根据叶片部位、大小、成熟度、含水量等因素综合考虑，同时还需考虑烤房烘烤能力，既要使烤房排湿顺畅，确保烘烤质量，又要充分利用烤房，提高利用率。

密集烘烤装烟的基本要求是“密、匀、满”，标准密集烤房（长 8 m，宽 2.7 m，高 3.5 m）设计烘烤能力为 3 500～4 500 kg，装烟密度为 46.30～59.52 kg/m^3。特殊烟叶与正常烟叶编烟、装烟略有不同，不同类型特殊烟叶编烟、装烟要求见表 4－4。

表 4-4　不同类型特殊烟叶编烟、装烟要求

类　　型		编烟、装烟要求
水分大烟叶	嫩黄烟	适当减小编烟、装烟密度，每竿编叶数略少于正常烟叶，装烟密度控制在正常情况的7成左右
	多雨寡日照烟	稀编竿稀装烟，以减小排湿压力，装烟密度控制在正常情况7～8成
	雨淋烟和返青烟	稀编烟稀装烟，编烟密度和装烟密度原则上都适当降低，特别是编烟密度要减小。根据鲜干比，比值大于10的，装烟密度减小到正常情况的7～8成；比值为8～9的，减小到正常情况的8～9成
水分小烟叶	旱天烟	稀编烟稠装烟，创造有利于保湿和均匀排湿的条件，防止采收后烟叶受太阳暴晒降低自身和烤房有效水分
	旱黄烟	稀编烟装满烟（10成），以便于保湿变黄
其他特殊烟叶	后发烟	合理装烟，编竿宜略稀，装烟竿距视烟叶水分而定，不宜过稀
	秋后烟	编竿适中，稠装烟，保温保湿变黄
	高温逼熟烟	编竿宜略稀，装满烟，保湿变黄

第二节　采收成熟度对烟叶的影响

一、采收成熟度与烟叶颜色值关系

不同素质烟叶成熟采收时颜色值差异较大，采用SPAD-502叶绿素仪对不同素质红花大金元烟叶颜色值测定时发现（表4-5），不同素质红花大金元下部叶落黄采收时烟叶SPAD值之间差异显著，正常烟叶成熟采收时SPAD值为25～30，旱黄烟SPAD值为20～25，返青烟SPAD值为30～40，贪青晚熟烟SPAD值为35～45。中部叶落黄采收时不同素质烟叶SPAD值之间存在不同程度显著差异，正常烟叶成熟采收时SPAD值为25～35，旱黄烟

SPAD值为20～30，返青烟SPAD值为35～45，贪青晚熟烟SPAD值为35～45；返青烟、贪青晚熟烟采收时烟叶SPAD值相对偏大，烟叶落黄较慢。红花大金元上部叶落黄采收时不同类型烟叶SPAD值之间存在不同程度显著差异，正常烟叶成熟采收时SPAD值为25～30，返青烟SPAD值为35～40，贪青晚熟烟SPAD值为35～45，后发烟SPAD值为30～40，寡日照烟SPAD值为25～35，返青烟、贪青晚熟烟、寡日照烟、后发烟采收时烟叶SPAD值均相对偏大，烟叶较难落黄。

表4-5　不同素质红花大金元成熟时颜色值对比分析

部　位	烟叶类型	SPAD值
下部叶	正常烟	28.7±1.6 bB
	返青烟	34.2±2.9 aAB
	旱黄烟	22.4±2.2 cC
	贪青晚熟烟	39.3±3.8 aA
中部叶	正常烟	30.6±1.3 bB
	返青烟	37.7±3.8 aA
	旱黄烟	24.8±2.3 cC
	贪青晚熟烟	41.3±3.6 aA
上部叶	正常烟	29.6±1.7 dD
	返青烟	36.7±1.6 bB
	贪青晚熟烟	41.3±3.2 aA
	寡日照烟	30.1±1.9 cdCD
	后发烟	35.8±2.5 bcBC

注：不同大、小写字母分别表示不同类型烟叶间差异极显著（$P<0.01$）或显著（$P<0.05$）。下同。

提前或推迟采收时间影响烟叶营养物质的积累，烟叶颜色值可在一定程度上反映其营养水平。由表4-6可以看出，红花大金元下部叶及中部下腰叶常规采收与提前采收、推迟采收烟叶SPAD值之间差异显著，下部叶耐熟性较差，SPAD值为20～35。中部

上腰叶常规采收与推迟采收烟叶 SPAD 值之间差异不显著，与提前采收存在显著差异，中部叶耐熟性逐渐提高。上部叶常规采收与提前采收烟叶 SPAD 值之间不存在显著差异，与推迟采收存在显著差异，表明上部叶落黄速度逐渐加快，宜采用充分养熟的采收方法提高烟叶落黄程度。

表 4-6　红花大金元不同采收时间烟叶颜色值变化

处理	下部叶 SPAD值（5 d）		中部叶 SPAD值（7 d）		上部叶 SPAD值（10 d）	
	3 位叶	6 位叶	9 位叶	12 位叶	15 位叶	18 位叶
常规采收	27.5±1.8 bB	27.8±1.6 bB	30.4±2.0 bB	30.1±2.6 bB	30.5±1.8 abAB	34.9±1.6 aA
提前采收	31.3±1.2 aA	32.7±1.8 aA	36.7±1.5 aA	38.2±2.2 aA	32.9±2.1 aA	36.4±1.5 aA
推迟采收	22.1±2.0 cC	24.4±1.7 cC	25.5±2.3 cC	26.7±2.3 cC	27.8±1.7 bB	29.7±2.2 bB

二、特殊烟叶采收成熟度研究

不同类型特殊烟叶发生部位不同，返青烟叶多发于上部叶，中部叶较少，下部叶几乎没有；后发烟叶多发于上部叶，中、下部叶较少；贪青晚熟烟整株发生，中、上部叶明显，下部叶较轻。一般而言，特殊难落黄烟叶田间成熟落黄特征不明显，成熟度难以判断。因此，针对适宜的落黄成熟度拟通过结合移栽日期、叶龄，作为判断难落黄烟叶的成熟指标，从而确定适宜的采烤时间。不同部位不同成熟度烟叶 SPAD 值见图 4-1。

1. 返青烟

返青烟叶主要发生在中、上部叶，如表 4-7 所示，下部叶提前 5 d 采收可保证下部叶干物质含量充实，增加下部叶耐烤性，同时提高下部叶产量。返青中部叶淀粉含量较低，推迟采收叶绿素和淀粉含量均下降，推迟 7 d 后叶绿素降解 22.06%，淀粉含量仅下降 0.7%，可适当降低采收标准进行采收，进一步推迟采收叶绿素会下降至常规水平，但烟叶淀粉含量过低，烟叶耐烤性下降，烘烤难度增大。返青上部叶叶片较小，干物质和淀粉含量较低，叶绿素含量较常规上部叶高，推迟采收促进了叶绿素的降解，但推迟时间

图 4-1　不同部位不同成熟度烟叶 SPAD 值

注：各部位烟叶从左至右依次为成熟、尚熟和未熟。

过长造成上部叶耐烤性的下降。返青烟中、上部叶推迟采收叶片呼吸强度增加，烟叶代谢旺盛。

表 4-7　返青烟不同时期生理指标比较研究

部位	处　理	叶面积 (cm²)	含水率 (%)	干物质量 (g/片)	淀粉含量 (%)	叶绿素含量 (mg/g)	SPAD值	呼吸强度 [mg/(kg·h)]
下部叶	正常采收	1 266.9	84.68	2.31	13.24	0.402	28.19	272.27
	提前 5 d 采收	1 268.8	85.13	2.45	13.87	0.413	29.15	263.29
中部叶	常规采收	1 346.4	78.21	3.60	17.17	0.621	46.3	299.32
	推迟 7 d 采收	1 351.6	76.47	3.62	17.05	0.484	33.3	333.62
上部叶	常规采收	714.3	78.87	1.94	19.31	0.632	59.45	515.02
	推迟 7 d 采后	719.2	74.16	1.86	18.54	0.504	38.13	591.46

2. 后发烟

后发烟叶主要发生在中、上部烟叶，叶片小而厚，组织结构紧密，后发烟株可正常采收，但提前采收可提高下部叶产量和质量，同时促进中、上部烟叶的成熟落黄及营养物质的协调分配。如表 4-8 所示，后发烟下部叶提前 5 d 采收，干物质积累充实，烟叶烘烤特性较好；后发烟中、上部叶推迟 7～10 d 采收，可保证烟叶的成熟落黄，上部叶淀粉含量的进一步积累，增加烟叶的易烤性和耐烤性。中、上部叶推迟采收可增强烟叶呼吸强度，加快大分子物质的转化与降解。

表 4-8　后发烟不同时期生理指标比较研究

部位	处　理	叶面积 (cm²)	含水率 (%)	干物质量 (g/片)	淀粉含量 (%)	叶绿素含量 (mg/g)	SPAD值	呼吸强度 [mg/(kg·h)]
下部叶	正常采收	1 015.3	81.47	2.18	16.21	0.475	27.3	263.67
	提前 5 d 采收	1 017.3	82.25	3.09	16.89	0.486	30.5	204.72
中部叶	常规采收	1 011.1	75.79	4.28	25.87	0.469	37.05	353.44
	推迟 7 d 采收	1 103.2	74.19	4.08	25.42	0.312	34.3	409.99

（续）

部位	处 理	叶面积（cm^2）	含水率（%）	干物质量（g/片）	淀粉含量（%）	叶绿素含量（mg/g）	SPAD值	呼吸强度[mg/(kg·h)]
上部叶	常规采收	507.3	70.87	3.46	21.06	0.488	43.05	525.22
	推迟7 d采后	511.2	69.58	3.38	26.51	0.337	37.61	568.09

3. 贪青晚熟烟

贪青晚熟烟中、下部叶叶片肥大，含水量高，保水能力强，干物质少并以含氮化合物为主，在田间不耐成熟，还未成熟就易烂叶，要适当降低采收标准提前采收，因此SPAD值在38左右即可采收（表4-9）。上部叶叶片厚、深绿，主脉粗壮突出，甚至叶片形成僵硬、厚脆的革质状，推迟采收，叶片会有一定的落黄，但是落黄及其不均匀，推迟采收时间过长，革质状叶片进一步老化甚至木质化，烘烤难度进一步加大，因此适当推迟7～15 d采收即可。

表4-9 贪青晚熟烟不同时期生理指标比较研究

部位	处 理	叶面积（cm^2）	含水率（%）	干物质量（g/片）	淀粉含量（%）	叶绿素含量（mg/g）	SPAD值	呼吸强度[mg/(kg·h)]
下部叶	正常采收	1 336.3	87.12	2.35	14.05	0.837	46.95	137.46
	提前5 d采收	1 298.2	84.14	2.14	14.33	0.705	37.13	222.86
中部叶	常规采收	1 535.6	81.12	3.91	19.66	1.046	50.6	302.61
	推迟7 d采收	1 521.4	78.92	3.37	18.45	0.624	38.59	443.49
上部叶	常规采收	959.2	73.77	3.47	21.68	0.970	55.1	424.12
	推迟7 d采后	955.6	72.12	3.17	20.42	0.518	41.17	631.51

4. 多雨寡日照烟

多雨寡日照烟下部叶含水率高，叶片大且薄，长期多雨寡照条件下角质层变薄，在田间高温高湿情况下容易腐烂感病，因此为了改善田间小气候环境，同时保证下部烟叶淀粉等干物质含量，提高下部叶产量和质量，要提前5 d采收（表4-10）。多雨寡日照中、上

部烟叶含水较多，干物质积累相对亏缺，蛋白质、叶绿素等含氮组分较正常烟叶高，大田落黄较慢，要适当推迟5～7 d采收，若天气晴朗、光照柔和，可适当延长采收时间，使淀粉等干物质进一步积累，蛋白质、叶绿素逐渐降解。若持续阴雨，或光照过强，则要尽量早采，防止淀粉等干物质含量进一步下降或者上部叶高温灼伤。

表4-10　多雨寡日照烟不同时期生理指标比较研究

部位	处　理	叶面积（cm^2）	含水率（%）	干物质量（g/片）	淀粉含量（%）	叶绿素含量（mg/g）	SPAD值	呼吸强度[mg/(kg·h)]
下部叶	正常采收	1 313.4	82.67	2.08	15.87	0.327	28.6	260.7
	提前5 d采收	1 303.4	85.32	2.56	16.27	0.311	29.8	228.20
中部叶	常规采收	1 284.7	79.06	3.04	28.93	0.512	33.2	377.32
	推迟7 d采收	1 237.9	76.83	3.07	26.69	0.245	30.7	389.48
上部叶	常规采收	925.9	76.84	3.23	30.15	0.487	42.05	640.49
	推迟7 d采收	922.9	73.49	2.15	25.84	0.247	31.2	697.31

5. 不同类型特殊烟叶采收成熟度比较

如表4-11所示，通过对大田生长过程中不同类型烟叶颜色值的研究表明，不同素质难落黄烟叶下部叶要适当早采（贪青晚熟烟下部叶相对农户采收时间也提前5～7 d），防止下部叶淀粉等干物质消耗过度，以增加烟叶耐烤性，保证下部叶产量和质量。中、上部叶可适当推迟采收，但不可推迟过久（适当降低采收标准），结合天气状况及叶相、叶龄确定采收时间。

表4-11　不同类型烟叶采收时颜色值比较

类　型	下部叶（SPAD值）	中部叶（SPAD值）	上部叶（SPAD值）
常规烟	正常采收（25～30）	正常采收（25～35）	正常采收（25～30）
返青烟	提前5 d采收（30左右）	推迟7 d采收（33左右）	推迟7 d采收（38左右）
后发烟	提前5 d采收（30左右）	推迟7 d采收（34左右）	推迟10 d采收（37左右）
贪青晚熟烟	推迟10 d采收（37左右）	推迟10 d采收（39左右）	推迟14 d采收（41左右）
寡照烟	提前5 d采收（30左右）	推迟5 d采收（33左右）	推迟7 d采收（30左右）

三、烤后烟叶质量初步分析

由表4－12可以看出，下部叶提前采收可显著提高上中等烟比例；不同采收时间橘色烟比例、青烟比例、糟片比例差异不显著；推迟采收烟叶糟片比例增加，橘色烟比例、青烟比例、上中等烟比例差异不显著。中部叶推迟采收上中等烟比例、橘色烟比例显著提高，青烟比例、糟片比例差异不显著；提前采收糟片、青烟比例增加，橘色烟比例、上中等烟比例差异不显著。上部叶推迟采收可显著提高上中等烟比例、橘色烟比例，降低青烟比例，而对糟片比例影响不大；上部叶提前采收上中等烟比例显著降低，糟片比例、橘色烟比例、上中等烟比例差异不显著。综上可知，适当降低下部叶成熟度，提高中、上部叶成熟度可提高上中等烟比例4%～5%，提高烟叶品质。

表4－12　烤后烟叶质量初步分析

部　位	处　理	上中等烟比例（%）	橘色烟比例（%）	青烟比例（%）	糟片比例（%）
下部叶	常规采收	61.8±1.6 bB	47.4±2.2 aA	2.4±2.2 aA	4.5±1.8 bAB
	提前采收	67.1±2.5 aA	48.7±2.5 aA	1.7±1.5 aA	3.8±1.3 bB
	推迟采收	60.0±2.2 bB	46.5±2.3 aA	2.5±2.3 aA	8.9±2.1 aA
中部叶	常规采收	74.8±2.6 abAB	48.4±2.2 bB	4.4±1.2 bB	7.5±1.8 aA
	提前采收	72.1±2.7 bB	48.7±2.5 bB	12.7±2.5 aA	10.8±1.9 aA
	推迟采收	79.0±2.2 aA	56.5±2.3 aA	2.5±2.3 bB	8.9±1.1 aA
上部叶	常规采收	61.8±1.9 bA	37.4±1.2 bB	13.4±2.2 aA	23.5±1.8 aA
	提前采收	52.1±2.4 cB	38.7±2.5 bB	14.7±1.5 aA	25.8±1.7 aA
	推迟采收	66.0±2.2 aA	46.5±1.3 aA	5.5±2.3 bB	22.9±2.1 aA

第三节　采收方式与烟叶质量的关系

一、鲜烟叶成熟采收模式研究

烟叶的成熟采收是烟草生产过程中的重要环节，决定着烟叶的

产量和品质。但生产过程中往往出现下部叶采收不及时、成熟度过高、烤后烟偏薄等问题，而上部叶则表现为营养过剩、叶片肥大，其工业可用性均较低。研究表明，通过一定的栽培措施可以实现统筹协调烟株营养供应的目的，而采收作为田间生产的最后一个环节，采收时期及次数会影响烟叶的生产效率和烘烤质量。研究烟叶采收次数、调整采收时机对烟叶落黄成熟、物质积累及烘烤质量有重要影响，为田间鲜烟叶成熟采收及提高烟叶烘烤质量提供参考依据。

本节以下部分以红花大金元为材料，研究鲜烟叶成熟采收模式。田间管理按照当地优质烟叶生产技术规范进行，优化结构时打掉脚叶 1～2 位两片无效脚叶，留 3～20 叶位共计 18 片叶，其中：下部叶 3～7 叶位，中部叶 8～14 叶位，上部叶 15～20 叶位，取样部位为奇数叶位（第 3 叶位、5 叶位、7 叶位、9 叶位、11 叶位、13 叶位、15 叶位、17 叶位、19 叶位）；采用标准气流下降式密集烤房，挂竿方式装烟，按照常规三段式烘烤工艺进行。各采收模式试验设计见表 4－13。

表 4－13　各采收模式试验设计

处　理	采收方法
CK（常规采收模式）	下部叶位达到 7～8 成黄时，中部叶位达到 8～9 成黄时，上部叶位达到 8～9 成黄时，分别将不同部位的 2～3 片叶一次性采收
T1（5＋6＋7 采收模式）	第 7 叶位叶片达到 6～7 成黄时，3～7 叶位 5 片叶一次性采收；第 13 叶位叶片达到 7～8 成黄时，8～13 叶位 6 片叶一次性采收；第 19 叶位叶片达到 9～10 成黄时，14～20 叶位 7 片叶一次性采收
T2（5＋3＋4＋6 采收模式）	第 7 叶位叶片达到 6～7 成黄时，3～7 叶位 5 片叶一次性采收；第 10 叶位叶片达到 7～8 成黄时，8～10 叶位 3 片叶一次性采收；第 14 叶位叶片达到 8～9 成黄时，11～14 叶位 4 片叶一次性采收；第 19 叶位叶片达到 9～10 成黄时，15～20 叶位 6 片叶一次性采收

（续）

处　理	采收方法
T3 （4＋4＋4＋6 采收模式）	第 6 叶位叶片达到 6～7 成黄时，3～6 叶位 4 片叶一次性采收；第 10 叶位叶片达到 7～8 成黄时，7～10 叶位 4 片叶一次性采收；第 14 叶位叶片达到 8～9 成黄时，11～14 叶位 4 片叶一次性采收；第 19 叶位叶片达到 9～10 成黄时，15～20 叶位 6 片叶一次性采收

1. 不同采收模式对烟叶落黄的影响

烟叶的 SPAD 值大小反映烟叶的叶绿素含量，烟叶成熟过程中外观表现为落黄，颜色由绿转黄，SPAD 值呈下降趋势。由表 4－14 可以看出，各叶位随着采收时间的临近，叶片 SPAD 值逐渐减小。3 叶位 T1 和 T2 的 SPAD 值下降明显较快，CK 次之，T3 明显较慢，极差 T3 明显较小；5 叶位 T1、T2 和 CK 的 SPAD 值下降明显较快，T3 明显较慢，极差 T3 明显较小；7 叶位 CK 和 T3 的 SPAD 值下降明显较快，T1 和 T2 明显较慢，极差 T1 和 T2 明显较小。由表 4－14 还可看出，下部叶 CK 烟叶落黄程度相对适中，T1 和 T2 低叶位落黄程度偏高、高叶位落黄程度偏低，T3 落黄程度相对偏低。中部叶 9 叶位 T1 的 SPAD 值下降明显较快，T2、T3 和 CK 明显较慢，极差 T1 明显较大；11 叶位在采收前 T2 和 T3 的 SPAD 值下降明显较快，CK 和 T1 明显较慢，极差 CK 和 T1 明显较小；13 叶位在采收前 CK、T2 和 T3 的 SPAD 值下降明显较快，T1 明显较慢，极差 T1 明显较小；此外，中部叶 CK 落黄程度略微偏低，T2 和 T3 落黄程度相对适中，T1 低叶位落黄程度偏高，高叶位落黄程度偏低。上部叶各叶位均表现为在采收前 T1、T2 和 T3 的 SPAD 值下降明显较快，CK 明显较慢，极差 CK 明显较小，可见 CK 烟叶落黄程度偏低，T1、T2 和 T3 落黄程度偏高。由此可见，CK 有利于提高下部叶落黄程度，T1 有利于提高下部叶及上部叶的落黄程度，T2 和 T3 有利于提高中、上部叶的落黄程度。

表 4-14　不同采收模式烟叶 SPAD 值的变化分析

部位	叶位	处理	SPAD 值						
			采前 25 d	采前 20 d	采前 15 d	采前 10 d	采前 5 d	采收时	极差
下部叶	3 叶位	CK	42.8 ab	40.9 ab	38.1 a	33.8 a	30.9 a	27.1 a	15.7 ab
		T1	40.2 c	38.3 bc	34.2 b	29.6 b	26.1 b	23.8 b	16.4 a
		T2	40.9 bc	37.6 c	34.7 b	30.9 b	27.1 b	23.6 b	16.3 a
		T3	43.5 a	42.4 a	39.8 a	36.4 a	33.3 a	30.4 a	13.1 b
	5 叶位	CK	43.5 a	42.6 a	40.7 a	37.2 b	31.8 b	28.5 b	15.0 a
		T1	44.2 a	43.7 a	41.5 a	38.4 a	33.1 b	29.8 b	14.4 a
		T2	43.1 a	43.3 a	40.8 a	38.1 a	33.9 ab	29.5 b	13.6 ab
		T3	44.2 ab	43.3 a	42.1 a	40.3 a	36.5 a	33.7 a	10.5 b
	7 叶位	CK	44.1 a	42.8 a	40.4 ab	37.2 bc	33.4 b	29.8 b	14.3 ab
		T1	45.2 a	43.9 a	42.5 a	40.4 a	37.1 a	34.5 a	10.7 bc
		T2	44.6 a	43.3 a	42.8 a	39.1 ab	37.9 a	35.1 a	9.5 c
		T3	43.4 a	41.2 a	38.6 b	34.7 c	31.6 b	27.7 b	15.7 a
中部叶	9 叶位	CK	43.7 a	42.6 a	40.7 a	38.5 a	35.9 a	33.1 a	10.6 b
		T1	43.2 a	41.9 a	38.5 a	33.4 b	29.6b	26.4 c	16.8 a
		T2	44.6 a	43.2 a	41.5 a	37.1 a	32.9a	30.9 b	13.7 ab
		T3	43.4 a	43.2 a	40.4 a	37.7 a	33.5a	31.2 ab	12.2 b
	11 叶位	CK	43.3 a	42.6 a	40.7 a	38.7 a	35.8a	33.6 a	9.7 b
		T1	44.2 a	42.9 a	40.5 a	38.4 a	34.6a	31.8 a	12.4 ab
		T2	43.6 a	42.3 a	39.8 a	36.1 a	31.9ab	26.7 b	16.9 a
		T3	42.9 a	42.6 a	39.9 a	36.4 a	31.1b	27.1 b	15.8 a
	13 叶位	CK	42.1 a	41.6 ab	39.7 a	37.2 b	34.5b	33.0 b	9.1 ab
		T1	43.3 a	43.5 a	42.1 a	41.2 a	39.1a	36.6 a	6.7 b
		T2	42.7 a	41.3 ab	39.8 a	37.1 b	33.9b	31.9 b	10.8 a
		T3	42.0 a	40.6 b	39.9 a	37.7 b	33.1b	31.5 b	10.5 a

（续）

部位	叶位	处理	SPAD值						
			采前 25 d	采前 20 d	采前 15 d	采前 10 d	采前 5 d	采收时	极差
上部叶	15叶位	CK	42.7 a	41.7 a	39.3 a	37.2 a	34.3a	32.2 a	10.5 b
		T1	42.1 a	40.5 a	38.8 a	36.4 a	33.1ab	28.5 b	13.6 ab
		T2	42.5 a	41.3 a	39.6 a	36.1 a	31.9b	27.1 b	15.4 a
		T3	42.3 a	40.8 a	38.9 a	35.9 a	32.1ab	27.9 b	14.4 a
	17叶位	CK	42.9 a	41.6 a	40.1 a	38.6 a	36.4a	33.7 a	9.2 b
		T1	42.0 a	40.5 a	39.1 a	37.0 a	34.1b	29.7 b	12.3 ab
		T2	42.4 a	41.3 a	38.8 a	36.1 a	32.9b	28.7 b	13.7 a
		T3	41.8 a	40.9 a	39.7 a	36.7 a	33.5b	29.4 b	12.4 ab
	19叶位	CK	42.5 a	41.2 a	39.6 a	37.9 a	35.7a	34.2 a	8.3 a
		T1	42.0 a	40.7 a	38.9 ab	36.3 ab	33.4ab	31.3 b	10.7 a
		T2	41.4 a	40.3 a	37.8 ab	35.6 ab	32.7ab	30.1 b	11.3 a
		T3	41.0 a	39.6 a	37.4 b	34.7 b	32.2b	30.5 b	10.5 a

注：表中小写字母表示在0.05水平上差异有统计学意义（$P<0.05$）。下同。

2. 不同采收模式各叶位干物质及淀粉质量分数变化

干物质是衡量植物有机物积累、营养成分多寡的一个重要指标。烟叶成熟过程中干物质逐渐积累，在生理成熟时达到最大值，后呈下降趋势。由表4-15可以看出，下部叶3叶位T3干物质含量明显大于T2，5叶位干物质含量处理间差异无统计学意义，7叶位T2干物质含量明显大于CK，下部叶合计干物质量T3明显大于CK。中部叶9叶位干物质含量T1明显小于T2和T3，合计干物质含量T2和T3明显大于CK。上部叶15叶位、17叶位各处理干物质含量差异无统计学意义，但干物质含量CK大于T2和T3，19叶位CK干物质含量显著大于T2和T3，上部叶合计干物质含量CK显著大于T2和T3。由此可见，T3有利于中、下部叶干物质

积累，T2 有利于中部叶干物质积累，CK 有利于上部叶干物质积累。

表 4-15　不同采收模式采收时烟叶干物质含量

处理	下部叶（g/片）			合计	中部叶（g/片）			合计	上部叶（g/片）			合计
	3叶位	5叶位	7叶位		9叶位	11叶位	13叶位		15叶位	17叶位	19叶位	
CK	12.45 ab	13.08 a	14.04 b	39.57 b	15.72 ab	16.32 a	16.84 a	48.88 b	17.55 a	17.84 a	17.62 a	53.01 a
T1	12.03 ab	13.46 a	15.68 ab	41.16 ab	15.36 b	17.12 a	17.21 a	49.69 ab	17.04 a	16.61 a	16.19 ab	49.83 ab
T2	11.91 b	13.69 a	15.83 a	41.43 ab	16.90 a	17.31 a	17.04 a	51.25 a	16.89 a	16.46 a	15.93 b	49.28 b
T3	13.84 a	14.65 a	15.31 ab	43.80 a	16.86 a	17.25 a	17.15 a	51.26 a	16.84 a	16.38 a	16.05 b	49.26 b

由表 4-16 可以看出，下部叶 3 叶位、5 叶位 T3 淀粉质量分数明显大于 T1 和 T2，7 叶位 T3 淀粉质量分数明显大于 T2 和 CK。中部叶 9 叶位 T2 和 T3 淀粉质量分数明显大于 CK；11 叶位、13 叶位 T1，T2，T3 和 CK 淀粉质量分数差异均无统计学意义。上部叶 15 叶位、17 叶位各处理淀粉质量分数差异无统计学意义，19 叶位 T1 淀粉质量分数明显大于 CK。由此可见，T3 有利于中、下部叶淀粉积累，T2 有利于中、上部叶淀粉积累，T1 有利于上部叶淀粉积累，CK 淀粉积累略差。

表 4-16　不同采收模式采收时各叶位淀粉质量分数

处理	下部叶（%）			中部叶（%）			上部叶（%）		
	3叶位	5叶位	7叶位	9叶位	11叶位	13叶位	15叶位	17叶位	19叶位
CK	27.56 ab	28.62 ab	28.93 b	28.67 b	29.83 a	29.18 a	29.36 a	27.74 a	27.13 b
T1	27.06 b	28.48 b	29.19 ab	28.96 ab	30.01 a	29.34 a	29.66 a	28.71 a	28.64 a
T2	27.17 b	28.25 b	28.98 b	29.23 a	30.55 a	29.86 a	29.41 a	28.14 a	28.47 ab
T3	28.82 a	29.84 a	30.06 a	29.89 a	30.26 a	29.57 a	30.17 a	28.58 a	28.39 ab

3. 不同采收模式对烟叶采收效率的影响

由表 4-17 可以看出，下部叶采收时间 CK 明显较长，T1 和

T2次之，T3较短；中部叶采收时间CK和T1明显较长，T2和T3较短；上部叶采收时间CK明显较长，T2采收时间明显较短；整株烟采收时间CK明显较长，T1次之，T2和T3采收时间明显较短。由此可见，T3有利于缩短中、下部叶的采收时间，T2有利于缩短中、上部叶的采收时间，CK各部位的采收时间均较长，T2和T3可以缩短采收期。采收次数CK明显较多，T2和T3次之，T1采收次数明显较少，采收用工CK>T2>T3>T1。

表4-17 不同采收模式采收效率统计

处理	历经天数（d）				采收次数（次）	采收用工（个）
	下部叶	中部叶	上部叶	整株烟		
CK	18.4 a	24.4 a	24.1 a	66.9 a	6.8 a	38.0 a
T1	15.0 b	23.1 ab	22.7 ab	60.8 b	3.0 c	29.0 c
T2	14.6 b	19.4 c	21.9 b	55.9 c	4.0 b	31.0 b
T3	11.3 c	21.2 bc	22.3 ab	54.8 c	4.0 b	30.0 bc

注：自打掉下部两片无效底脚叶为采收期起点，每天工作8 h记为1个工。

4. 不同采收模式的烟叶烤后烟经济性状分析

由表4-18可以看出，下部叶单叶质量CK明显较小，T2和T3明显较大，中部叶单叶质量T1、T2和T3明显大于CK，上部叶单叶质量CK明显较大，T2和T3明显较小；下部叶经济产量CK和T3明显较高，T1和T2明显较低，中部叶经济产量T2>CK>T1，上部叶经济产量T3>T1>CK；下部叶上中等烟比例CK和T3明显较高，T1和T2明显较低，中部叶上中等烟比例T2>CK>T1，上部叶上中等烟比例T1、T2和T3明显大于CK；下部叶橘色烟比例CK明显较大，T1明显较小，中部叶橘色烟比例T2>CK>T1，上部叶橘色烟比例T2明显较大，CK明显较小；下部叶杂色烟比例CK和T3明显较小，T1和T2明显较大，中部叶杂色烟比例T1明显大于CK、T2和T3，上部叶杂色烟比例CK>T1>T3。

表 4-18　不同采收模式烤后烟叶主要经济性状调查

部位	处理	单叶质量 (g)	经济产量 (kg/hm²)	上中等烟比例 (%)	橘色烟比例 (%)	杂色烟比例 (%)
下部叶	CK	10.17 b	43.68 a	72.8 a	44.6 a	4.5 b
	T1	11.69 ab	32.70 b	64.1 b	39.7 c	11.8 a
	T2	11.82 a	36.10 b	65.0 b	41.5 bc	13.9 a
	T3	12.04 a	47.96 a	70.0 a	42.7 ab	6.9 b
中部叶	CK	13.69 b	59.36 b	79.8 b	53.4 b	4.5 b
	T1	14.71 ab	51.28 c	72.1 c	40.7 c	9.8 a
	T2	15.07 a	67.73 a	89.0 a	61.5 a	3.9 b
	T3	14.93 a	64.60 ab	87.5 a	57.5 ab	4.9 b
上部叶	CK	15.16 a	35.58 c	62.8 b	37.4 c	21.5 a
	T1	14.29 a	41.63 b	69.7 a	43.7 ab	14.8 b
	T2	14.44 a	45.56 ab	71.0 a	47.8 a	11.3 bc
	T3	14.26 a	47.28 a	73.5 a	42.5 bc	9.7 c

研究结果显示，T1 和 T2 第 3 叶位落黄程度偏高，这主要与烟叶的耐熟程度及采收时间有关，下部叶通常不耐熟，一次性采收下部叶不可避免造成最低叶位成熟过度；T2 和 T3 中部叶干物质、淀粉积累较高，可能是下部叶的提早、大量采收改善了田间通风、透光条件，光合作用增强引起的，而王健等[1]研究表明，下部叶采收次数的多少影响到中部叶成熟过程中酶活性的变化，从而影响到烟株营养的分配与运输，随着采收次数的减少，碳代谢酶活性均有所提高，更有利于中部叶糖类的转化、运输和利用以及叶片的成熟，这也可能是 T2 和 T3 中部叶落黄成熟较快的原因。上部叶烟叶干物质含量 CK 较大，上部叶落黄程度、烤后烟经济性状 T2 和 T3 较好；T3 采收时间、成熟期缩短，采收次数用工明显减少，但烟叶的产量有所差异。研究表明，T2 和 T3 干物质含量高于 CK，这可能与品种有关，红花大金元品种色素含量高，烟叶耐熟性好，有利于光合作用，因此干物质积累量较高；通常物质积累充实的烟叶烘烤特性较好，但 CK 烘烤质量较差，可能是碳氮代谢的协调性

较差造成的，通常氮代谢较强的烟叶落黄慢、成熟度较低，不同处理对碳氮代谢的协调性的影响有待进一步研究。

二、鲜烟叶采收方式验证

下部叶一次性采收，中部叶2次采收的采收模式，烤后上中等烟叶比例较高。早采下部叶，养熟中部叶，充分养熟上部叶的采收模式，烤后烟叶质量显著提高。本小节在鲜烟叶成熟采收模式研究的基础上，对其进行验证研究。

本节以下部分研究对象为红花大金元，设置3种不同采收方式，T1高扫下部叶，共分4次采收，第一次采收时间为7月26日（表4-19），此时7叶位达到6～7成黄，3～7叶位一次性采收；8月3日第10叶位达到7～8成黄时，8～10叶位一次性采收；8月10日第14叶位达到7～8成黄时，11～14叶位一次性采收；8月29日剩余6片烟叶8～9成黄时一次性采收，即“5＋3＋4＋6”采收模式。T2早采下部叶，分4次采收，7月15日当第6叶位叶片达到5～6成黄时，3～6叶位4片叶一次性采收；8月3日当第10位叶片达到7～8成黄时，7～10片叶一次性采收；8月10日当第14位叶片达到7～8成黄时，11～14叶位4片叶一次性采收；8月29日当第20叶位叶片达到8～9成黄时，15～20叶位6片叶一次性采收，即“4＋4＋4＋6”采收模式。CK常规采收模式共分7次采收，当下部达到7～8成黄、中部达到8～9成黄、上部叶达到8～9成黄时，2～3片叶一次性采收，即“3＋3＋2＋2＋2＋3＋3”采收模式。烟叶采收模式见图4-2。

表4-19　不同采收方式采收时间

项　目	T1高扫下部叶	T2早采下部叶	CK常规采收
第一次采收	—	7月15日	7月18日
第二次采收	7月26日	—	7月26日
第三次采收	8月3日	8月3日	8月3日
第四次采收	8月10日	8月10日	8月10日

（续）

项　目	T1 高扫下部叶	T2 早采下部叶	CK 常规采收
第五次采收	—	—	8月17日
第六次采收	—	—	8月27日
第七次采收	8月29日	8月29日	9月4日

高扫下部叶第一次采收后(采5片)

早采下部叶第一次采收后(采4片)

常规采收第一次采收后(采3片)

上部叶6片充分成熟一次性采收

图4-2　烟叶采收模式

1. 不同采收方式各部位烟叶淀粉含量变化

下部叶叶龄较短，淀粉含量低，耐烤性较差，上部叶色素等氮化合物含量高，淀粉含量低，碳氮比失调，烘烤特性较差。如图4-3所示，T1高扫下部叶第一采基本为下部叶，且叶位较高，淀粉含量较常规采收下部叶（常规采收第一采、第二采）高5.3%、2.06%，T1第四采为上部叶一次性采收，比常规采收第六、七采淀粉含量高0.71%、2.11%，可见高扫下部叶一定程度上可提高下部叶、上部叶的淀粉含量。早采下部叶第一采淀粉含量比高扫第一采小，这可能是早采下部叶叶位较低、采收较早、淀粉积累较少造成的，但是依然比常规采收第一采、第二采高3.74%、0.5%，

T2 第四次采收淀粉含量最高，可见早采下部叶可提高下部叶、上部叶淀粉含量，使各部位烟叶淀粉含量均匀一致。

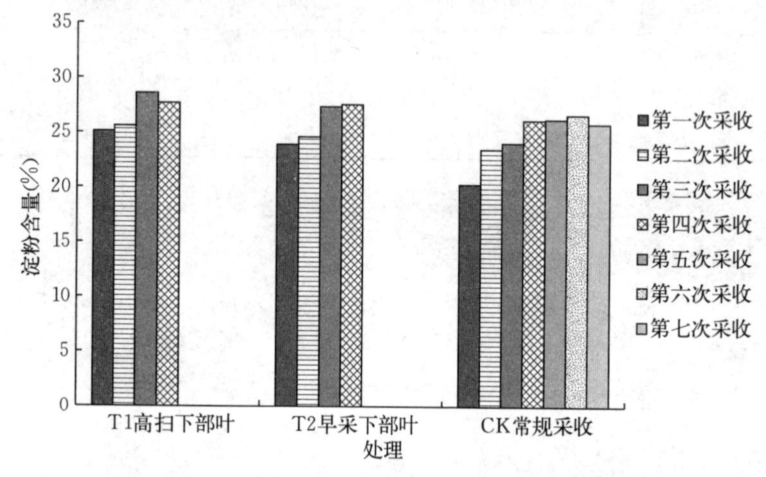

图 4-3　不同采收方式采收过程中鲜烟淀粉含量变化

2. 不同采收方式鲜烟干物质含量变化

如图 4-4 所示，常规采收过程中，烟株从下向上，干物质含量在不断增加，但烟株从下向上叶面积呈减小趋势，因此上部叶组织结构紧密，下部叶相对疏松。与常规采收第一、二采相比，T1 高扫下部叶和 T2 早采下部叶均一定程度上提高了下部叶干物质含量，降低了上部叶干物质含量，使烟株各部位烟叶组织结构更加合理。其中 T1 高扫下部叶第一采采收叶位较高，使淀粉等干物质向中、上部叶大量积累。

3. 不同采收方式鲜烟叶颜色值及呼吸强度变化

如表 4-20 所示，常规采收每次采收时鲜烟呼吸强度较大，生理成熟度较高，这主要是因为常规采收每次采收充分成熟的 2～3 片烟叶，采收方式更加精细。从叶绿素含量和 SPAD 值可以看出，T1 高扫下部叶和 T2 早采下部叶第四次采收时落黄较好，叶绿素含量分别为 0.157 mg/g、0.167 mg/g，明显低于常规采收方式上部叶采收时的叶绿素含量。可见 T1 高扫下部叶和 T2 早采下部叶可促进上部叶的田间落黄。

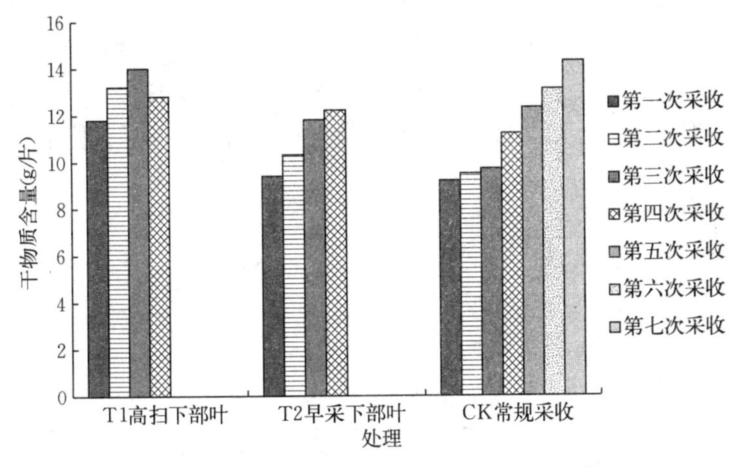

图 4-4　不同采收方式采收过程中鲜烟干物质含量变化

表 4-20　不同采收方式鲜烟叶颜色值及呼吸强度变化

处　　理	采收次数	叶绿素含量 (mg/g)	SPAD 值	呼吸强度 [mg/(kg·h)]
T1 高扫下部叶	第一次采收	0.328	29.78	370.90
	第二次采收	0.312	30.15	423.56
	第三次采收	0.226	24.50	481.41
	第四次采收	0.157	22.33	683.38
T2 早采下部叶	第一次采收	0.587	32.15	215.19
	第二次采收	0.305	29.52	365.18
	第三次采收	0.343	28.40	485.14
	第四次采收	0.167	27.05	644.04
CK 常规采收	第一次采收	0.200	25.90	278.32
	第二次采收	0.233	26.85	385.92
	第三次采收	0.268	27.89	412.54
	第四次采收	0.279	25.43	471.35
	第五次采收	0.280	28.51	582.57
	第六次采收	0.295	27.21	693.56
	第七次采收	0.312	27.38	753.64

4. 不同采收方式烤后烟叶经济性状分析

如表 4-21 所示，常规采收下部叶上中等烟比例较高，但是随着采收叶位的增加，上中等烟比例明显下降，青烟比例和黑糟烟比例上升。由表 4-22 可知，高扫下部叶第一次采收烤后黑糟烟比例高达 11.91%，这主要是因为第一次采收是在第 7 叶位 6～7 成黄时采收的，采收时间略推迟，此时靠下叶位烟叶过熟，内含物消耗过多，易烤枯烤黑；第二、三次采收黑糟烟比例明显下降，第三次采收青烟比例增加；第四次采收为上部 6 片叶的一次性的采收，第四次采收青烟比例和黑糟烟比例明显增加。

表 4-21　常规采收烤后经济性状比较

项　目	上中等烟比例（%）	橘色烟比例（%）	黑糟烟比例（%）	青烟比例（%）
第一次采收	81.86	42.52	6.85	4.56
第二次采收	81.14	45.35	5.39	4.37
第三次采收	82.97	46.87	5.85	7.12
第四次采收	83.44	51.26	5.12	8.64
第五次采收	74.58	43.56	10.81	12.34
第六次采收	65.54	42.35	15.35	17.56
第七次采收	55.83	37.53	21.35	19.52
合计	75.05	44.21	10.10	10.59

表 4-22　高扫下部叶烤后经济性状比较

项　目	上中等烟比例（%）	橘色烟比例（%）	黑糟烟比例（%）	青烟比例（%）
第一次采收	80.16	37.56	11.91	6.50
第二次采收	79.44	57.50	3.93	6.53
第三次采收	83.47	45.13	6.89	9.63
第四次采收	61.30	43.97	20.58	15.94
合计	76.09	46.04	10.83	9.65

早采下部叶每次采收上中等烟比例均较高（表4－23），且青烟和黑糟烟比例明显下降，早采下部叶第一次采收青烟比例和黑糟烟比例分别为3.59％、5.6％，这主要是因为早采下部叶使叶片保持较高的干物质含量，增加了下部叶的耐烤性，同时下部叶组织疏松，色素含量低，易变黄，因此青烟比例和黑糟烟比例均下降。

表4－23　早采下部叶烤后经济性状比较

项　　目	上中等烟比例（％）	橘色烟比例（％）	黑糟烟比例（％）	青烟比例（％）
第一次采收	83.16	38.40	5.60	3.59
第二次采收	82.14	60.59	4.95	4.52
第三次采收	83.39	54.62	7.52	6.25
第四次采收	61.75	48.87	17.56	13.28
合计	77.61	50.62	8.91	6.91

从不同采收方式的总体经济性状可以看出，上中等烟比例和橘色烟均为T2早采下部叶＞T1高扫下部叶＞CK常规采收，青烟比例为CK常规采收＞T1高扫下部叶＞T2早采下部叶，黑糟烟比例为T1高扫下部叶＞CK常规采收＞T2早采下部叶，T1高扫下部叶黑糟烟比例较高，主要是第一次采收的下部叶引起的，与常规采收相比，其中上部叶黑糟烟比例明显下降。由此可见，T2早采下部叶的采收方式烤后烟叶外观质量最好，上中等烟比例高，T1高扫下部叶的采收方式黑糟烟比例略高，但整体优于常规采收方式。不同采收方式烟叶情况见图4－5。

高扫下部叶第四次采收

早采下部叶第四次采收

常规采后第七次采收

图4－5　不同采收方式烟叶情况

综上所述，下部叶淀粉等干物质含量低，耐烤性差，早采下部叶可使下部叶具有较高的淀粉含量，同时改善烟田通风状况，促进下腰叶的落黄成熟，下腰叶耐熟性不如上腰叶，应及时采收，上腰叶可充分成熟采收，以协调上部叶营养分配，提高鲜烟素质。高扫下部叶虽然造成下部叶一定的烘烤损失，但是高扫叶位较高，使下二棚烟叶采收较早，从而促进了中上部叶的落黄成熟和营养物质的协调分配，使中上部叶淀粉含量增加。T1 高扫下部叶共采收 4 次，从第一次采收到最后一次采收间隔 35 d；T2 早采下部叶也采收 4 次，从第一次采收到最后一次采收间隔 46 d；CK 常规采收共采收 7 次，第一次采收到最后一次采收间隔 49 d；早采下部叶和高扫下部叶减少了采收次数，缩短了采收时间，省工节时。由此可见，早采下部叶和高扫下部叶有利于烟株整体营养的协调一致，并在一定程度上促进了中上部叶的田间落黄，且省工节时，烤后经济性状高，优于常规采收方式，其中早采下部叶改善田间通风透光环境，有利于腰叶的落黄成熟，并且上中等烟比例最高。

三、不同采收方式对上部叶的影响

上部烟叶占烟株总产量的 30%～45%，是烤烟产量的重要组成部分。优质烤后上部叶劲头足、糖含量低，在现代混合型卷烟和低焦油烤烟型卷烟叶组配方中起主导作用。提高上部叶的质量和工业可用性对提高烟叶整体经济效益、保障烟草行业可持续发展具有重要意义。上部 5～6 片烟叶充分成熟后一次性采烤及上部叶烘烤工艺的试验研究对改善上部烟叶质量起到了一定作用。顶部 2 片叶尚熟，其余叶片完全成熟后带茎烘烤，烤后烟叶化学成分协调，品质优良，经济性状最好。徐秀红等[2]研究发现，带茎采烤有利于色素和淀粉降解，且带茎烘烤烟叶中引起烟叶褐变的多酚氧化酶（PPO）活性较低，协同烟叶清除自由基的超氧化物歧化酶（SOD）活性较高，有利于烟叶质量的形成。带茎烘烤茎秆中的水分通过叶脉向叶片运输，烟叶位于茎秆顶部和中部的处理方式更有利于烟叶品质的提高。通过对比分析 2 片叶带茎、4 片叶带茎和不带茎烘烤

过程中烟叶呼吸强度及水分、色素含量的变化及烤后烟叶的化学成分、经济性状，确定上部叶的最佳采烤方式，为提高上部叶烘烤质量提供理论依据和技术指导。

本节以下部分研究对象为云烟 87 上部叶，设置 3 个处理，其中，CK 为上部 4～6 片烟叶一次性采收，挂竿烘烤；T1 处理为一次性带茎割收，2 片叶带茎，挂竿烘烤；T2 处理为一次性带茎割收，4 片叶带茎，挂竿烘烤；T1、T2 处理茎切口距离最近叶柄1～2 cm。

1. 上部叶带茎烘烤过程中烟叶呼吸强度的变化

呼吸作用是烟叶烘烤质量形成的基础。由图 4-6 可知，上部叶带茎烘烤与不带茎烘烤的烟叶呼吸强度变化规律基本一致，均在变黄后期和定色前期出现呼吸峰。烘烤 12 h，呼吸强度较 0 h（鲜烟叶）略有下降，随后烟叶呼吸强度逐渐增强，烘烤 48 h 各处理烟叶的呼吸强度均达到最高，变黄末期（烘烤 60 h 时）又迅速下降。其中，T2 处理烟叶在烘烤 24～48 h（属变黄期）呼吸强度较高；T1 处理在烘烤 24～36 h 时呼吸强度中等，烘烤 48 h 时呼吸强度明显低于 T2 处理和 CK。在定色前期，3 个处理烟叶的呼吸强

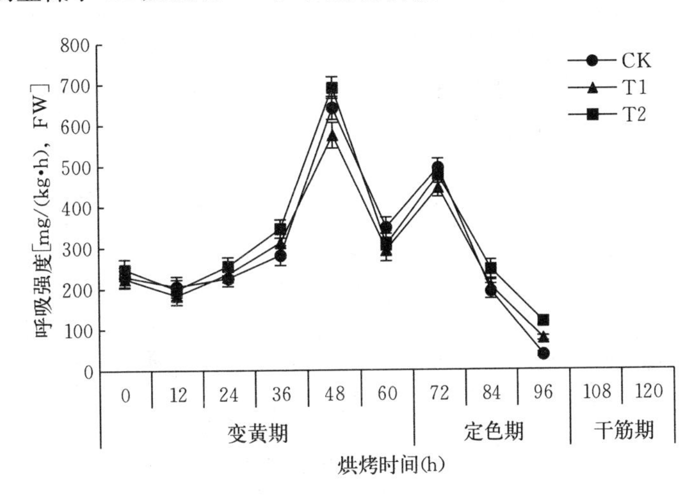

图 4-6 上部叶带茎烘烤过程中烟叶呼吸强度的变化

度再次升高，烘烤72 h时CK及T1、T2处理烟叶的呼吸强度分别较烘烤60 h增加41.84%、51.40%、55.36%；烘烤72 h以后，烟叶呼吸强度逐渐下降，且3个处理烟叶的呼吸强度表现为T2>T1>CK。因此，上部叶带茎烘烤过程中烟叶的呼吸强度较高，且4片叶带茎呼吸强度能够长时间维持在较高水平。

2. 上部叶带茎烘烤过程中烟叶含水率的变化

水是细胞内各种生理生化反应和物质运输的介质，烘烤过程中烟叶水分变化与烟叶品质息息相关。由图4-7可知，烘烤过程中，烟叶含水率呈逐渐下降趋势，不同处理烟叶的含水率变化趋势一致，但存在一定的差异。由鲜烟（烘烤0 h）各器官水分含量可知，含水率表现为主脉>茎>叶片。鲜烟主脉含水率高达88.86%，T1、T2处理主脉含水率在变黄期变化不大，烘烤60 h主脉含水率仅较烘烤0 h分别下降7.32%、5.36%，定色期失水速率略有增加，烘烤96 h主脉含水率较烘烤60 h分别下降8.88%、8.58%，干筋期主脉快速失水；CK烘烤过程中主脉含水率不断下降，且失水速率不断增加，烘烤60 h主脉含水率较烘烤0 h下

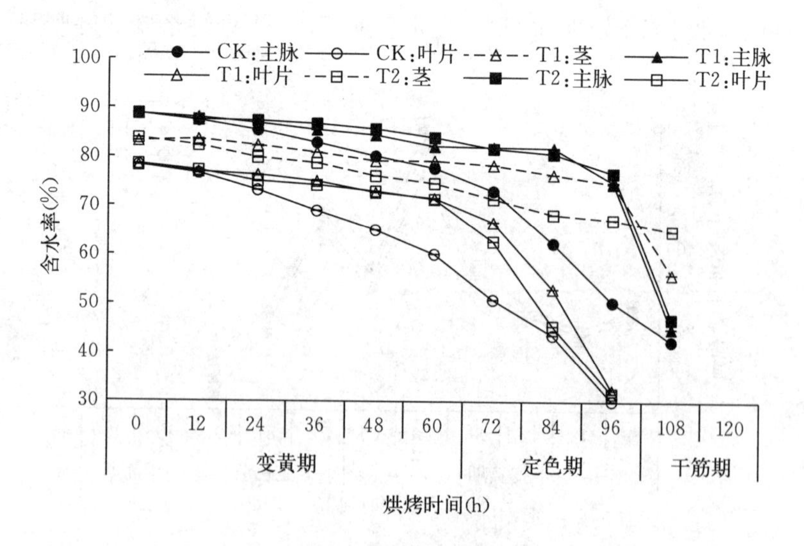

图4-7 上部叶带茎烘烤过程中烟叶含水率的变化

降 12.43%，烘烤 96 h 主脉含水率较烘烤 60 h 下降 35.13%。烘烤过程中茎秆含水率不断下降，不同数量叶片带茎烘烤处理的茎秆含水率下降趋势不同：T1 处理茎秆含水率变化趋势较平缓，进入干筋期开始快速下降；T2 处理烘烤过程中茎秆含水率下降快于 T1 处理。

鲜烟叶片含水率较低，T1、T2 处理变黄期叶片含水率下降较缓慢，烘烤 60 h 叶片含水率分别较烘烤 0 h 下降 8.42%、9.04%，定色期含水率大幅度下降，烘烤 96 h 叶片含水率分别较烘烤 60 h 下降 54.77%、55.53%；CK 叶片含水率下降较快，变黄期结束时（烘烤 60 h）叶片失水 23.17%。

3. 上部叶带茎烘烤过程中烟叶色素含量的变化

上部叶不同采烤处理烘烤过程中烟叶色素含量的变化如图 4-8 所示，上部叶带茎烘烤和不带茎烘烤色素含量的变化规律基本一致。鲜烟叶中叶绿素含量较类胡萝卜素含量高，叶绿素降解主要集中在变黄期，降解速率大小为 T2＞T1＞CK，变黄结束时（烘烤 60 h）CK 及 T1、T2 处理叶绿素分别降解 86.58%、89.40%、92.52%，定色期叶绿素的降解量甚微。与叶绿素降解趋势相比，烟叶类胡萝卜素的降解缓慢，且降解量少，并且在变黄期和定色期均有降解，定色期结束（烘烤 96 h）时 CK 及 T1、T2 处理类胡萝卜素含量分别下降 64.90%、66.00%、68.18%。烘烤过程中，烟叶逐渐变黄，类叶比整体呈上升趋势；烘烤 0～12 h 内，各处理烟叶的类叶比无明显变化，烘烤 24 h 后，类叶比逐渐上升，烟叶变黄启动；在主变黄阶段，T2 处理的烟叶类叶比显著高于 CK 和 T1 处理，T2 处理在烘烤 0～24 h 烟叶类叶比上升趋势缓慢，烘烤 24～60 h 类叶比迅速上升，进入定色期后烟叶类叶比逐渐下降；T1 处理在烘烤过程中烟叶的类叶比整体处在中等水平，在烘烤0～36 h 烟叶类叶比缓慢上升，烘烤 36～60 h 类叶比迅速增大，进入定色期后，类叶比缓慢下降；CK 变黄中后期类叶比明显低于其余 2 个处理，烘烤 36 h 类叶比开始迅速增加，烘烤 72 h 时类叶比达到峰值。

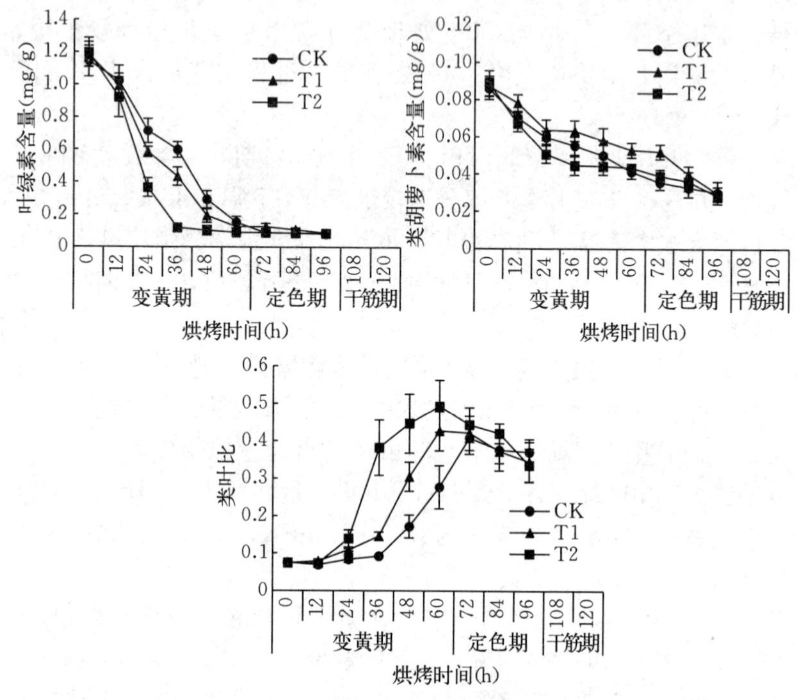

图 4-8　上部叶带茎烘烤过程中烟叶色素含量的变化

4. 上部叶不同采烤方式烤后烟叶的成分

由表 4-24 可知，上部叶带茎烘烤对烤后烟叶成分有较大影响。与 CK 相比，T1、T2 处理烤后烟叶总氮和烟碱含量显著降低，总糖和还原糖含量升高，其中 T2 处理烤后烟叶总氮和烟碱含量极显著低于 CK，还原糖含量极显著高于 CK；不同处理间烤后烟叶钾含量和氯含量差异不显著；氮碱比和糖碱比均以 CK 最低，T2 处理最高，各处理间氮碱比差异不显著，糖碱比存在显著差异，且 T2 处理糖碱比极显著高于 CK 和 T1 处理；T1、T2 处理烟叶钾氯比低于 CK，且 T2 处理显著低于 CK，但各处理烟叶钾氯比≥4，均符合卷烟生产要求。

表 4-24　上部叶不同采烤方式烤后烟叶的成分

处理	总氮含量（%）	烟碱含量（%）	总糖含量（%）	还原糖含量（%）	钾含量（%）
CK	2.84±0.08 aA	3.32±0.15 aA	23.60±1.26 aA	16.96±0.36 bB	1.79±0.22 aA
T1	2.57±0.12 bA	2.96±0.16 bA	24.06±0.70 aA	16.99±0.23 bB	1.73±0.15 aA
T2	2.18±0.15 cB	2.41±0.12 cB	25.36±0.98 aA	18.83±0.36 aA	1.59±0.14 aA
处理	氯含量（%）	氮碱比	糖碱比	钾氯比	
CK	0.20±0.02 aA	0.85±0.05 aA	5.10±0.13 cB	9.11±1.49 aA	
T1	0.23±0.02 aA	0.87±0.02 aA	5.75±0.28 bB	7.50±0.53 abA	
T2	0.25±0.04 aA	0.90±0.05 aA	7.82±0.22 aA	6.55±0.85 bA	

注：同列不同小写字母表示处理间差异显著（$P<0.05$），不同大写字母表示差异极显著（$P<0.01$），下同。

5. 上部叶不同采烤方式烤后烟叶的经济性状

由表 4-25 可知，与常规采烤（CK）相比，上部叶带茎烘烤处理的烟叶均价、上中等烟比例、黄烟率均较高，杂色烟比例较低。其中，与 CK 相比，T1、T2 处理烤后烟叶均价分别极显著提高 22.12%、39.25%；烤后烟叶上中等烟比例分别提高 1.13%、4.80%，且 T2 处理显著高于 CK 和 T1 处理；烤后烟叶黄烟率极显著提高 4.43%、12.84%，杂色烟比例分别极显著降低 9.82%、16.01%，上部叶经济性状显著提高。可见，4 片叶带茎烘烤的烟叶经济性状最好。

表 4-25　上部叶不同采烤方式烤后烟叶的经济性状

处理	均价（元/kg）	上中等烟比例（%）	黄烟率（%）	杂色烟比例（%）
CK	12.84±0.32 cB	85.14±1.90 bA	75.68±1.47 cC	18.37±1.13 aA
T1	15.68b±0.83 bA	86.27±2.02 bA	80.11±1.40 bB	8.55±0.62 bB
T2	17.88±1.06 aA	89.94±1.40 aA	88.52±1.10 aA	2.36±0.37 cC

6. 不同采烤方式对上部叶的影响

烟叶烘烤过程中，细胞结构、色泽变化及内在的各种生理变化与烟叶呼吸作用密切相关，呼吸作用的强弱直接影响烟叶的理化特性，最终影响烟叶品质。本节研究中，3种烘烤方式下烟叶呼吸强度的变化趋势基本一致，均在变黄后期和定色前期出现2个呼吸峰。烘烤过程中烟叶呼吸代谢越旺盛，其内含物质降解转化越充分，结果发现，4片叶带茎烘烤在主变黄期呼吸强度较高，细胞内生理代谢旺盛；在变黄末期至定色前期（烘烤60～72 h），带茎烘烤烟叶呼吸强度较低，有利于定色期对叶片定色的控制；定色后期呼吸强度表现为4片叶带茎烘烤＞2片叶带茎烘烤＞不带茎烘烤，此时叶片基本已干，失去生理代谢能力。

水分的存在是烟叶中各种酶保持活性状态的前提，而水分本身又是酶的活化剂，烘烤过程中烟叶的水分含量和环境湿度决定酶活性，对烟叶内物质降解起限制作用，烟叶失水干燥既是烘烤目的又是烘烤手段。与不带茎烘烤相比，带茎烘烤叶片变黄期失水慢，定色期失水快，这可能是因为烘烤前期茎秆中的部分水分通过叶脉向叶片逐渐转移，导致叶片和主脉中水分散失缓慢。4片叶带茎烘烤的茎秆失水速率较2片叶带茎快，这可能是因为4片叶带茎烘烤处理的叶片表面积大，失水速率快，茎秆为维持叶片水分含量，参与叶片水分代谢，不断向4片烟叶运输水分所致。

烘烤过程中，烟叶的色素逐渐降解，但上部叶带茎烘烤处理烟叶色素的降解更加充分。叶绿素在变黄期大量降解，且上部叶带茎烘烤处理的烟叶叶绿素含量较CK（不带茎烘烤）下降更为迅速，尤其是4片叶带茎烘烤处理的烟叶叶绿素下降最快；类胡萝卜素的充分降解有利于形成较多的香气前体物质[3]，烘烤过程中类胡萝卜素的降解趋势较叶绿素降解平缓，且在变黄期和定色期均有一定量降解。在烘烤过程中，叶绿素的降解和类胡萝卜素等黄色素比例的增加使烟叶逐渐显现黄色，类胡萝卜素和叶绿素含量的比值可以代表烘烤过程中烟叶的变黄情况。本研究发现，上部叶带茎烘烤处理的烟叶主变黄期类叶比增长较快，即带茎烘烤烟叶变黄快。

与不带茎烘烤相比，上部叶带茎烘烤处理烤后烟叶总糖和还原糖含量较高，烟碱、总氮含量较低，糖碱比适宜，化学成分协调；同时，带茎烘烤烟叶变黄快，叶片失水速度和变黄特性相协调，烤后烟叶黄烟率高，杂色烟比例小。上部叶带茎烘烤，特别是4片叶带茎烘烤，烤后烟叶的上中等烟比例和均价均有明显提高，经济性状较好。

综上所述，与不带茎烘烤相比，上部叶带茎烘烤变黄期叶片含水率高，细胞生理代谢旺盛，内在化学成分降解转化充分；色素降解迅速，烟叶变黄快；叶片失水速度在变黄期慢，定色期快，烟叶失水和变黄、定色协调性好；烤后烟叶化学成分协调，有利于提高上部叶的产量和质量，且以4片叶带茎烘烤的效果最佳。

四、不同采收方式对返青烟质量的影响

大理白族自治州特色优质烤烟主要栽培推广品种红花大金元的栽培面积占全州烤烟栽培面积的60%左右。该品种田间长势强，叶面清秀，烟叶品质好，具有典型清香型特色风格等优点。大理白族自治州在烤烟生长季节自然灾害频发，干旱降雨分布不均、光照不足和前期肥效利用供应迟缓等多种因素严重影响了烟叶正常生长发育，导致烤烟在采收烘烤季节容易发生返青，难以成熟落黄，从而增加了烟叶的烘烤难度。尽管对此有相应的烘烤技术措施，但下等烟、低等烟含量并未明显减少，造成了一定程度的经济损失。为减少返青烟的发生及其在烘烤过程中所造成的损失，研究表明，对于雨前发育正常、成熟良好的那些烟叶，多数情况应及时采收，以避免烟叶发生返青生长，但短时大雨以后天气转好，应等雨后晒2～3 d再采收；根据雨前烟叶的基础素质，确定可靠的采收标准，较好地协调烘烤过程中烟叶脱水与变黄矛盾。

本节以下部分以红花大金元为材料，研究不同采收方式（表4-26）对下、中部返青烟叶落黄效果及各部位烤后质量的影响，为如何减少返青烟的发生提供理论依据，提高烟叶产量和质量。

表 4-26　不同采收方式

处理	下部叶	中部叶
CK	成熟一片采收一片	3 次采收（第 10、13、16 叶位成熟即采收）
T1	1 次采收（第 7 叶位成熟即采收）	1 次采收（第 15 叶位成熟即采收）
T2	1 次采收（第 6 叶位成熟即采收）	2 次采收（第 12、15 叶位成熟即采收）
T3	1 次采收（第 5 叶位成熟即采收）	2 次采收（第 10、15 叶位成熟即采收）

1. 采收方式对返青烟叶绿素含量的影响

由图 4-9 可以看出，下部叶各处理的叶绿素含量变化都是先减少后增加再减少的过程。在烟叶的返青阶段，各处理的叶绿素含量增加程度大小为 T1＞T2＞CK＞T3，这表明处理 T3 的返青程度较小，烟叶充分养熟的效果较好，之后各处理重新开始成熟落黄，根据其叶绿素含量的变化可以得出处理 T2 和 T3 的落黄效果较好，经过进一步分析，处理 T3 对下部返青烟叶的成熟落黄效果最好。不同采收方法对返青烟中部叶的成熟落黄效果有一定程度的影响，各处理在烟叶采收前叶绿素含量变化也是先减少后增加再减少的过程，但在烟叶出现返青时，叶绿素含量的增加程度大小为 CK＞T3＞T2＞T1，这表明处理 T1 充分养熟中部叶效果较好，返青程度较轻，然后返青烟叶再次开始成熟落黄，叶绿素含量的减少程度

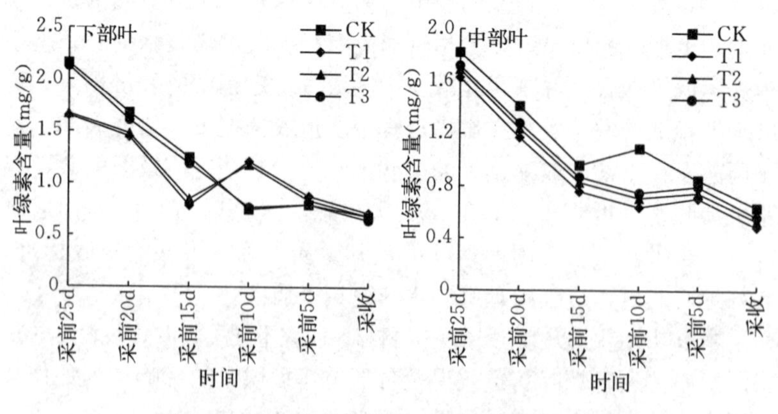

图 4-9　不同采收方式烟叶叶绿素含量的变化

大小为 T1<T2<T3<CK，尽管处理 CK 的叶绿素含量减少程度较大，但其采收时叶绿素含量较高，故 T2 和 T3 的落黄效果较好。造成中部叶在采收时叶绿素含量较高的原因之一在于其充分养熟后容易发生返青，此时重新成熟落黄较难；另外，中部烟叶在成熟期时间拉得越长越易出现贪青不熟。综合分析，处理 T1 对中部返青烟叶的成熟落黄效果最好。

2. 采收方式与烤后烟叶质量关系

由表 4-27 可以看出，下部叶与中部叶不同处理烤后烟叶的香气质、香气量差异不显著；下部叶烟气浓度 T3 与 CK 及 T2 有显著性差异，T1 与 CK 及 T2 无显著性差异，中部叶 T1 与 T3 无显著性差异，CK 与 T2 无显著性差异，但 T1、T3 与 CK、T2 有显著性差异；不同处理下部叶的杂气和刺激性间无显著性差异，而不同处理中部叶的杂气和刺激性则与烟气浓度表现出一致的差异性；劲头下部叶表现为 CK 与 T1 无显著性差异，T2 与 T3 无显著性差异，而其他处理间差异性显著，中部叶 T1 与 CK 无显著性差异，但与 T2、T3 有显著性差异，CK 与各处理间差异均不显著。评吸总分下部叶以 T2 最高，CK 次之，T1 最低，且 CK、T2 与 T3 显著高于 T1；而中部叶 CK 显著低于 T1、T2 与 T3。

表 4-27　不同采收方式烤后烟叶评吸质量

部位	处理	香气质 (9)	香气量 (9)	浓度 (9)	杂气 (9)	刺激性 (9)	劲头 (9)	总分 (54)
下部叶	CK	8.1 a	8.2 a	8.8 a	7.8 a	7.9 a	7.2 b	48.0 b
	T1	8.0 a	8.1 a	8.5 ab	7.6 a	7.7 a	7.2 b	47.1 c
	T2	8.0 a	8.1 a	8.7 a	7.8 a	7.8 a	8.3 a	48.7 a
	T3	8.0 a	8.1 a	8.0 b	7.8 a	7.7 a	8.3 a	47.9 b
中部叶	CK	8.0 a	7.9 a	8.8 a	7.8 a	7.9 a	8.3 ab	33.0 b
	T1	7.8 a	7.9 a	8.3 b	7.5 b	7.6 b	8.1 b	47.2 a
	T2	8.0 a	8.1 a	8.8 a	7.8 a	7.9 a	8.4 a	49.0 a
	T3	7.9 a	8.0 a	8.4 b	7.6 b	7.7 b	8.4 a	48.0 a

注：不同部位同列小写字母表示处理间差异显著（$P<0.05$）。

3. 采收方式对返青烟烤后经济性状的影响

由表4-28可知，不同采收方式影响了下部烟叶主要经济性状，产量、产值均为T1>T2>CK>T3，主要原因在于各处理产量、产值受到采收叶片数的影响；单叶重为T3>T2>CK>T1；均价为T3>T2>CK>T1；上等烟比例和上中等烟比例均为T3>T2>CK>T1。由此可见，采收方式影响了烟叶的单叶重和烟叶等级，其中试验组T2和T3的单叶重、均价以及上等烟比例都要优于对照组，T3处理的上等烟比例比对照组高8.29%，均价比对照组高0.77%，上中等烟比例比对照组高4.96%。各处理中部烟叶的主要经济性状中产量为CK>T3>T2>T1；产值为T3>CK>T2>T1；单叶重为T1>CK>T2>T3；均价为T3>T2>T1>CK；上等烟比例为CK>T3>T2>T1；上中等烟比例为T1>T3>T2>CK，4个处理中CK的产量较高，但与T3的产量相差不大，T3的单叶重较轻，而均价较高。综合分析可知，中部叶T3经济效益较好。

表4-28　不同采收方式烤后烟叶主要经济性状

部位	处理	产量（kg/hm²）	产值（元/hm²）	单叶重（g/片）	均价（元/kg）	上等烟比例（%）	上中等烟比例（%）
下部叶	CK	640.20	11 676.00	9.7	18.24	24.31	81.85
	T1	775.50	13 393.80	9.4	17.27	23.99	79.34
	T2	673.20	13 128.90	10.2	19.00	30.29	85.77
	T3	639.55	10 368.90	10.9	19.64	32.60	86.81
中部叶	CK	2 242.35	76 955.40	15.1	34.32	77.63	88.14
	T1	1 824.35	64 066.20	15.8	35.11	62.45	92.03
	T2	1 966.80	69 102.90	14.9	35.13	68.60	90.36
	T3	2 197.80	77 838.45	14.8	35.42	71.65	90.90

注：按大理白族自治州2015年国家下达的烟叶收购价格计算，产量按16 500株/hm²计算。

第四节　特殊烟叶采收标准

一、采收措施

不同类型特殊烟叶营养积累状况不同，根据烟叶自身素质条件制定相应的采烤措施，有利于提高烟叶产量和质量，减少烘烤损失。

1. 常规条件下烟叶采收方法

通常情况下红花大金元烟叶厚而耐养，成熟落黄慢。各部位基本采收方法如下所示。下部叶：移栽后 70～75 d，打顶后 15～20 d，当烟叶由绿色转为绿黄色，叶面落黄 6 成左右，主脉发白，茸毛部分脱落，叶尖叶缘稍下垂时，即可采收。中部叶：移栽后 85～90 d，打顶后 30～35 d，当烟叶呈现浅黄色，叶面落黄 7～8 成，主脉全白发亮，支脉变白，叶尖、叶缘下卷，叶面起皱时，即可采收。上部叶：移栽后 120 d 左右，打顶后 60 d 左右，充分养熟上部 4～6 片叶，当叶色呈现淡黄色，叶面落黄 9 成左右，叶面多皱褶，叶耳变黄，主脉乳白发亮，支脉全白，有黄白色成熟斑，叶尖叶缘发白下卷时，即可采收。

云烟 87 烟叶分层落黄成熟明显，叶片厚薄适中。当烟叶呈现“叶黄、筋白、毛脱、下垂”四个特征时再采收。成熟烟叶，叶绿素含量低，内含物丰富，烤后质量高。如果不熟就采收，由于烟叶本身素质存在的缺陷，只靠烘烤技术也不可能弥补，即便在烘烤中延长变黄时间烤黄烟叶，但烤后烟叶达不到成熟烟叶的质量水平，黄烟率、上等烟比例等降低，经济损失大。

K326 烟叶中、下部叶分层落黄成熟，上部叶集中成熟、耐养。通常情况下，当“叶黄、筋白、毛脱、下垂”时采收，即叶面落黄 6～8 成，主支脉变白，茸毛部分脱落，茎叶角度增大时采收。下部叶适熟早收，中部叶成熟稳收，上部叶 4～6 片充分成熟一起采收。各部位采收方法如下所示：下部叶适熟早收，一般在打顶后 7～10 d，落黄 6～7 成采收；中部叶成熟稳收，一般在打顶后 25～

30 d，落黄 7～8 成采收，烟叶成熟一片采收一片；上部叶 4～6 片充分成熟一次性采收。当顶部第 1～3 叶位落黄 8 成左右，主脉全白发亮，侧脉大部分（2/3 以上）发白，叶面有明显的黄白色成熟斑时采收。

2. 特殊烟叶采收措施

（1）田间预防措施 后发烟田间管理措施：①先盖膜后移栽，塘内及时浇 3～5 kg 定根水，在水源条件充足的条件下，视旱情一周浇一次，第一次施肥量为总量的 20%～30%，防治病虫害并及时喷施农药；②在晴天 17 时采收，将采好的烟叶放在两株的中间背阴面，第二天早上在 11 时以前收回，编竿入炉。

返青烟田间管理措施：①合理施肥，看烟追肥；②烟叶成熟期做到沟无积水；③喷施落黄剂；④按时令早栽，尽早施第二、三次肥，每季至少喷施叶面肥（钾肥）1～2 次；⑤提前摘除底脚叶，提高光照空气通透性，喷施叶面肥，看烟株长势打顶；⑥高起垄，垄长田块设排水腰沟，少施或不施底肥，采取兑水溶解肥料，视烟株长势、气候情况、土壤肥力综合考虑施用水肥的浓度和次数。

贪青晚熟烟田间管理措施：①预整地结束后灌水一次，让氮肥溶解一部分再起垄；②推迟打顶时间，多消耗一部分营养物质，促使烟叶适时落黄；③9 月喷施落黄剂、憨烟黄 75 g；④尽量少用或者不用底肥，第二、三次尽早施肥，在栽后 15 d 内追完，钾肥的比例为总量的 50%；⑤多走沟水 2～3 次（旺长期），加快氮肥流失，增施钾肥，尽量喷施叶面肥；⑥清除底脚叶，增加田间的通风透光性，改善田间小气候，中、上部叶看成熟度可以同时进行，有些可采上部叶，留中、下部叶，便于光照；⑦在气候条件允许下，尽可能推迟采收，充分养熟烟叶，等叶面发亮、主脉发白再采摘；⑧采用部分断根或环割，减少烟株对肥力的吸收；⑨浓绿烟株不封顶、不打杈，不用抑芽药物，采收时连同烟杈一起采收。

（2）采收措施

① 返青烟。烟叶成熟期处于多雨寡照气候条件，光照不足，雨水偏多，易返青，气温偏低，叶绿素降解缓慢，烟叶落黄成熟特

征不明显，成熟斑少，病害加重。采收烟叶时，外观成熟标准要适当降低一级。为防止其干物质进一步降解，提高产量，适当早采，即在其干物质积累最大后 7 d 内采收；返青烟中、上部叶淀粉含量少，色素含量高，分别在干物质积累最大后 14 d、21 d 采收，此时呼吸强度较大，SPAD 值为 30～35。

② 后发烟。后发烟中、上部叶开片较差，叶面积较小，但干物质积累量较常规烟多，因此后发烟叶身份较厚，叶片组织结构紧密，保水能力强，色素降解慢，大田期落黄较慢，可在其干物质积累量达到最大后 14 d，适当降低采收标准进行采收，烟叶 SPAD 值为 35～38，呼吸强度较大。

③ 贪青晚熟烟。由于贪青晚熟烟中、上部叶宽大，导致下部叶通风透光较差，烟叶落黄较慢，在其干物质积累量达到最大后 28 d，呼吸强度明显增大，SPAD 值下降至 37 左右，此时可适当降低采收标准采收；贪青晚熟烟中部叶适宜在干物质积累量达到最大后 21 d 采收，此时烟叶呼吸强度较高，SPAD 值为 39 左右，可适时进行采收；贪青晚熟烟上部叶宜在干物质积累量达到最大后 21 d 进行采收，烟叶 SPAD 值为 42 左右，呼吸强度较高，由于烟叶生长期过长，需降低采收标准抢采烟叶。

④ 旱黄烟。由于干旱、高温等气候因素影响，下部叶容易出现旱黄、晒黄，导致“底烘”假熟的发生，叶片表现为皮黄肉不黄。因此要把握好旱黄烟下部叶采收成熟度，待叶片成熟特征明显再进行采烤。

⑤ 秋后烟。由于秋后昼夜温差较大，烟叶易遭受冷露冻害，导致落黄好的烟叶尖部在田间产生挂灰，降低鲜烟叶质量。因此，秋后烟需要抓紧时间采收，最好在日平均气温低于 18 ℃前采完。当叶面褪绿，呈淡绿色，略显黄色斑点，叶耳绿黄时即可采收，尽量在叶尖部变白前采收。

二、采收标准

烟叶外部形态和色泽的变化是判断和确定烟叶成熟的依据，是烟叶采收应遵循和掌握的标准。呼吸强度在一定程度上可以代表烟叶的生理成熟程度。对于田间难落黄的烟叶，成熟时不容易显现叶面落黄的成熟特征，此时要根据烟叶熟相和叶龄综合分析，在熟相上尽可能使其表现成熟特征（茎叶夹角，叶脉白亮程度，绒毛脱落情况），叶龄达到或者略多于营养水平正常烟叶即可采收。

1. 返青烟成熟采收标准

返青烟株中部叶定型后 16 d 干物质积累达到最大，并与常规烟叶持平，甚至略大于常规烟叶，但是淀粉含量仅为常规中部叶的 55.5%，叶绿素含量比常规中部叶多 21.3%，因此返青中部叶大而薄，淀粉等糖类含量少，色素等含氮化合物多，碳氮比失调，难落黄，难烘烤。返青中部叶干物质积累最大后 14 d，淀粉含量和叶绿素含量略下降，SPAD 值降至 35 左右，呼吸强度增加，可适当降低采收成熟度标准进行采收。

返青上部叶移栽后 101 d 干物质积累达到最大，7 d 以后叶片定型，这主要是因为上部叶生长后期遇到多雨寡日照天气，上部叶片返青后发，叶面积进一步增大，但是由于光照不足，干物质不能有效积累，甚至返青后发过程中消耗了部分已经积累的干物质。上部叶淀粉含量为 19.31%，仅占常规上部叶淀粉含量的 64%，叶绿素含量为 0.632%，是常规上部叶的 2.2 倍，碳氮比严重失调，大田成熟期难落黄，一味推迟采收，干物质积累和淀粉含量较快，易烤枯，因此在干物质积累达到最大后 21 d，或定型后 14 d，适当降低采收成熟度进行采收，此时 SPAD 值为 35～40，呼吸强度较大，即已达到生理成熟。

2. 后发烟成熟采收标准

后发烟的叶面积和叶片含水率明显低于常规烟叶，后发烟主要发生在中、上部叶，后发烟株下部叶较正常，甚至落黄较快，因此要早采，其干物质积累达到最大时，SPAD 值已经较小，可适时采收。

后发烟株中部叶叶面积小，含水率少，干物质积累量较常规中部叶多 24.4%，但是淀粉含量和色素含量均少于常规，可见

后发中部叶身份较厚，叶片组织结构紧密，保水能力强，难真正成熟。后发中部叶干物质积累最大后 14 d，叶绿素仅下降了 12.15%，而常规中部叶干物质积累后 7 d 叶绿素能够降解 52.15%，因此后发烟色素降解较慢，要适当降低采收标准，在干物质积累达到最大后 14 d 进行采收，此时 SPAD 值为 35 左右，呼吸强度较大。

后发上部叶开片较差，叶片小且含水率低，叶绿素含量为常规上部叶的 1.7 倍，大田落黄较慢，在干物质积累量达到最大后 14 d，适当降低采收标准进行采收，此时烟叶 SPAD 值约为 38，呼吸强度较大。

3. 贪青晚熟烟成熟采收标准

贪青晚熟烟中、上部叶较大，叶面积约为常规中、上部叶的 1.2 倍，叶片含水率较高，干物质含量和常规烟叶相当或略偏小，但是淀粉含量明显偏低，其中部叶淀粉含量仅占常规中部叶的 63.56%，上部叶淀粉含量占常规上部叶的 71.91%，但其叶绿素含量分别是常规烟叶的 2.04 倍、1.99 倍，碳氮比严重失调。贪青晚熟烟各个时期的呼吸强度也明显小于常规烟叶，即贪青晚熟烟外观和生理上均较难成熟，因此在可控范围内尽量避免贪青晚熟烟叶产生，特别是老憨烟的产生。贪青晚熟烟成熟期大田落黄较慢，但是呼吸强度增加较快，淀粉等干物质含量消耗增多，因此适当推迟采收，但又不可推迟过晚，以免后期遭遇冷害，进一步增加烘烤难度。

贪青晚熟烟中、上部叶宽大，导致下部叶通风透光较差，落黄较慢，在干物质积累达到最大后 28 d，呼吸强度明显增大，SPAD 值下降至 37，可适当降低采收标准进行下部叶采收；贪青晚熟烟中部叶适宜在干物质积累达到最大后 21 d 采收，此时烟叶呼吸强度较高，SPAD 值为 39，呼吸强度较大，可适时进行采收；贪青晚熟烟上部叶宜在干物质积累量达到最大以后 21 d 进行采收，此时烟叶 SPAD 值为 42，呼吸强度较高，由于此时烟叶大田生育期过长，需降低采收标准抢采烟叶。

参 考 文 献

[1] 王健，何建华，徐彦军．烤烟下部叶采收次数对中部叶糖代谢相关酶活性的影响［J］. 贵州农业科学，2010，38（8）：59-61.
[2] 徐秀红，王爱华，王传义，等．烘烤期间带茎采收的烤烟顶部叶某些生理生化特性变化［J］. 烟草科技，2006（9）：51-54.
[3] 宫长荣．烟草调制学［M］. 北京：中国农业出版社，2011.

>>> 第五章　特殊烟叶烘烤特性与采后生理

烘烤是烤烟生产中的重要环节之一，从田间采收的鲜烟叶必须经过烘烤才能体现和固定其优良品质。烘烤过程是充分显现、固定和改善烟叶田间所形成的潜在质量的过程，也是决定烟叶最终质量的关键环节。鲜烟叶的质量潜势能否得到充分显露和发挥，取决于烘烤设备性能和烘烤工艺的实施，而烘烤工艺的正确实施需要对鲜烟叶素质和烘烤特性进行正确的分析和判断。特殊烟叶与正常烟叶营养积累情况不同，如何判断不同特殊类型烟叶烘烤特性，对提高烟叶烘烤质量具有重要意义。

第一节　特殊烟叶烘烤特性的判断

鲜烟叶是烘烤调制的对象，烘烤工艺只有建立在与鲜烟叶素质相适应的基础上，才能调制出优质烟叶。鲜烟叶素质在烘烤中具体表现在烘烤特性的不同，准确判断鲜烟叶素质及烘烤特性是制订烘烤方案的基础。

一、烟叶烘烤特性

不同素质烟叶在烘烤过程中对烤房温湿度环境条件反应不同，具体表现为烟叶变黄程度与失水协调性的不同，有的烟叶变黄期易变黄、易脱水，有的烟叶不易定色、易变褐。一般来说，烟叶烘烤特性是指烟叶在农艺过程中获得的与烘烤技术和效果密切相关的自身所固有的素质特点。烟叶烘烤特性是鲜烟叶素质差异的必然反映，是制订烘烤方案和烘烤操作的依据。宫长荣等对烟叶烘烤特性进行了科学的概括，将烟叶烘烤特性分为“易烤性”和“耐烤性”两个方面。“易烤性”反映烟叶在烘烤过程中变黄、脱水的难易程度，容易变黄、容易脱水的烟叶易烤，反之不易烤。“耐烤性”主要是指烟叶在定色期间对烘烤环境变化的敏感性或耐受性。凡对定色环境不敏感、不易变褐的烟叶属耐烤性好，否则为不耐烤。烟叶的易烤性和耐烤性是烟叶烘烤特性的两个基本方面，二者相互联系而又相互独立。正常情况下，易烤性好的烟叶往往耐烤性也较好，不易烤的烟叶往往也不够耐烤。但烟叶的易烤性和耐烤性也表现出独立性，易烤的烟叶不一定耐烤，而耐烤的烟叶也不一定易烤。烘烤特性好的烟叶一般指烟叶既易烤又耐烤。

烟叶烘烤特性是影响烟叶烘烤的重要因素，对烟叶质量有重要影响。目前，烟叶烘烤特性的研究集中在烟叶失水特性、变黄特性、定色特性和物质转化特性等方面。

1. 烟叶失水特性

烟叶烘烤调制并不是简单的失水干燥过程，而是其与生物化学变化过程的统一，与干燥有着本质的不同。但烟叶失水干燥也是烟叶烘烤的目的之一，由于水分是各种生理生化变化不可缺少的因素，烟叶组织中的水分状况直接影响着各种生理生化转化过程。因此，了解烟叶烘烤过程中各阶段失水规律及烟叶变黄定色规律是烟叶烘烤的关键。不同烤烟品种烟叶失水规律基本一致，其失水干燥特性曲线表现为“近等速—减速—再减速”的特征[1]，前期失水少且慢，中期失水多且快，后期失水又变少且慢，由于烘烤过程中不同阶段烟叶失水环境不同，烟叶的失水速率变化差异很大。张树堂等[2]研究红花大金元、K326以及其他新品种（系）的烟叶在烘烤过程中的变化速度和失水干燥速度等烘烤特性发现，红花大金元品种在烘烤过程中由于失水规律与烟叶变黄定色特性不协调，导致该品种烘烤特性差，难于烘烤。而K326的烟叶失水规律与变黄定色

特性相协调，烘烤特性好，较易烘烤。鲜烟叶含水量及烘烤过程中烟叶失水速率是影响烟叶易烤性的重要因素。王亚辉等[3]通过研究烤烟新品种云烟202的烘烤特性发现，云烟202成熟鲜烟叶的含水量高于红花大金元，低于K326；在烟叶变黄阶段，云烟202的失水速率大于K326，但小于红花大金元；在烘烤过程的定色阶段，红花大金元和K326前期失水速率大，后期则减慢很多，相反云烟202在定色后期仍保持较高的失水速率，甚至超过定色前期的失水速率，烟叶表现为容易烘烤。烟叶中的多项生理指标都与烘烤过程中的水分动态存在某种极显著的相关性，由此必然影响到烟叶内含化学物质的降解、合成、转化和新物质的生成。因此，创造适宜的环境条件，合理调控烘烤期间的失水速度和不同温度段的失水量，是增进和改善烟叶内在品质的技术核心和关键所在。

烟叶中水分划分为自由水和束缚水，自由水与束缚水含量高低及比例与植物的生长及抗逆性密切相关。一般情况下，植物组织或器官中自由水与束缚水比值越高，其代谢活动越旺盛，生长也较快，但抗逆性较弱；反之，则代谢活动较差，生长较缓慢，但抗逆性较强。因此，自由水和束缚水的相对含量可以作为植物组织代谢活动及抗逆性强弱的重要指标。訾莹莹等[4]研究发现，烤烟品种红花大金元的自由水与束缚水含量较其他品种高，失水速率较高，烟叶内的酶活性较高，烘烤过程中容易发生酶促棕色化反应，影响烤后烟叶外观质量，降低了烟叶的可用性。烟叶自由水和束缚水的含量还影响着烟叶的失水速率，聂荣邦等[5]对K326和翠碧1号烟叶的含水量进行的研究结果表明，翠碧1号自由水含量显著低于K326，束缚水含量则显著高于K326，在烘烤过程中翠碧1号比K326脱水困难，两者的烘烤特性有较大差异。

2. 烟叶变黄特性

烘烤期间烟叶变黄方式有多种，常见的有“正常变黄”“通身变黄”“点片变黄”“叶把先黄”等。正常变黄烟叶由叶尖先变黄，然后由叶尖向叶基，叶缘向主脉两侧逐渐变黄。此类烟叶烘烤特性较好，易变黄、易定色，烤后烟叶质量较好。叶片变黄是烟叶烘烤过程中最明显的变化之一，也是烟叶内化学物质转化的外在表现，烤后烟叶的颜色也是决定其等级的重要因素。

烘烤过程中，烟叶内叶绿素降解速率远远高于类胡萝卜素，导致烟叶内类胡萝卜素含量占总色素含量的比例增加，烟叶最终呈现出黄色。烟叶变黄速度有快有慢，烤烟品种、烘烤条件、烟叶成熟度等对其有着很大的影响。通常来说，氮素营养过剩、叶片较厚的烟叶或含水量较少、干物质含量较多的烟叶，在烘烤过程中变黄速度较慢，容易出现烤青现象。反之，则烟叶变黄较快。生产中，常用烟叶变黄速度与失水速度的协调程度衡量烟叶的变黄特性。张树堂等[2]测定了 K326、G－28、云烟 85、云烟 201、云烟 202、云烟 203、云烟 317 等品种的烟叶在烘烤过程中的变黄速度、色素含量变化及失水干燥速度。结果表明，红花大金元在烘烤过程中变黄慢，失水快，难以烘烤；云烟 85 和 G－28 的烘烤特性相近，变黄稍快，失水适中，较为好烤；云烟 317 等和 K326 相近，变黄速度居中，失水平缓，较易烘烤；云烟 201、云烟 202 和云烟 203 的变黄与失水干燥变化相协调，烘烤特性都较好，其中以云烟 201 成熟稍快，变黄整齐，更容易烘烤。

不同烤烟品种之间变黄特性差异明显。王松峰等[6]对比研究了烤烟新品种 NC55 和中烟 100 的色素含量及其比值的变化规律。结果表明，在烘烤开始时两个品种鲜烟叶的色素含量存在一定差异，但是两者的类叶比相近，外观颜色的黄色色度也相近；烘烤过程前期烟叶叶绿素含量降解量大且降解速率快，后期降解量小且降解速率慢；烟叶类胡萝卜素含量在 38 ℃末之前降解速率快但小于叶绿素降解速率，在烘烤温度为 38～42 ℃时含量略有回升；烘烤过程中，中烟 100 类叶比比值的峰值出现在 42 ℃末，而 NC55 在 38 ℃末，NC55 比中烟 100 完全变黄的时间少，随后类叶比略有下降，叶色有所转淡。因此，类叶比可以作为评价烟叶变黄特性的一个生化指标。

此外，生产中还存在一些特殊烟叶，如“嫩黑暴烟”，烘烤期间前后变黄速度明显不同，前期难变黄，当烘烤至 5～6 成黄以后，

其变黄速度明显增加，此时若脱水迟缓，则已变黄的烟叶容易烤黑。

3. 烟叶定色特性

烟叶进入定色阶段后主要是将已经获得的基本品质逐渐固定下来，但是如果环境条件或烟叶变化不当就容易发生棕色化反应，叶片发生褐变。棕色化包括酶促棕色化和非酶棕色化两个反应，多酚氧化酶是酶促棕色化反应中重要的氧化酶，在变黄末期和定色期发生棕色化反应时，烟叶内的多酚类物质被氧化，叶内深色物质积累，导致烟叶颜色加深。宫长荣等[7]研究烤烟品种中烟101叶片内多酚类物质及多酚氧化酶在烘烤过程中的变化规律，结果表明，在正常烘烤条件下，总酚含量在前24 h内上升，然后略有下降，72 h到烘烤结束含量又回升；烟叶烘烤过程中随着烟叶水分的散失以及温度的升高，多酚氧化酶活性下降，到定色期多酚氧化酶基本上失活。韩锦峰等[8]研究发现，在正常的烘烤工艺下，多酚氧化酶活性表现为：田间鲜烟叶的活性最高，以后随着烘烤过程的进行，多酚氧化酶活性逐步下降，当烟叶完全变黄时，由于烟叶含水量低，多酚氧化酶迅速钝化而停止活动。多酶氧化酶活性变化曲线在整个烘烤过程中呈现出平滑下降的趋势，通过控制烘烤过程中烟叶水分的排除量与时间，可以间接调控多酚氧化酶的活性，从而烤出优质烟叶。

生产中，若将营养不良或过熟与营养充足、成熟度好的烟叶放在同层烘烤，由于烟叶自身素质差别较大，容易发生褐变现象。正常情况下，营养充足、成熟度好的烟叶，在定色期间对环境温湿度条件并不苛刻，对诱导棕色化反应的条件反应迟钝。

4. 烟叶物质转化特性

烟叶烘烤过程中除了水分的散失，还伴随着内含物质分解、转化、消耗的复杂生理生化过程，研究烟叶内物质转化规律可改善烤后烟叶内化学成分和烟叶质量，提高烟叶可用性。

糖类代谢是植物最基本的初生代谢，直接影响着植物的基本生命活动。淀粉是烟叶中糖类贮藏的主要形式，成熟鲜烟叶中的淀粉含量可达40%。烤后烟叶中残留的淀粉严重影响烟叶质量，而由淀粉降解的还原糖既可以增加烟叶香吃味，又可以参与调节烟气酸碱平衡。宫长荣等[9~10]对烤烟 NC89 等品种在烘烤过程中的糖类变化规律做了较为全面的研究。研究结果表明，鲜烟叶内淀粉酶活性在烘烤初期较低，随着烘烤过程的进行，淀粉酶活性逐渐上升并于 36 h 前后达到一个高峰值，随后活性下降，但在烘烤后期酶活性又升高；淀粉含量总体上随着烘烤过程的进行而逐渐减少，在烘烤前 36 h 淀粉降解量较大，48 h 以后降解缓慢，到变黄末期淀粉降幅达 75%～85%，尽管烘烤后期淀粉酶活性还是很高，但此时淀粉降解量很小，含量趋于稳定；烘烤过程中可溶性糖含量和淀粉含量的变化呈显著负相关。王爱华等[11]对烤烟新品种中烟 203 密集烘烤过程中生理生化特性的研究结果也表明，随着烘烤过程的推进，烟叶淀粉含量整体上呈下降趋势，在温度为 38 ℃末淀粉降解量较大；在烘烤过程中，两个品种总体上总糖和还原糖含量呈上升趋势，并且总糖含量和还原糖含量呈正相关，但总糖和还原糖含量与淀粉都呈负相关。

不同烤烟品种的总氮和烟碱含量在烘烤过程的变化无明显相似性，且变化幅度不大。宫长荣等[12]对烤烟在烘烤过程中含氮化合物变化规律的研究结果表明，随着烘烤过程的发展，蛋白质含量整体上逐渐减少，在烘烤 24 h 后降解速率明显增加，在定色期后降解速率有所下降，降解速率呈现出“慢—快—慢”的变化规律；烘烤过程中烟叶内游离氨基酸含量和蛋白质含量有明显的消长关系，整体上呈上升趋势，游离氨基酸含量在变黄中期有一个快速上升的过程，直到定色结束增加量才渐趋平缓，增加速率也呈现出“慢—快—慢”的变化规律；鲜烟叶中可溶性蛋白含量与烤后烟叶中氨基酸和可溶性蛋白含量呈显著正相关；烟叶中蛋白酶活性在烘烤初期较低，随着烘烤的进行酶活性逐渐升高，在 24 h 时达到第 1 个峰值，此后酶活性略有下降，但不久又重新上升并在 60 h 时达到第 2 个峰值；NO^{2-} 和 NO^{3-} 含量的变化规律相似，在鲜烟叶中含量较低，但在烘烤开始后含量逐渐增加，到变黄结束时达到最大值，随后含量略有下降，烤后含量均比鲜烟叶高；烟叶内的硝酸还原酶活

性在烘烤开始后不断上升，在 24 h 时达到最大值，随后酶活性快速下降直至失活。

二、特殊烟叶烘烤特性研究

不同类型特殊烟叶烘烤特性差异较大，以 2015—2016 年大理白族自治州出现的特殊烟叶类型为例，对不同类型特殊烟叶烘烤特性进行研究。

2015 年大理白族自治州弥渡县 5 月至 7 月中旬光照充足、干旱少雨、气温偏高，使得中、上部烟叶生长受到抑制，叶片较小，下部叶接受充足光照，有利于下部叶物质积累；7 月底以后光照不足、湿润多雨、气温偏低，使得中部叶返青明显，上部叶后发、寡日照，以及肥力发挥造成的长憨难落黄烟的发生，光照不足、物质积累欠充实。为此，应该对一些常见的特殊类型烟叶进行烘烤特性的判断，通过对王传义[13]的烟叶烘烤特性判断方法使用结果来看，其变黄判断标准使用于红花大金元品种的判断结果不准确，可能是品种因素引起的，因为红花大金元鲜烟叶绿素含量高，变黄速度较其他品种慢，但仍能反映出不同类型烟叶的易烤性。

下部叶相比上部叶通常干物质积累欠充实，耐烤性较差，易变褐，但在云南地区，下部叶成熟期光照充足，烟叶营养积累充实，上部叶成熟期间阴雨天气频繁，营养物质积累不充实，耐烤性反不如下部叶；再者上部叶变黄相比下部叶慢，故从一定角度上讲，云南地区下部叶要比上部叶好烤。

1. 暗箱试验

暗箱试验是在黑暗、不通风、温室环境下，观察烟叶变黄特征和变褐特征。暗箱试验变黄时间指在暗箱试验中烟叶变至全黄的时间。暗箱试验变黄指数：暗箱试验中每 24 h 测定一次烟叶颜色变化，记录烟叶变黄比例和褐变比例，累计测 9 次，取前 4 次变黄稳定期数值计算出变黄指数（YI）。$YI=\sum Y/n$，其中，n 为统计次数，Y 为各次的变黄比例。变黄时间越短或变黄指数越大，表示易烤性越好；变黄时间越长或变黄指数越小，表示易烤性越差。

暗箱试验变褐时间是指在暗箱试验中烟叶由全黄至叶片褐化 3 成的时间。暗箱试验变褐指数：暗箱试验中每 24 h 测定一次烟叶颜色变化，记录烟叶变黄比例和变褐比例，累计测 9 次，从开始变褐进行变褐比例统计，算出变褐指数（BI）。$BI = \sum B/n$，其中，n 为统计次数，B 为各次的变褐比例。变褐时间越长或变褐指数越小，表示耐烤性越好；变褐时间越短或变褐指数越大，表示耐烤性越差。

2. 不同特殊烟叶烘烤特性

根据暗箱试验烟叶烘烤特性判断方法，如表 5－1 所示，下部常规烟、下部寡日照烟、下部贪青晚熟烟这 3 种类型的烟叶变黄时间分别为 72 h、84 h、96 h，表明烟叶易烤性排序为：常规烟>寡日照烟>贪青晚熟烟。下部贪青晚熟烟开始变褐时间最短，为 132 h，下部常规烟和下部寡日照烟开始变褐时间基本相同，为 156 h，说明贪青晚熟烟耐烤性较差，常规烟和寡日照烟耐烤性较好。

表 5－1　不同素质难落黄下部叶暗箱试验

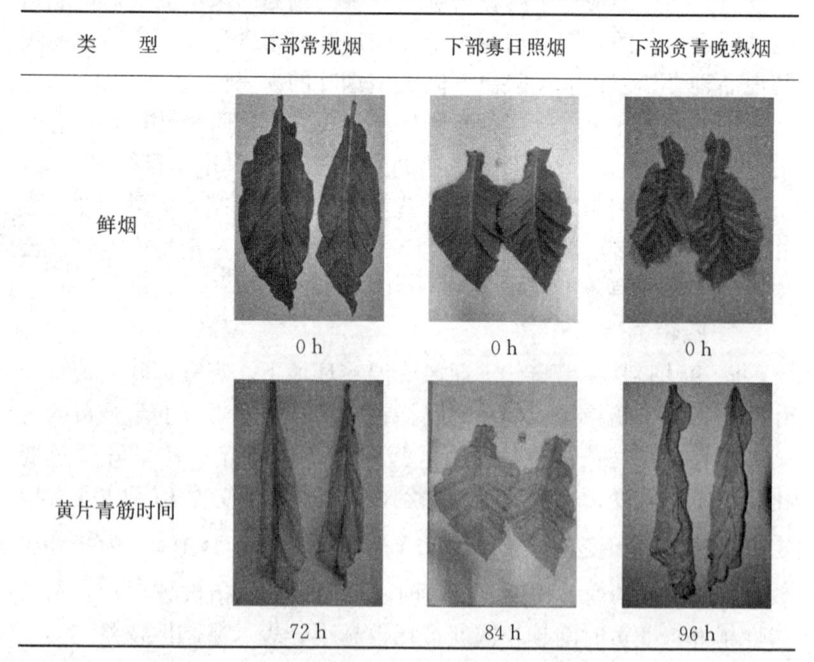

类　　型	下部常规烟	下部寡日照烟	下部贪青晚熟烟
鲜烟	0 h	0 h	0 h
黄片青筋时间	72 h	84 h	96 h

（续）

类　　型	下部常规烟	下部寡日照烟	下部贪青晚熟烟
开始变褐时间	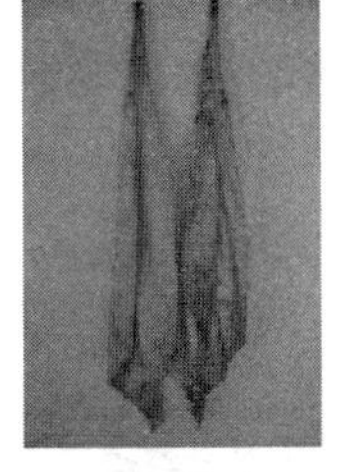 156 h	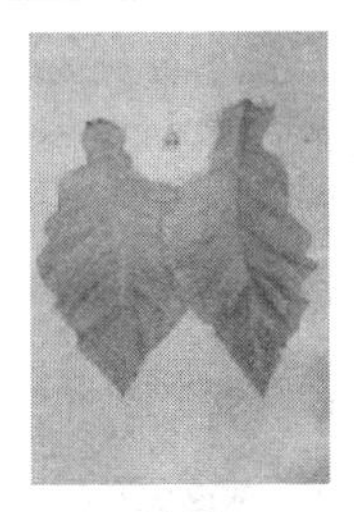 156 h	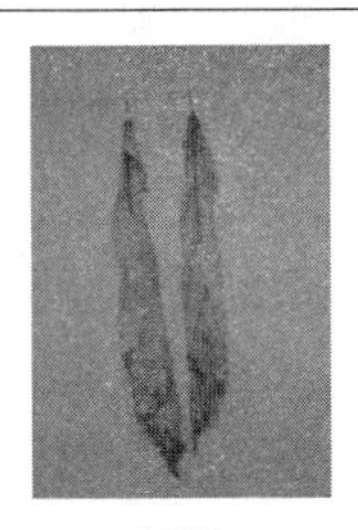 132 h

如表 5-2，不同素质难落黄中部叶的变黄时间均超过 72 h，开始变褐时间超过 120 h，表明这些烟叶易烤性较差，而耐烤性较好。通过对比 3 种类型烟叶达到黄片青筋的时间，可以看出易烤性高低

表 5-2　不同素质难落黄中部叶暗箱试验

类　　型	中部常规烟	中部寡日照烟	中部贪青晚熟烟
鲜烟	 0 h	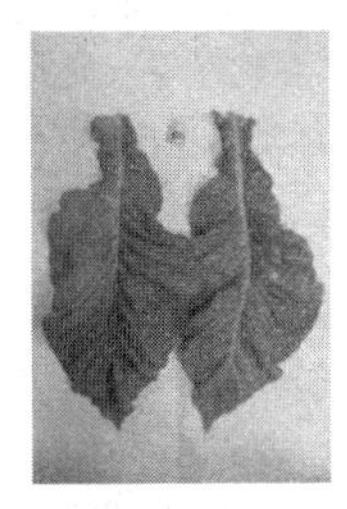 0 h	 0 h
黄片青筋时间	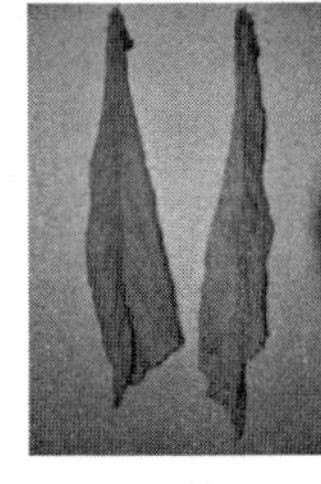 96 h	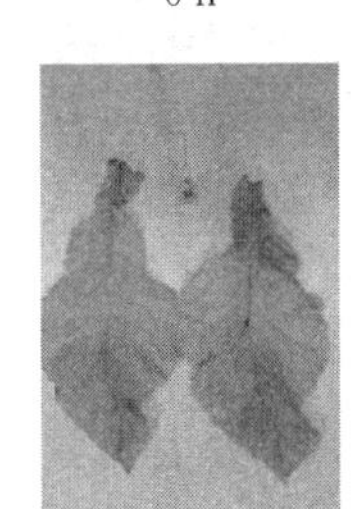 144 h	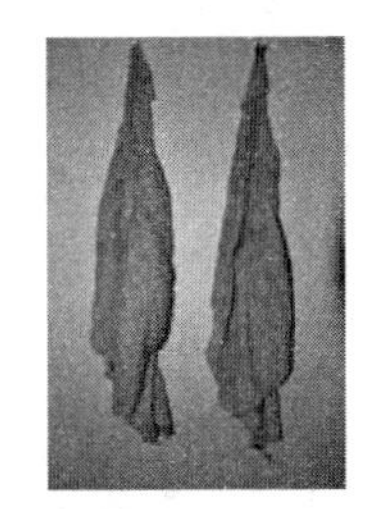 168 h

（续）

类　型	中部常规烟	中部寡日照烟	中部贪青晚熟烟
开始变褐时间	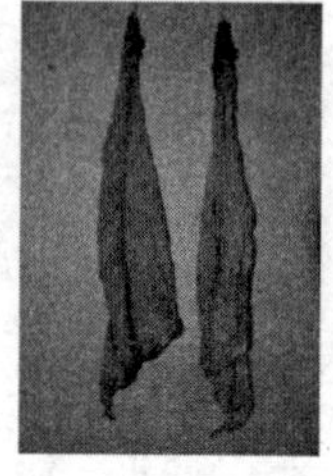 216 h	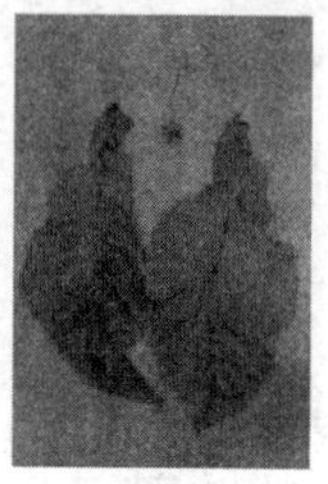 168 h	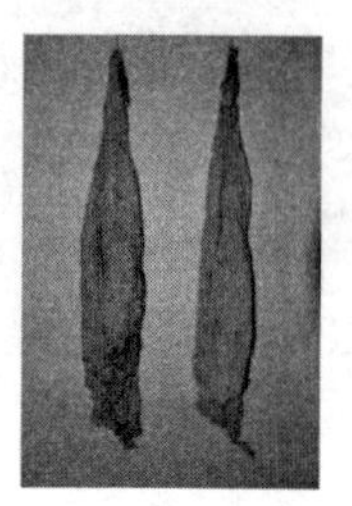 192 h

为常规烟>寡日照烟>贪青晚熟烟。贪青晚熟烟和寡日照烟变黄后24 h后就开始变黑，耐烤性较差。中部常规烟开始变褐时间为216 h，耐烤性较好。

如表5-3所示，上部常规烟、上部寡日照烟和上部贪青晚熟烟变黄时间均超过72 h，说明其易烤性较差，其中常规烟易烤性好于寡日照烟和贪青晚熟烟。贪青晚熟烟变黄后24 h开始变褐，说明其易烤性较差。常规烟和寡日照烟黄片青筋后60 h之后开始变褐，其耐烤性较好。

表5-3　不同素质难落黄上部叶暗箱试验

类　型	上部常规烟	上部寡日照烟	上部贪青晚熟烟
鲜烟	 0 h	 0 h	 0 h

（续）

类　型	上部常规烟	上部寡日照烟	上部贪青晚熟烟
黄片青筋时间	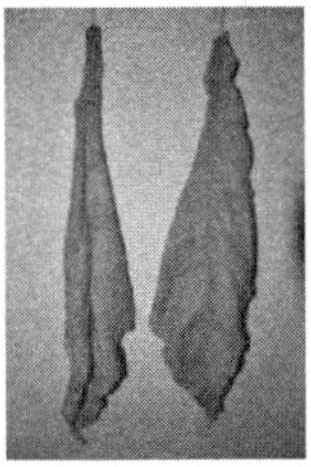 84 h	 96 h	 120 h
开始变褐时间	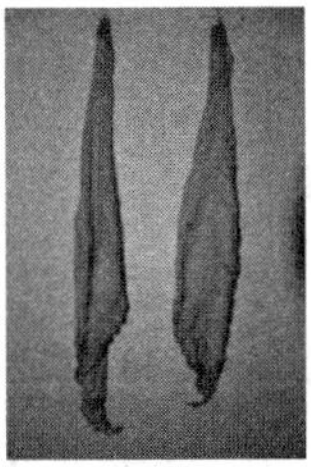 144 h	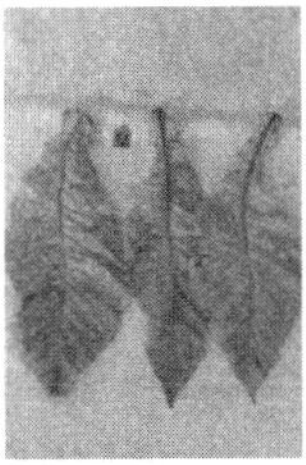 216 h	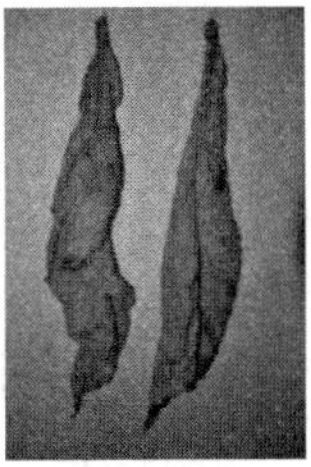 144 h

与其他烤烟品质相比，红花大金元烟叶叶绿素含量高，变黄速度慢，若根据暗箱试验判断其烘烤特性可能会存在一些差别，但仍能反映出不同类型烟叶的烘烤特性差异。

与常规烟叶相比，寡日照烟叶变黄较慢，基本在常规烟叶变黄后 12～24 h 达到黄片青筋状态；暗箱试验中还发现，寡日照中、下部叶烟叶比较宽圆且叶片较薄，内含物较少，烟叶变黄过程中伴随点状变褐情况，耐烤性较差，上部叶内含物较充实，黄片青筋后 120 h 后开始变褐，耐烤性最好。贪青晚熟烟下、中、上部位烟叶一般在常规烟叶变黄后 24 h、72 h、36 h 后达到黄片青筋，且变黄过程中就伴随着斑点状变褐，变黄后 24～36 h 开始大面积变褐，烘烤过程中不易定色，耐烤性较差。

下部叶与上部叶相比，通常干物质积累欠充实，耐烤性较差，易变褐。但 2016 年云南地区的阴雨天气较多，烟叶整体干物质积累较少，所以寡日照下部叶和贪青晚熟烟下部叶组织疏松，色素含量低，易烤性较中、上部叶好，且下部叶叶龄较长，干物质相对充实，耐烤性也优于中、上部叶，故寡日照烟和贪青晚熟烟下部叶较中、上部叶好烤。

三、烤烟品种与烘烤特性的关系

不同品种烤烟，其烘烤特性差异较大，以 2016 年云南地区主栽烤烟品种红花大金元、K326、KRK26、云烟 87 和云烟 116 为例，研究不同烤烟品种烟叶烘烤特性。

1. 不同品种烤烟下部叶

根据暗箱试验烟叶烘烤特性判断方法，如表 5－4 所示，红花大金元、K326、KRK26 下部叶变黄时间均超过 60 h，由变黄至变褐时间均超过 72 h，说明红花大金元、K326、KRK26 下部叶易烤性差，耐烤性好。云烟 87 和云烟 116 变黄时间相同，为 60 h，易烤性较好。从不同品种烤烟黄片青筋时间可以看出烟叶易烤性排序为：云烟 87＝云烟 116＞红花大金元＝K326＞KRK26。红花大金元、K326、KRK26、云烟 87、云烟 116 分别在黄片青筋后 72 h、108 h、96 h、120 h、144 h 开始变褐，因此烟叶耐烤性排序为：云烟116＞云烟 87＞K326＞KRK26＞红花大金元。综上所述，不同品种下部叶烘烤特性比较结果为：云烟 116＞云烟 87＞K326＞红花大金元＞KRK26。

表 5－4　不同品种下部叶暗箱试验

类型	红花大金元	K326	KRK26	云烟 87	云烟 116
鲜烟	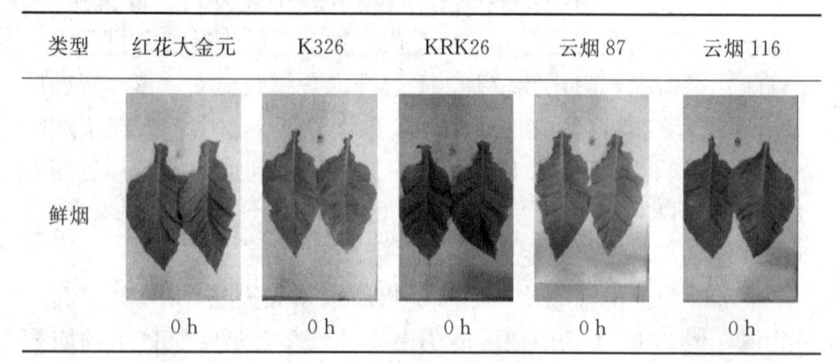				
	0 h	0 h	0 h	0 h	0 h

（续）

类型	红花大金元	K326	KRK26	云烟 87	云烟 116
黄片青筋时间	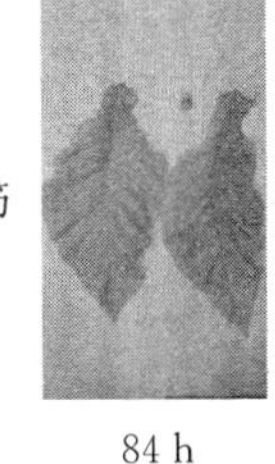 84 h	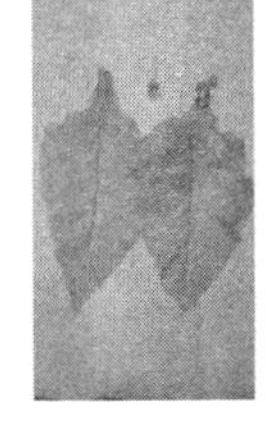 84 h	 96 h	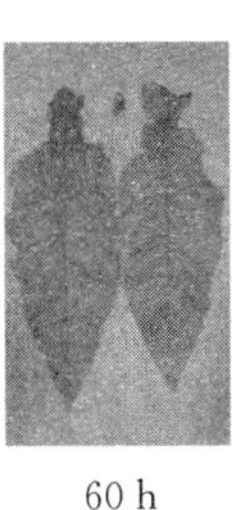 60 h	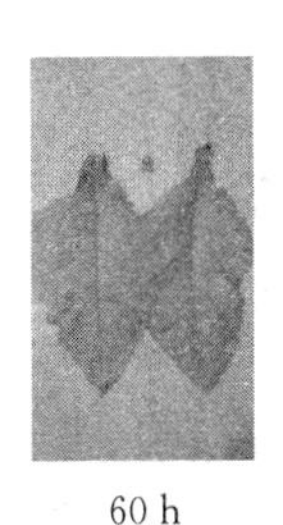 60 h
开始变褐时间	 156 h	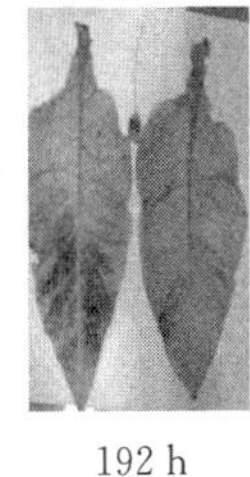 192 h	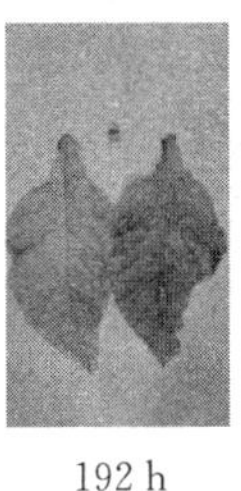 192 h	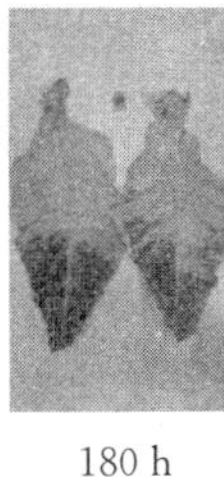 180 h	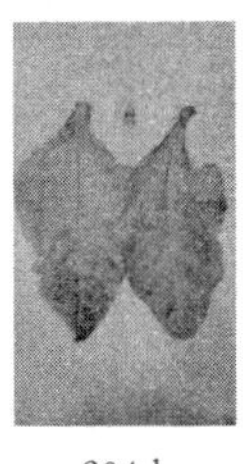 204 h

暗箱试验下部叶变黄变褐情况如图 5－1 所示。

2. 不同品种烤烟中部叶

如表 5－5 所示，5 个品种烤烟中部叶变黄时间均超过 72 h，变褐时间超过 120 h，所以其易烤性差，耐烤性好。从不同品种黄片青筋时间可以看出易烤性排序：云烟 87＞云烟 116＝K326＞KRK26＝红花大金元，从烟叶黄片青筋后与开始变褐时间间隔的长短可以看出不同品种中部叶耐烤性排序为：K326＝KRK26＞云烟87＝云烟 116＞红花大金元。综上所述，不同品种烤烟中部叶烘烤特性比较结果为：云烟 87＞K326＞云烟 116＞KRK26＞红花大金元。

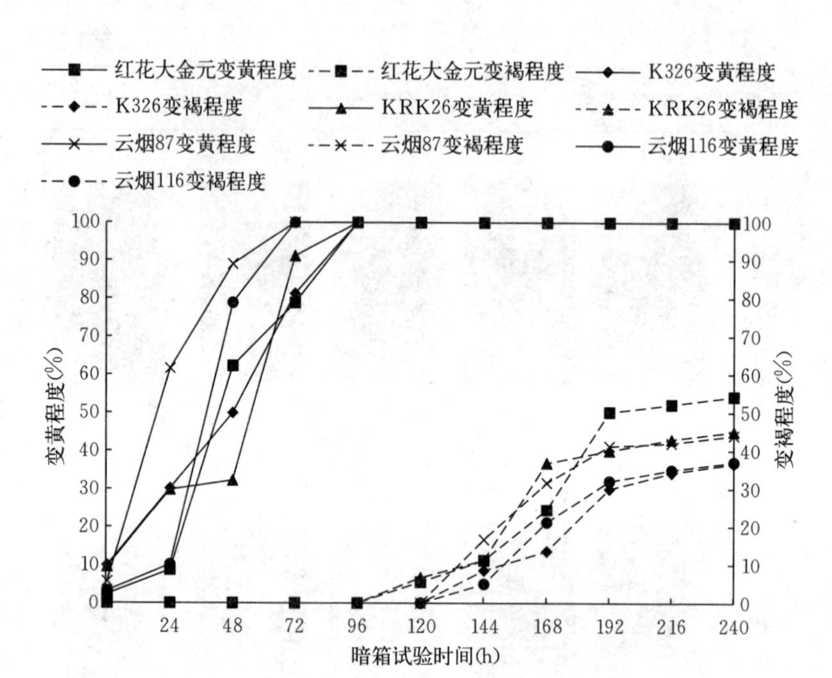

图 5-1　暗箱试验下部叶变黄、变褐情况

表 5-5　不同品种中部叶暗箱试验

类型	红花大金元	K326	KRK26	云烟 87	云烟 116
鲜烟	0 h	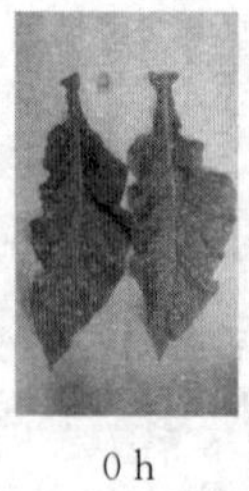 0 h	 0 h	 0 h	 0 h

（续）

类型	红花大金元	K326	KRK26	云烟 87	云烟 116
黄片青筋时间	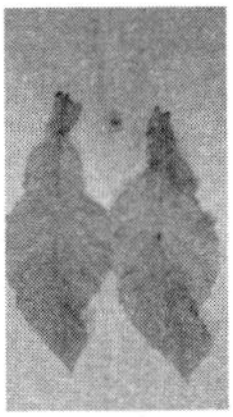 144 h	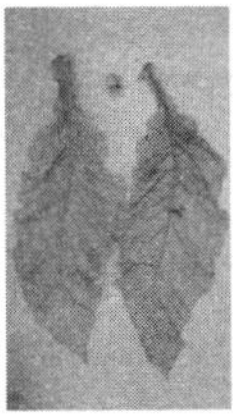 120 h	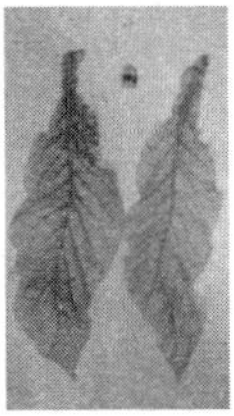 144 h	 96 h	 120 h
开始变褐时间	 168 h	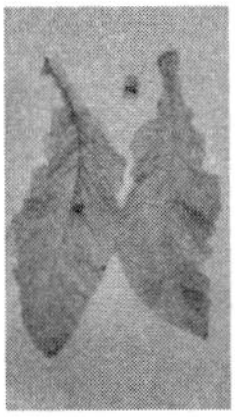 192 h	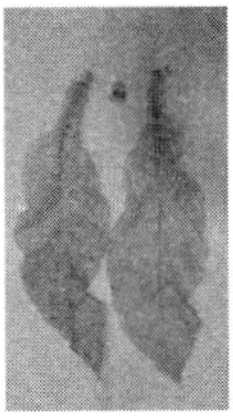 216 h	 144 h	 168 h

暗箱试验中部叶变黄、变褐情况见图 5－2。

3. 不同品种烤烟上部叶

如表 5－6 所示，不同品种烤烟上部叶中仅云烟 116 上部叶变黄时间为 72 h，而红花大金元、K326、KRK26 和云烟 87 变黄时间都超过 72 h，因此云烟 116 易烤性较好，其他品种烤烟易烤性较差。根据上部叶黄片青筋的时间可初步判定烟叶易烤性排序为：云烟116＞云烟 87＝红花大金元＞K326＞KRK26。从烟叶黄片青筋到开始变褐时间间隔大小可初步判定不同品种上部叶耐烤性排序为：红花大金元＞K326＝云烟 116＞KRK26＝云烟 87。综上所述，不同品种上部叶烘烤特性比较结果为：云烟 116＞红花大金元＞云烟 87＞K326＞KRK26。

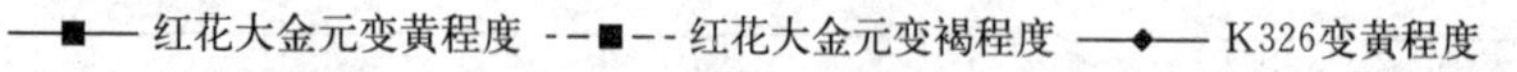

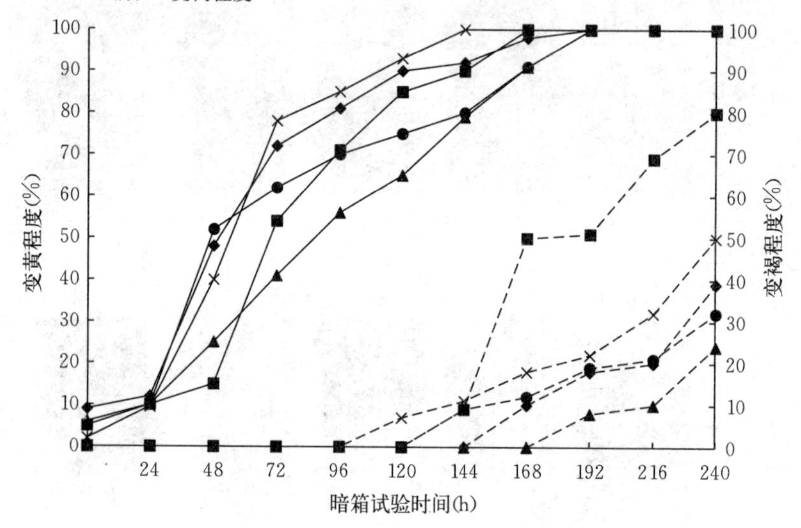

图 5-2 暗箱试验中部叶变黄、变褐情况

表 5-6 不同品种上部叶暗箱试验

类型	红花大金元	K326	KRK26	云烟 87	云烟 116
鲜烟	 0 h	0 h	 0 h	0 h	 0 h

（续）

类型	红花大金元	K326	KRK26	云烟 87	云烟 116
黄片青筋时间	96 h	120 h	144 h	96 h	72 h
开始变褐时间	216 h	168 h	168 h	120 h	120 h

暗箱试验上部叶变黄、变褐情况如图 5－3 所示。

根据暗箱试验对不同品种烘烤特性进行初判发现，红花大金元中、下部叶烘烤特性较差，难变黄，难定色，这可能和 2016 年云南大理多雨寡日照的气候条件有关，红花大金元上部叶易烤性较好，且变黄后可以保持较长时间不变褐，耐烤性好。K326 的烘烤特性在五个品种中处以中间水平，各个部位烟叶易烤性和耐烤性中等。KRK26 烘烤特性较差，特别是易烤性，三个部位烟叶均表现为难变黄，这与 KRK26 本身易变黄的烘烤特性不同，这可能与 KRK26 对多雨寡照气候敏感，在多雨寡日照气候下极易形成多雨寡日照烟叶有关。云烟 87 烘烤特性较好，特别是中、下部烟叶易变黄、易定色，上部叶易烤性较好，耐烤性略差。云烟 116 是新品种，在 2016 年多雨寡日照气候下烘烤特性表现最佳，特别是下部叶和上部叶，易烤性和耐烤性均表现良好，中部叶烘烤特性略差。

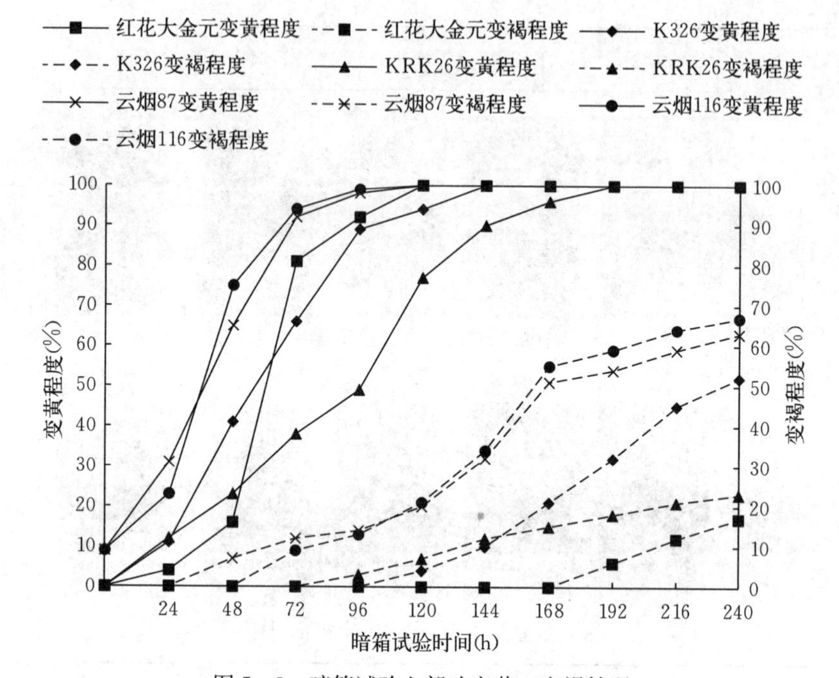

图 5-3　暗箱试验上部叶变黄、变褐情况

综上所述，通过暗箱试验进行烘烤特性初判，在 2016 年烟叶大田生育期多雨寡照的气候条件下，云烟 116 烘烤特性最好，云烟 87 其次，K326 中等，红花大金元不适应多雨寡照天气，烘烤特性较差，KRK26 对多雨寡照天气最敏感，烘烤特性最差。

四、烟叶烘烤特性的判断

从田间采收具有一定素质的鲜烟叶能否烤好，即能否充分发挥鲜烟叶的质量潜势，首先需要对鲜烟叶素质和烘烤特性进行正确的分析和判断。

1. 影响烟叶烘烤特性的因素

(1) 遗传因素　与烟草其他生物学性状一样，烟叶的易烤性和耐烤性也与遗传因素密切相关，有的品种易烤，有的品种不易烤。

目前生产中推广的少叶型品种，一般变黄都相对较慢，耐烤性普遍提高。有研究表明，易烤性好的烟叶叶黄素和类胡萝卜素含量较高，易烤性差的叶绿素含量较高，这在不同品种叶绿素分解速度的研究中得到证实。耐烤性好的烟叶，多酚氧化酶活性较低；耐烤性差的烟叶，多酚氧化酶活性较高。

（2）土肥因素　大多数作物的种植都离不开土壤，土壤肥力在作物种植过程中非常重要，是烟叶生长发育的物质基础。“少时富，老来贫，烟叶长成肥退劲”是烟叶生长过程中土壤肥力变化的基本规律，适宜的土壤、合理的施肥是优质烟叶成熟和烘烤的基础。

（3）气候因素　气候条件很大程度上影响烟叶的生长发育、营养积累，对烟叶烘烤特性有较大的影响。不同气候条件下，所形成的烟叶烘烤特性差异较大，如多雨寡日照条件下形成的烟叶，下部叶一般开片良好，但干物质少，身份薄，易形成“嫩黄烟”，烘烤时变黄快，变黑也快；上部叶含水较多，内含物不充实，烘烤时变黄较慢，定色较难，既易烤青，也易挂灰。烟叶生长前期干旱，后期多雨条件下形成的后发烟，烟叶干物质积累较多，身份较厚，叶片组织结构紧实，含氮化合物较多，烘烤时变黄慢，难定色。

（4）部位　不同部位烟叶生理特性不同，其烘烤特性也有较大的差别。下部叶营养条件和受光条件均较差，叶片薄，结构疏松，干物质较少，含水量高，尤其是自由水含量，烟叶生理代谢旺盛，烘烤时变黄快、易脱水、不易定色。中部叶营养条件和受光条件均较好，叶片厚薄适中，干物质积累充实，含水量适宜，叶片结构比较疏松，烟叶烘烤特性好。上部叶通风条件最好，但易遭受高温、强光危害，叶片偏厚、色深、组织结构紧密、化学成分不协调，烘烤时变黄慢、定色困难、易挂灰，烟叶烘烤特性较差。

（5）采收成熟度　随着烟叶的成熟，叶片内化学成分发生了较大的变化。未熟烟叶和欠熟烟叶叶绿素含量高，烟叶内物质水解活动较弱，变黄难，脱水慢，不易烤，也不耐烤；过熟烟叶叶绿素含量低，叶内有机物质水解已经很剧烈，烟叶变黄快，脱水快，易烤性好，耐烤性差，稍有不慎就难以定色；适熟烟叶衰老程度适中，易烤性和耐烤性都较理想，比较好烤。

2. 烟叶烘烤特性的判断

（1）田间判断 田间判断是建立在品种基础上的一种有目的的评估活动。首先要看品种，任何一个烟草品种都有自己的典型特征和基本特性；其次是看烟田整体长势长相，看该品种长势长相与其典型表现是否吻合，是否符合优质烟要求。打顶前后是判断烟株长相的最好时机，要重点考察整株叶色和上部叶扩展程度，凡是叶色偏深、上部叶较长的，应迟打顶多留叶，采取措施通过改善碳素代谢提高烟叶素质和烘烤特性；对于叶色偏淡、上部叶偏短的烟田应早打顶、少留叶，并及时追施少量氮肥（酌情搭配磷、钾等元素），使烟叶充分发育，改善其烘烤特性。

在烟叶进入成熟期以后，凡是正常落黄的，一般烘烤特性较好，但落黄过快的将意味着易烤和不耐烤；延迟落黄、成熟较慢的，意味着耐烤性好但不易烤；迟迟难以落黄而且点片状先黄的，肯定不易烤也不耐烤，“黑暴烟”就是其典型代表。另外，成熟较慢、适熟期较长的烟叶耐烤性较好；适熟期较短、成熟较快的烟叶则易烤性较好。

（2）鲜烟诊断 含水量是反映烟叶烘烤特性的重要指标。一般含水量大的烟叶易于变黄，变黄阶段脱水量不足时就会影响定色。含水量少的烟叶，变黄阶段往往因水源不足难以变黄，但变黄问题解决以后，一般较易定色。讨论烟叶含水量对烟叶烘烤特性的影响，常用“鲜干比值”这一概念。鲜干比值是指鲜烟重量与烤后干烟重量（干烟含水量为15%左右）的比值，它综合反映烟叶水分能够满足内含物调制的需要程度。

不同地区或不同气候条件下，烟叶鲜干比值差异很大。营养和生长发育良好、能够正常成熟的烟叶，鲜干比值多在5.5～8.0，烘烤特性较好。烟叶鲜干比值明显小于5.5时，烘烤时难以变黄，有时还出现挂灰现象；当烟叶鲜干比值在9.0以上时，定色难度增加。对于水分大的烟叶采取“先拿水、后拿色”，对水分小的烟叶采取“先拿色、后拿水”，这是烘烤这两类烟叶的有效措施。

事实上，根据鲜烟叶质地判断烘烤特性很有价值，因为它是烟叶水分、叶片结构，甚至烟叶化学组成的综合反映，凡是田间表现质地柔软、弹性好、不易破碎的鲜烟叶都比较易烘烤，烤后质量好，相反则烤后质量差。

在烟叶烘烤过程中，只有根据烟叶的烘烤特性把握好烟叶的大田管理和成熟采收，才能烘烤出质量好的烟叶。

第二节　特殊烟叶采后生理生化变化及经济性状分析

烟草生产对自然条件依赖性较大，在非正常气候条件下，虽然栽培管理水平很高，也会产生特殊素质烟叶。近年来，烤烟生长季节自然灾害频发，特殊素质烟叶时有发生，且种类繁多，难以烘烤，这在很大程度上影响了烟农的烘烤信心和实际烘烤质量，严重制约着烟叶生产的经济效益。

不同类型特殊烟叶烘烤过程中生理生化变化不同，以常规烟叶为对照，比较分析了返青、后发、多肥3种特殊素质烟叶烘烤过程中烟叶呼吸强度、水分、色素含量、淀粉含量和硬度的变化规律，并对烤后烟叶的主要化学成分和经济性状进行检测和统计，进一步明确特殊素质烟叶生理生化特性，旨在阐明不同素质烟叶烘烤过程中生理及质地变化，为制订与其相配套的密集烘烤工艺提供一定的理论依据和技术依据。

本节以下部分讨论对象为红花大金元返青烟、后发烟和多肥烟，特殊烟叶是在温湿大棚内通过控制烟叶大田生长期灌水、光照和施肥等措施促使形成返青、后发、多肥3种特殊素质烟叶，并以常规烟叶为对照。烟苗于3月29日移栽，6月3日统一打顶，有效留叶数18片，移栽株行距为0.6 m×1.2 m，沙质土壤，肥力中等。田间栽培管理措施分别为：①常规烟叶，生育期管理按照优质烤烟生产技术规范进行灌水和施肥；②返青烟叶，中部叶采收前10 d用质量分数0.2%的硝酸铵溶液500 mL/株进行灌根处理，并进行遮阴，其余同常规烟叶；③后发烟叶，烟株还苗后进行控水处理，在保证烟株存活的情况下尽可能减少灌水量，现蕾后进行正常灌水和遮阴，其余同常规烟叶；④多肥烟叶，施氮量为常规烟叶的1.5倍，磷、钾肥施用量相同，其余同常规烟叶。各个处理60株。在常规烟叶中部叶成熟时，分别采收9～11叶位成熟特点明显的常规烟叶、返青烟叶、后发烟叶和多肥烟叶为试验材料。

一、烟叶烘烤特性研究

烟叶烘烤特性对制定烘烤工艺和进行烘烤操作至关重要，烘烤过程中对鲜烟素质和特性的正确分析判断是烘烤工艺制定的基础。由表5-7可知，常规烟叶、返青烟叶开始变黄时间相同，后发烟叶变黄时间最短，多肥烟叶变黄时间最长；不同类型特殊烟叶开始变褐时间差异显著，其中以常规烟叶开始变褐时间最长，与返青烟叶、后发烟叶、多肥烟叶处理相比分别增加12 h、36 h、24 h；不同处理变黄时间以多肥烟叶时间最长，分别长于常规烟叶、返青烟叶、后发烟叶处理24 h、12 h、60 h，且处理间均呈显著差异；处理间变褐时间均呈显著差异，以常规烟叶变褐时间最长，与返青烟叶、后发烟叶、多肥烟叶处理相比分别增加24 h、60 h、36 h。

表5-7 不同素质烟叶烘烤特性

项　目	开始变黄时间（h）	开始变褐时间（h）	变黄时间（h）	变褐时间（h）	变黄指数（%）	变褐指数（%）
常规烟叶	36 b	240 a	144 c	132 a	7.15 b	11.05 c
返青烟叶	36 b	228 b	156 b	108 b	6.84 b	11.36 c
后发烟叶	24 c	204 d	108 d	72 d	11.65 a	13.84 b
多肥烟叶	48 a	216 c	168 a	96 c	5.65 c	18.65 a

二、特殊烟叶烘烤过程中生理生化变化

1. 特殊烟叶含水率变化

失水干燥是烟叶烘烤的最终目的之一，水分含量直接影响烟叶

的内部理化特性，烟叶失水速度的快慢决定了烟叶能否正常变黄和顺利定色。如图5-4所示，烟叶主脉含水率和叶片含水率均呈下降趋势；鲜烟叶中，不同素质烟叶主脉含水率差异不明显，叶片含水率差异较大，常规烟叶、返青烟叶、后发烟叶和多肥烟叶叶片含水率依次为68.73%、71.35%、65.78%和65.87%；烟叶主脉在48℃末以前失水速度较慢，48℃末以后失水迅速，不同素质烟叶叶片失水速度差异较大，返青烟叶43℃末以前叶片含水率始终保持较高水平，43℃末仅较鲜烟叶失水8.55%，而其余三种素质烟叶叶片43℃末较鲜烟叶分别失水23.57%、27.74%和28.68%，43℃末以后烟叶叶片失水速度加快。

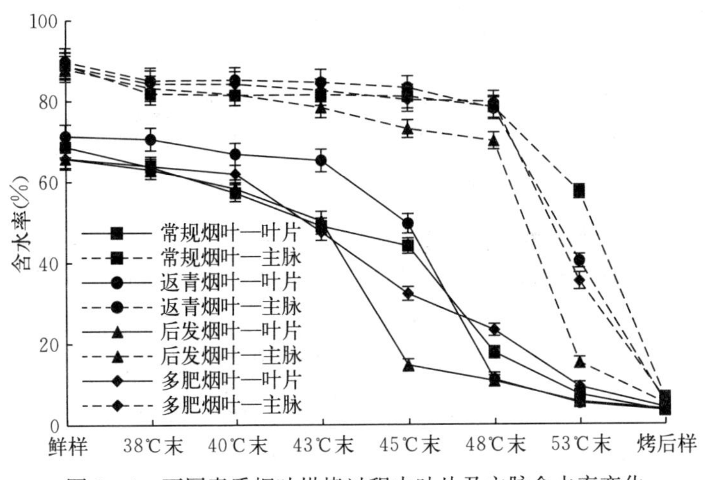

图5-4　不同素质烟叶烘烤过程中叶片及主脉含水率变化

2. 特殊烟叶呼吸强度变化

呼吸作用是烟叶烘烤过程中的关键控制环节，呼吸作用的强弱直接影响烟叶的理化性质，并最终影响原烟的品质。根据图5-5可以看出，不同素质烟叶烘烤过程中呼吸强度变化规律一致，基本呈先升高后下降趋势；鲜烟叶呼吸强度高低排序依次为：后发烟叶>常规烟叶>返青烟叶>多肥烟叶，变黄中期（40℃末）烟叶呼吸强度达到最高，依次表现为：后发烟叶>返青烟叶>常规烟叶>多肥烟叶；后发烟叶和常规烟叶 45 ℃末呼吸强度较 43 ℃末分别下降 89.37%、72.73%，而返青烟叶和多肥烟叶仅分别下降 12.47%、10.00%。

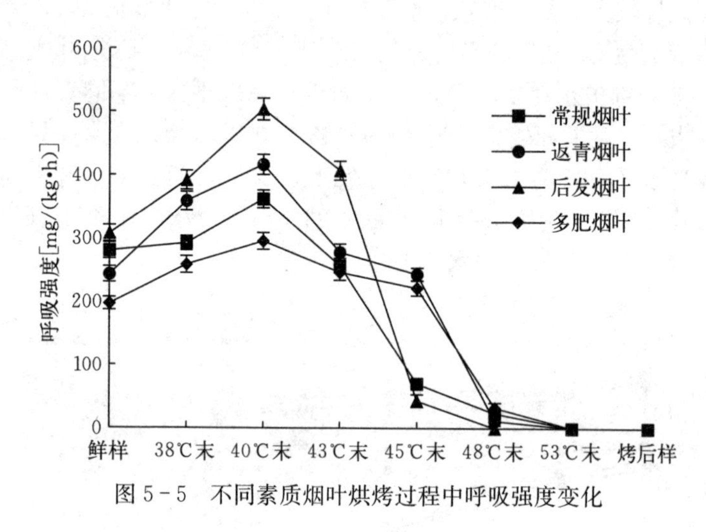

图 5-5　不同素质烟叶烘烤过程中呼吸强度变化

3. 特殊烟叶色素含量变化

质体色素对调制后烟叶叶色起决定性作用，并对烤后烟叶香气物质的形成和品质的提高具有重要贡献。不同素质烟叶烘烤过程中叶绿素含量、类胡萝卜素含量和类叶比变化分别如图 5-6、图 5-7 所示，从整个烘烤过程来看，烟叶叶绿素和类胡萝卜素含量呈下降趋势，其中烟叶叶绿素含量下降迅速且下降量大，而类胡萝卜素含量下降缓慢且下降量小，因此类叶比呈逐渐升高趋势；不同素质烟叶的鲜烟叶质体色素含量差异较大，叶绿素含量和类胡萝卜素含量均表现为：多肥烟叶>返青烟叶>后发烟叶>常规烟叶，类叶比变化正好与色素含量变化相反，类叶比表现为：常规烟叶>后发烟叶>返青烟叶>多肥烟叶；常规烟叶、返青烟叶、后发烟叶和多肥烟叶 38 ℃末时叶绿素含量分别已降解鲜烟叶的 80.68%、79.07%、79.13%、82.66%，而类胡萝卜素降解缓慢，烤后烟叶较鲜烟叶仅分别降解 31.18%、32.32%、32.42%、56.94%。

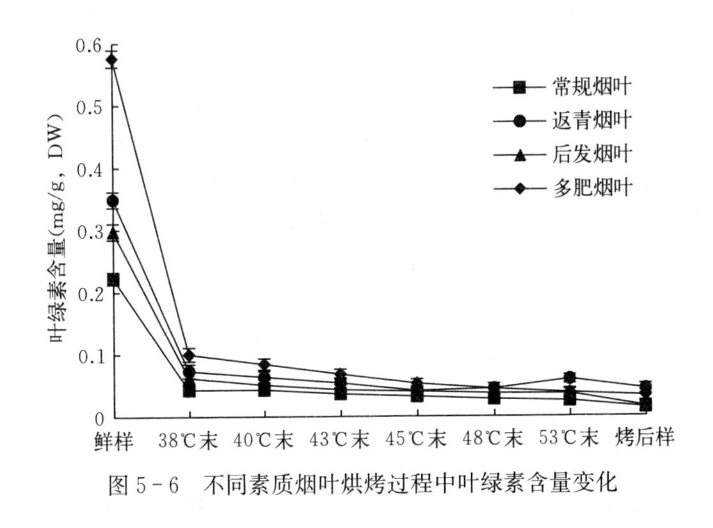

图 5-6　不同素质烟叶烘烤过程中叶绿素含量变化

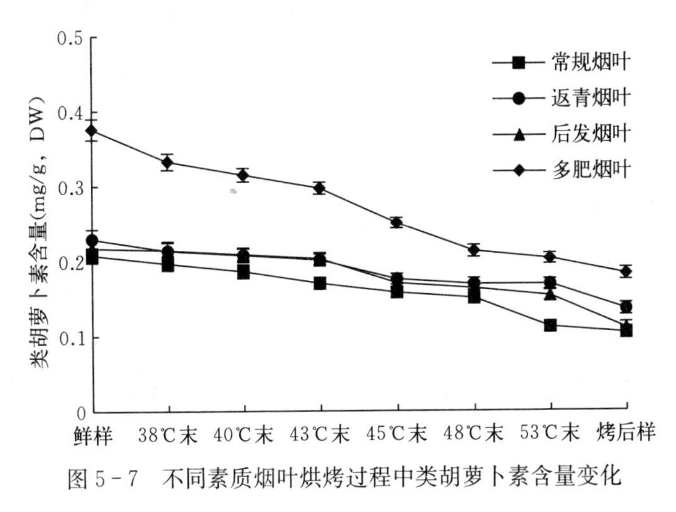

图 5-7　不同素质烟叶烘烤过程中类胡萝卜素含量变化

4. 特殊烟叶淀粉含量变化

淀粉在鲜烟叶中既可作为主要营养物质积累，又可在需要能量时部分水解为葡萄糖供机体利用。烘烤过程中烟叶淀粉含量变化如图 5-8 所示，从整个烘烤过程看，烟叶淀粉含量呈逐渐下降趋势，其中变黄期（43 ℃末以前）和干筋期（48 ℃末以后）淀粉降解速率较快，定色期（43 ℃末至 48 ℃末）烟叶淀粉含量较稳定；常规烟叶、返青烟叶、后发烟叶和多肥烟叶鲜烟叶淀粉含量分别为 29.12％、28.29％、23.66％、26.51％；常规烟叶鲜烟叶淀粉含量充足，43 ℃末以前淀粉降解迅速，43 ℃末时较鲜烟叶降解 71.90％；返青烟叶 40 ℃末以前淀粉降解迅速，43 ℃末较鲜烟叶降解 62.67％；后发烟叶淀粉积累较少，38 ℃末烟叶淀粉已降低至较低水平，43 ℃末较鲜烟叶降解 68.60％；多肥烟叶烘烤过程中淀粉含量持续下降；常规烟叶、返青烟叶、后发烟叶和多肥烟叶烤后烟叶淀粉含量较鲜烟叶分别降解 82.28％、78.68％、82.44％、91.77％。

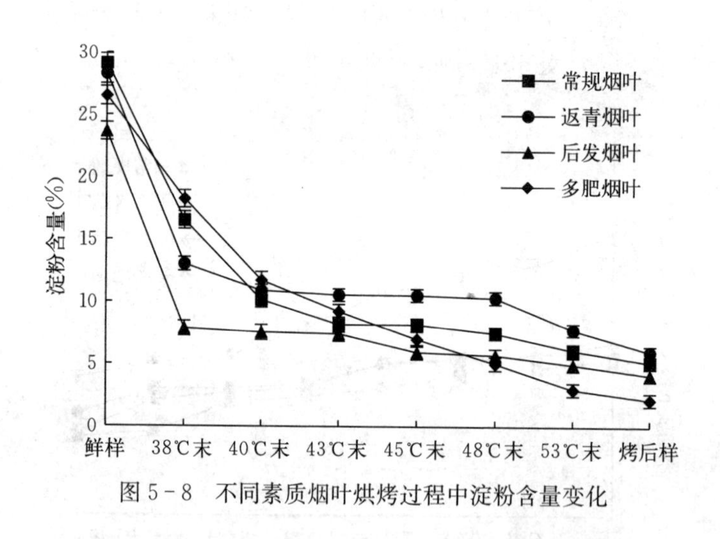

图 5－8　不同素质烟叶烘烤过程中淀粉含量变化

三、特殊烟叶硬度变化

硬度可以反映烟叶主脉和叶片的坚实程度，是样品达到一定形变时所必需的作用力。如图 5－9 所示，烘烤过程中烟叶主脉硬度基本呈先降低后快速升高的变化趋势，不同素质鲜烟叶叶片硬度差异较大，多肥烟叶＞后发烟叶＞返青烟叶＞常规烟叶；多肥烟叶和后发烟叶鲜烟叶硬度差异不显著，但多肥烟叶 38～40 ℃叶片硬度

下降较后发烟叶迅速，40 ℃末多肥烟叶和后发烟叶叶片分别较38 ℃末下降 30.20%、9.99%；返青烟叶叶片变黄期（43 ℃末以前）硬度变化幅度较小，43 ℃末以后叶片硬度开始大幅度下降；与其他素质烟叶叶片硬度变化规律不同，烘烤过程中常规烟叶叶片硬度变化先上升，后下降，再上升。主脉硬度明显高于叶片硬度，多肥烟叶鲜烟主脉硬度最大；后发烟叶和返青烟叶鲜烟主脉硬度差异不大，但烘烤过程中返青烟叶主脉硬度下降较快；45 ℃末之前常规烟叶主脉硬度变化趋势和叶片一致，38 ℃末主脉硬度有一定程度增加，随后呈逐渐下降趋势。

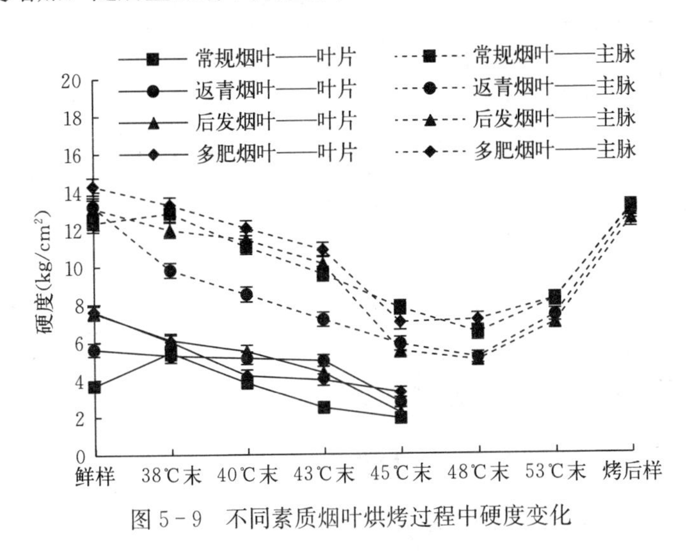

图 5-9 不同素质烟叶烘烤过程中硬度变化

四、特殊烟叶烤后化学成分分析

从表 5-8 不同素质烟叶烤后原烟的主要成分含量可以看出，淀粉含量高低排序依次为：返青烟叶>常规烟叶>后发烟叶>多肥烟叶，且差异达极显著水平；总糖含量高低排序依次为：返青烟叶>常规烟叶>后发烟叶>多肥烟叶，还原糖含量高低排序依次为：常规烟叶>后发烟叶>返青烟叶>多肥烟叶，其中常规烟叶、返青烟叶和后发烟叶总糖和还原糖含量差异不显著，但均极显著高于多肥烟叶；后发烟叶和多肥烟叶烤后原烟烟碱含量和总氮含量较高，但二者差异不显著，返青烟叶烟碱含量和总氮含量处于中等水平，与其他素质烟叶差异均不显著，常规烟叶烟碱含量和总氮含量最低；常规烟叶糖碱比极显著高于其他素质烟叶，返青烟叶和后发烟叶糖碱比差异不显著，但均极显著高于多肥烟叶；常规烟叶氮碱比显著高于其他素质烟叶。从烟叶化学成分的协调性综合考虑，常规烟叶烤后原烟化学成分最协调，返青烟叶和后发烟叶较协调，多肥烟叶协调性最差。

表 5－8　不同素质烟叶烤后成分分析

项　目	淀粉含量（%）	总糖含量（%）	还原糖含量（%）	烟碱含量（%）	总氮含量（%）	糖碱比	氮碱比
常规烟叶	5.16bB	36.46aA	24.56aA	1.51bA	1.14bA	16.27aA	0.76aA
返青烟叶	6.03aA	37.49aA	22.12aA	1.78abA	1.18abA	12.46bB	0.66bB
后发烟叶	4.15cC	34.89aA	24.53aA	2.22aA	1.49aA	11.06bB	0.67bB
多肥烟叶	2.18 dD	16.25bB	11.24bB	2.22aA	1.51aA	5.07cC	0.68bAB

注：同列小写字母表示在5%水平上的显著性，大写字母表示在1%水平上的显著性，字母相同差异不显著，字母不同则差异显著。下同。

五、特殊烟叶经济性状分析

不同素质烟叶烤后经济性状差异较大（表 5－9），不同素质烟叶烤后原烟经济性状以常规烟叶最好，其上中等烟比例高达 90.71%，青烟和杂色烟比例仅分别占 1.22%、4.12%，均价和产值极显著高于其他素质烟叶；返青烟叶和后发烟叶经济性状较好，其中返青烟叶杂色烟比例较高，后发烟叶青烟比例较高，其上中等烟比例、产量和均价差异不显著，返青烟叶产值显著高于后发烟叶；多肥烟叶经济性状最差，上中等烟比例低，青烟和杂色烟叶比例分别高达 8.31%、18.37%，均价和产值较低。

表 5-9　不同素质烟叶烤后经济性状比较

项　目	产值（元/hm²）	产量（kg/hm²）	均价（元/kg）	上中等烟比例（%）	青烟比例（%）	杂色烟比例（%）
常规烟叶	70 127.31 aA	2 281.30 bA	30.74 aA	90.71 aA	1.22 cC	4.12 dD
返青烟叶	65 005.47 bB	2 307.61 bA	28.17 bA	78.25 bB	3.09 bB	9.28 bB
后发烟叶	63 155.45 cB	2 259.59 bA	27.95 bA	76.25 bB	8.25 aA	7.57 cC
多肥烟叶	58 332.78 dC	2 497.12 aA	23.36 cB	63.03 cC	8.31 aA	18.37 aA

六、特殊烟叶烘烤特性比较

不同类型特殊烟叶烘烤特性不同，通过测定烘烤过程中烟叶主脉和叶片的含水率变化，发现不同素质鲜烟叶主脉含水率差距不大，返青烟叶鲜烟叶叶片含水率较高，烘烤过程中脱水困难；与常规烟叶相比，后发烟叶鲜烟叶含水量略低，但主脉和叶片较易失水；李长江[14]研究发现黑暴烟水分含量大，本节研究中多肥烟叶鲜烟叶含水量低，这可能是因为本试验所采烟叶为老黑暴烟，烟叶水分含量低，嫩黑暴烟则水分含量高。

鲜烟叶中，后发烟叶呼吸强度最高，这可能与后发烟叶依然处于旺盛生长期有关，此时后发烟叶还没有进入衰老成熟期，线粒体内膜较完整，呼吸代谢旺盛；多肥烟叶呼吸强度较低，这可能是多肥烟叶表皮细胞皮革化、木质化严重引起的。后发烟叶和常规烟叶变黄期呼吸强度较高，生理代谢旺盛，有利于烟叶色素降解和内在化学成分的分解转化，43 ℃末以后呼吸强度直线下降，生理代谢迅速降低至较低水平，有利于定色；返青烟叶变黄期呼吸强度较高，但定色期呼吸代谢仍然旺盛，不利于烟叶及时定色；多肥烟叶呼吸强度变黄期较弱，且定色期不能及时降低至较低水平，导致烟叶变黄慢、定色难。通过对比分析发现，烟叶水分含量变化与呼吸强度变化基本一致，说明水分动态控制烟叶生理变化。

返青烟和多肥烟叶鲜烟质体色素含量高，类叶比低，易烤青；返青烟叶鲜烟淀粉含量较高，但烘烤过程中降解转化不充分，烤后烟叶淀粉含量依然较高；多肥烟叶和后发烟叶鲜烟淀粉含量较低，营养物质不充足，易烤黑、烤糟。

常规烟叶主脉和叶片硬度均呈现先下降后升高的趋势，这与宋朝鹏等[15]的研究结果相吻合。特殊素质烟叶鲜烟叶主脉和叶片硬度较大，烘烤过程中 48 ℃之前呈持续下降趋势，其中返青烟叶叶片硬度下降迟缓，主脉硬度下降迅速，这可能与主脉水分向叶片迁移有关，也可能是由于返青烟叶细胞壁物质降解迟缓。后发烟叶鲜烟和变黄期叶片硬度较大，45 ℃时硬度较小，这表明烟叶组织结构破坏严重，叶片致密程度较低。

云南是典型的清香型烟叶产区，烟叶总糖含量和钾含量较高，化学成分协调，且两糖比相对较高。多肥烟叶虽然产量显著高于其他素质烟叶，但其烤后烟叶化学成分协调性差，青烟、杂色烟比例高，均价较低，产值最差；返青烟叶杂色烟比例高，后发烟叶青烟和杂色烟比例均较高，产值均极显著低于常规烟叶。

与常规烟叶相比，返青烟叶水分含量高，叶片和主脉硬度下降迟缓，叶片失水凋萎困难，定色期呼吸代谢仍然旺盛，较难定色，易烤黑、烤糟；后发烟叶水分含量低，变黄期呼吸代谢旺盛，有利于色素和化学成分的充分降解转化，但叶片和主脉失水较快，烟叶组织结构破坏严重，烟叶硬度下降快，易烤青烤黑；多肥烟叶色素含量高，营养物质积累不充实，水分含量低，烘烤过程中烟叶呼吸强度始终处于较低水平，烤后烟叶化学成分协调性差，烟叶经济效益较低。

第三节　特殊烟叶烘烤过程中颜色值与含氮化合物关系

生态、栽培、品种特性等综合因素造成的烟叶内在营养素质不同，在烘烤环节其对烟叶品质的影响会进一步扩大，特殊素质烟叶的烘烤单纯地以传统“黄、鲜、净”为标准则会造成大分子营养物质转化不充分，加剧烤后烟叶化学成分不协调，从而降低烟叶品

质。烟叶叶面颜色是烟叶内在色素含量的最直观表现，特殊素质烟叶由于内在物质含量，特别是色素含量的变化，使其表现出嫩黄、浓绿等特殊外在表现。在烘烤过程中运用正常烟叶的判定标准已无法准确判断烘烤关键转火点，因此建立一套直观的特殊素质烟叶烘烤判定办法尤为重要。烟草含氮化合物涉及产量、经济效益、烟叶品质等多方面，研究特殊烟叶含氮化合物营养消耗规律，为不同素质烟叶实现营养烘烤、协调营养比例、提高烟叶品质提供理论支撑，为特殊素质烟叶烘烤提供精准的判断依据。

本节以下部分研究对象为 2015 年湖南省桂阳县不同素质烟叶，烤烟品种 K326，不同素质类型烟叶如表 5－10 所示。

表 5－10　不同素质烟叶基本信息

项　　目	叶　　位	采收时期	采收部位
嫩黄烟	5～6	2015 年 6 月 14 日	下部
返青烟	10～11	2015 年 6 月 25 日	中部
高温逼熟烟	14～16	2015 年 7 月 5 日	上部
贪青晚熟烟	14～16	2015 年 7 月 15 日	上部

一、烘烤过程中颜色值变化

SPAD 值及测色色差计 L^*、a^*、b^* 均可从不同色度值反映出烘烤过程中烟叶的颜色变化。SPAD 数值可反映样品的绿色程度，数值越大，绿色越浓。由图 5－10a 可知，不同素质烟叶鲜烟的 SPAD 值以贪青晚熟烟最高，返青烟与高温逼熟烟相差不明显，而嫩黄烟的 SPAD 值最低。在整个烘烤过程中，不同素质烟叶的 SPAD 值均呈下降趋势，其中返青烟和高温逼熟烟的 SPAD 值在 30～38 ℃条件下降幅度最大，分别下降了 25.30 和 25.04，38～42 ℃条件下降缓慢，烘烤至 42 ℃时降至最低；贪青晚熟烟和嫩黄烟在 30～38 ℃条件下的下降幅度也是最大的，分别下降 17.56 和 12.67，38～42 ℃持续下降，在 48 ℃时降至最低。此外，返青烟和高温逼熟烟 SPAD 值在整个烘烤过程中变化基本同步，二者间差异不显著，但在 30～38 ℃时与其他两种素质烟叶 SPAD 值间差异极显著。

由图 5－10b 可知，烘烤过程中不同素质烟叶 L^* 在变黄期（30～38 ℃）均呈现上升趋势，除贪青晚熟烟在 42 ℃时达最大值外，其他素质烟叶均在 38 ℃时达最大值。嫩黄烟、返青烟和贪青晚熟烟 L^* 达最大值后基本稳定，但高温逼熟烟 L^* 达最大值后至 68 ℃期间表现出小幅下降。a^* 反映烟叶颜色的红、绿变化，其正值越小，绿色越浓、红色越浅。通过图 5－10c 可知：不同素质烟叶鲜烟均表现为绿色（$a^*<0$），以贪青晚熟烟鲜烟绿色最深

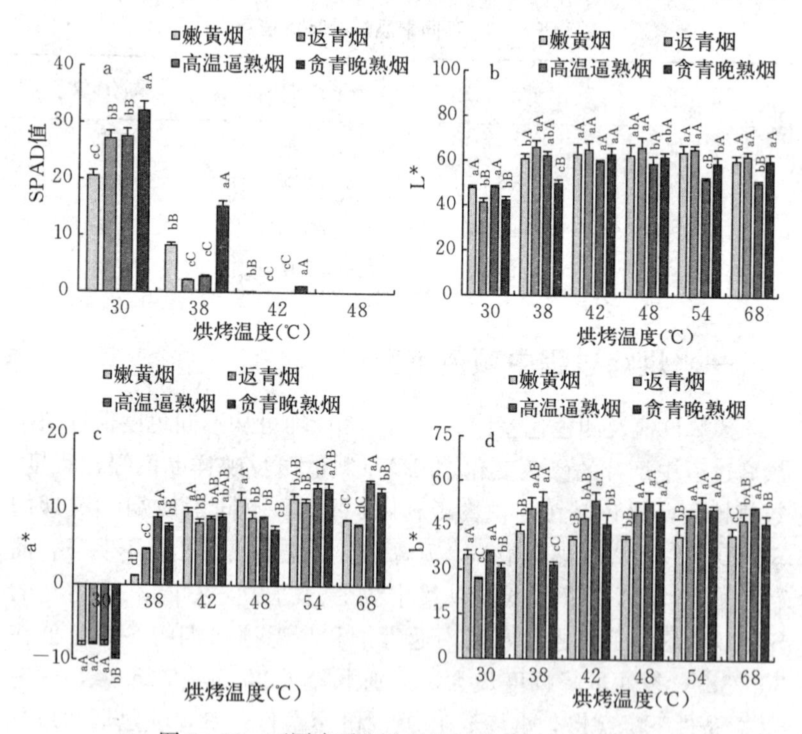

图 5－10　不同素质烟叶烘烤过程中颜色值变化

注：图中同一烘烤温度上的不同大、小写字母分别表示不同素质烟叶间差异极显著（$P<0.01$）或显著（$P<0.05$）。下同。

（|a^*|最大），与其他素质烟叶呈极显著差异。烘烤过程中不同素质烟叶 a^* 均呈现增加趋势，嫩黄烟在 30～42 ℃期间 a^* 基本呈匀速增加，其余素质烟叶均在 30～38 ℃期间增加最快；烘烤至 42 ℃时返青烟、高温逼熟烟、贪青晚熟烟 a^* 均出现下降；高温逼熟烟、贪青晚熟烟 48 ℃时 a^* 再次下降，随后呈现上升趋势，68 ℃时 a^* 显著高于其他 2 种素质烟叶；嫩黄烟、返青烟在 54～68 ℃期间 a^* 出现下降趋势，在烘烤结束时不同素质烟叶 a^* 均存在显著差异。b^* 反映烟叶的黄蓝值，b^* 值越大，烟叶绿色越浅，黄色越浓。不同素质烟叶在烘烤过程中 b^* 均为先增加后逐渐趋于稳定的趋势。由图 5－10 d 可知，嫩黄烟与高温逼熟烟鲜烟 b^* 无显著差异；48 ℃时嫩黄烟 b^* 明显低于其他素质烟叶，且存在极显著差异，68 ℃时返青烟与贪青晚熟烟 b^* 差异不明显。整体趋势贪青晚熟烟明显区别于其他烟叶，其在 30～38 ℃期间 b^* 增加缓慢，38～42 ℃增加迅速，42～54 ℃呈缓慢增长趋势，随后呈下降趋势；在 30～38 ℃期间，嫩黄烟、返青烟、高温逼熟烟 b^* 均增加较快，高温逼熟烟与返青烟在烘烤结束时 b^* 略微下降。

二、烘烤过程中烟叶色素含量变化

由于生态、栽培、品种特性等综合因素在烟草大田生育期至烟叶成熟采收期间造成烟叶素质出现差异，不同素质的烟叶在烘烤过程中内在色素的含量变化也不尽相同。由图 5－11a 可知，采收鲜烟叶绿素 a 含量排序：返青烟＞嫩黄烟＞贪青晚熟烟＞高温逼熟烟；烘烤过程中嫩黄烟、返青烟、高温逼熟烟叶绿素 a 含量变化较为一致，均在 30～38 ℃降解量最大，降解量分别为 0.672 mg/g、0.948 mg/g、0.432 mg/g，嫩黄烟与高温逼熟烟在 38～42 ℃仍有小幅度降解；贪青晚熟烟在 30～42 ℃叶绿素 a 降解缓慢，42～48 ℃降解量最大，降解量为 0.484 mg/g，随后趋于稳定，且变黄期叶绿素 a 含量变化明显区别于其他烟叶。

由图 5－11b 可知，不同素质烟叶鲜烟叶绿素 b 与叶绿素 a 含量变化趋势基本一致。嫩黄烟、返青烟、高温逼熟烟叶绿素 b 含量均呈现“先快速下降，后逐渐稳定”的趋势，贪青晚熟烟叶绿素 b 含量在 30～38 ℃、38～42 ℃降解量分别为 0.096 mg/g、0.070 mg/g，基本呈匀速缓慢下降，42～48 ℃降解量为 0.215 mg/g，为相对加速降解，随后含量基本稳定，呈现“先缓慢降解，再加速降解，后趋于稳定”的趋势。类胡萝卜素含量的变化与叶绿素含量的变化有较大区别。采收鲜烟类胡萝卜素含量排序：嫩黄烟＞贪青晚熟烟＞返青烟＞高温逼熟烟，呈极显著差异，但类胡萝卜素含量在烘烤过程中相对降解量均较小。嫩黄烟类胡萝卜素含量在 42～48 ℃迅速下降；返青烟、贪青晚熟烟类胡萝卜素含量在烘烤过程中均呈缓慢下降趋势；高温逼熟烟在烘烤过程中类胡萝卜素含量均处于较低的水平且在 30～38 ℃、48～54 ℃有较小幅度下降。烤后烟类胡萝卜素含量排序：嫩黄烟＞贪青晚熟烟＞返青烟＞高温逼熟烟。

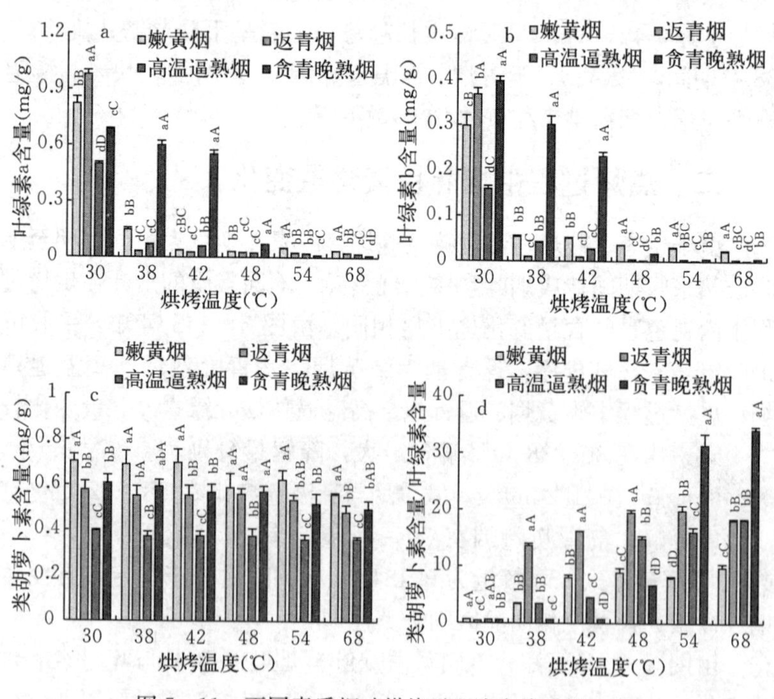

图 5-11　不同素质烟叶烘烤过程中色素含量变化

通过类胡萝卜素含量与叶绿素含量的比值（以下称“类叶比”）也可分析出不同素质烟叶在烘烤过程中烟叶色素含量及颜色变化。由图 5-11 d 可知，嫩黄烟类叶比在 30～42 ℃缓慢上升，42～68 ℃趋于平稳；返青烟在 30～38 ℃类叶比上升较快，38～48 ℃比值上升缓慢；高温逼熟烟在 30～42 ℃缓慢增长，42～48 ℃迅速增长，48～68 ℃再小幅增长并趋于稳定；贪青晚熟烟类叶比在 30～42 ℃基本稳定，42～48 ℃缓慢增长，48～54 ℃迅猛增长，之后增长缓慢。嫩黄烟、返青烟、高温逼熟烟和贪青晚熟烟的类叶比增长关键温度点分别为 30 ℃、30 ℃、42 ℃和 48 ℃。

三、烟叶含氮化合物变化

烤烟含氮化合物的含量高低与相应的烟草品质密切相关。如图 5-12 所示，不同素质烟叶在烘烤过程中烟碱、总氮、蛋白质含量均呈现下降趋势，但不同素质烟叶之间存在差异性。鲜烟烟碱含量排序为：高温逼熟烟>贪青晚熟烟>返青烟>嫩黄烟，且前两者在烘烤过程中烟碱下降幅度相对较小；鲜烟总氮与蛋白质含量排序均为：贪青晚熟烟>高温逼熟烟>返青烟>嫩黄烟。烟碱含量的高低同样是烟草品质判定的主要标准之一。如图 5-12a 所示，烟碱含量在烘烤过程中均呈现小幅度下降，不同素质烟叶烟碱总降解比例排序为：嫩黄烟>返青烟>高温逼熟烟>贪青晚熟烟，分别为 29.07%、28.80%、17.15%、11.12%；但烤后烟叶烟碱含量排序为：高温逼熟烟>贪青晚熟烟>返青烟>嫩黄烟。在烘烤过程中总氮与烟碱变化趋势基本相同。图 5-12b 表明贪青晚熟烟在 38～42 ℃总氮消耗稍快，此后与其他素质烟叶均呈缓慢下降，烤后烟总氮含量排序为：高温逼熟烟>贪青晚熟烟>返青烟>嫩黄烟，而高温逼熟烟与贪青晚熟烟烤后烟叶烟碱含量差别不大。由图 5-12c 可知，鲜烟蛋白质含量排序为：贪青晚熟烟>高温逼熟烟>返青烟>嫩黄烟，但在烘烤过程中 30～38 ℃，返青烟降解量最大，降解量为 2.52%，其次为高温逼熟烟，降解量为 1.89%；返青烟与高温逼熟烟在 38～42 ℃的降解量分别为 0.29%、0.24%，随后均呈基本稳定趋势；但嫩黄烟与贪青晚熟烟在42～48 ℃蛋白质仍有相对较大降低，分别为0.30%、0.22%，随后呈现稳定趋势；烘烤过程蛋白质总降解比例排序：返青烟>贪青晚熟烟>高温逼熟烟>嫩黄烟，但烤后烟叶蛋白质含量排序为：贪青晚熟烟>高温逼熟烟>返青烟>嫩黄烟。由图5-12 d可知，嫩黄烟在30～54 ℃氮碱比均呈现增加趋势，返青烟则在38～42 ℃、48～68 ℃氮碱比呈增加趋势，高温逼熟烟在30～38 ℃氮碱比呈增加趋势，贪青晚熟烟与其他烟叶有较大差异，其在38～42 ℃氮碱比呈下降趋势，烤后烟氮碱比排序为：嫩黄烟>返青烟>贪青晚熟烟>高温逼熟烟。

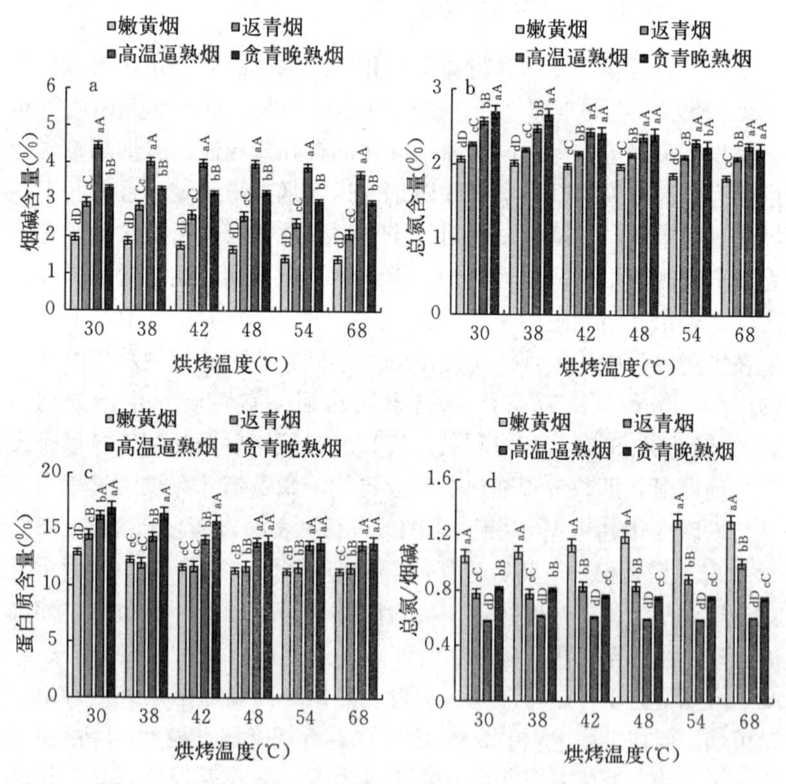

图5-12　不同素质烟叶烘烤过程中含氮化合物的消耗规律

四、特殊烟叶颜色值与含氮化合物关系

1. 烟叶颜色值与色素含量的关系

如表 5-11 所示，4 种素质烟叶的 SPAD 值与叶绿素含量均呈极显著正相关，嫩黄烟、高温逼熟烟和贪青晚熟烟的 SPAD 值与类胡萝卜素含量呈显著正相关；嫩黄烟、返青烟和贪青晚熟烟的 L^*、a^*、b^* 均与叶绿素 a、叶绿素 b 含量呈极显著负相关；高温逼熟烟 L^* 与叶绿素 a 含量呈显著负相关，a^*、b^* 与叶绿素 a、叶绿素 b 含量均呈极显著负相关；嫩黄烟 a^*、b^* 与类胡萝卜素含量呈显著负相关，高温逼熟烟和贪青晚熟烟的 a^* 与类胡萝卜素含量呈显著负相关。

表 5-11 不同素质烟叶烘烤过程烟叶色素含量与颜色参数的相关分析

项 目	颜色参数	叶绿素 a	叶绿素 b	类胡萝卜素
嫩黄烟	SPAD 值	0.965**	0.942**	0.520*
	L*	−0.874**	−0.859**	−0.109
	a*	−0.926**	−0.895**	−0.518*
	b*	−0.769**	−0.807**	−0.493*
返青烟	SPAD 值	0.995**	0.995**	0.366
	L*	−0.952**	−0.951**	−0.116
	a*	−0.955**	−0.956**	−0.349
	b*	−0.957**	−0.956**	−0.156
高温逼熟烟	SPAD 值	0.995**	0.978**	0.503*
	L*	−0.526*	−0.414	0.067
	a*	−0.975**	−0.972**	−0.528*
	b*	−0.928**	−0.890**	−0.250
贪青晚熟烟	SPAD 值	0.757**	0.860**	0.580*
	L*	−0.642**	−0.756**	−0.367
	a*	−0.665**	−0.760**	−0.583*
	b*	−0.812**	−0.873**	−0.453

由表 5 - 11 可知，不同素质烟叶叶绿素含量均与烟叶表面颜色参数有不同程度密切相关性。对烘烤过程中烟叶表面色度参数与内在色素含量进行逐步回归分析。以 L^*、a^*、b^* 分别为 $\hat{y}_1$、$\hat{y}_2$、$\hat{y}_3$；叶绿素 a、叶绿素 b、类胡萝卜素含量分别为 x_1、x_2、x_3，进行多元回归拟合方程拟合（表 5 - 12）。

表 5 - 12　不同素质烟叶颜色参数与色素含量的多元回归分析

项　目	多元回归分析	R^2
嫩黄烟	$\hat{y}_1=-5.935\times10^{-11}-1.034x_1+0.356x_3$	0.865
	$\hat{y}_2=-2.146\times10^{-11}-2.805x_1+1.984x_2-0.199x_3$	0.925
	$\hat{y}_3=2.115\times10^{-10}-0.807x_2$	0.651
返青烟	$\hat{y}_1=-7.822\times10^{-11}-1.061x_1+0.287x_3$	0.976
	$\hat{y}_2=-5.312\times10^{-11}-0.956x_2$	0.911
	$\hat{y}_3=-1.299\times10^{-10}-1.048x_1+0.242x_3$	0.965
高温逼熟烟	$\hat{y}_1=-3.194\times10^{-10}-4.432x_1+3.749x_2+0.393x_3$	0.804
	$\hat{y}_2=5.556\times10^{-11}-0.975x_1$	0.951
	$\hat{y}_3=1.095\times10^{-11}-1.886x_1+0.803x_2+0.313x_3$	0.957
贪青晚熟烟	$\hat{y}_1=-1.865\times10^{-10}+2.999x_1-3.891x_2+0.267x_3$	0.920
	$\hat{y}_2=-1.774\times10^{-10}+2.474x_1-3.193x_2$	0.782
	$\hat{y}_3=-1.806\times10^{-10}+1.400x_1-2.250x_2$	0.828

2. 烟叶颜色值与含氮化合物的关系

如表 5 - 13 所示，不同素质烟叶绿色度（SPAD 值）均与蛋白质、烟碱、总氮含量呈极显著正相关，而红绿值 a^* 则与上述物质含量均呈现极显著负相关。嫩黄烟明度值 L^* 与蛋白质含量呈极显著负相关，而与其他两种物质含量呈显著负相关；黄蓝值 b^* 与蛋白质含量呈显著负相关。返青烟烘烤过程中，L^*、b^* 与蛋白质、总氮含量呈极显著负相关。高温逼熟烟 L^* 与蛋白质、烟碱含量呈负相关，但显著性不明显，与总氮含量呈正相关，其相关性明显区

别于其他素质烟叶；b^* 则与含氮化合物的含量均呈现极显著负相关。贪青晚熟烟 L^* 与蛋白质、总氮的含量呈极显著负相关，与烟碱呈显著负相关；b^* 与含氮化合物的相关性与高温逼熟烟相同，均呈现极显著负相关。

表 5-13　不同素质烟叶颜色值与含氮化合物的相关分析

项　目	颜色参数	蛋白质	烟　碱	总　氮
嫩黄烟	SPAD值	0.945**	0.773**	0.712**
	L*	−0.778**	−0.569*	−0.530*
	a*	−0.950**	−0.774**	−0.684**
	b*	−0.511*	−0.434	−0.409
返青烟	SPAD值	0.983**	0.619**	0.767**
	L*	−0.917**	−0.450	−0.639**
	a*	−0.963**	−0.682**	−0.820**
	b*	−0.916**	−0.466	−0.638**
高温逼熟烟	SPAD值	0.967**	0.890**	0.730**
	L*	−0.402	−0.190	0.102
	a*	−0.959**	−0.951**	−0.827**
	b*	−0.885**	−0.771**	−0.595**
贪青晚熟烟	SPAD值	0.831**	0.690**	0.849**
	L*	−0.725**	−0.559*	−0.762**
	a*	−0.714**	−0.689**	−0.759**
	b*	−0.862**	−0.671**	−0.853**

综上可知，不同素质烟叶其内在含氮化合物的含量及变化存在较大差异，且含氮化合物含量变化与烟叶外观颜色参数呈现不同程度相关性。对不同素质烟叶烘烤过程中烟叶含氮化合物含量变化及色度参数进行逐步回归分析。以蛋白质、烟碱、总氮含量分别为 $\hat{y}_1$、$\hat{y}_2$、$\hat{y}_3$，以 SPAD 值、L^*、a^*、b^* 分别为 x_1、x_2、x_3、x_4，进行多元回归拟合方程拟合（表 5-14）。

表 5-14 不同素质烟叶颜色参数与含氮化合物含量的多元回归分析

项 目	多元回归分析	R^2
嫩黄烟	$\hat{y}_1=-5.556\times10^{-11}+0.945x_1$	0.894
	$\hat{y}_2=-5.556\times10^{-11}+0.773x_1$	0.597
	$\hat{y}_3=-5.556\times10^{-11}+0.712x_1$	0.506
返青烟	$\hat{y}_1=1.648\times10^{-10}+0.983x_1$	0.967
	$\hat{y}_2=6.278\times10^{-11}+1.130x_2-1.720x_3$	0.665
	$\hat{y}_3=1.477\times10^{-11}+0.734x_2-1.494x_3$	0.757
高温逼熟烟	$\hat{y}_1=2.034\times10^{-10}+1.071x_1+0.188x_2$	0.960
	$\hat{y}_2=7.934\times10^{-11}+0.201x_2-1.027x_3$	0.938
	$\hat{y}_3=2.760\times10^{-10}+1.129x_1+0.725x_2$	0.899
贪青晚熟烟	$\hat{y}_1=-5.973\times10^{-11}+1.117x_1+1.203x_2-0.958x_4$	0.882
	$\hat{y}_2=-1.160\times10^{-10}+1.075x_2-0.804x_3-1.081x_4$	0.678
	$\hat{y}_3=-4.150\times10^{-11}+1.018x_1+0.864x_2-0.729x_4$	0.828

3. 烟叶含氮化合物与色素含量的关系

如表 5-15 所示，嫩黄烟烟碱、总氮均与色素呈极显著正相关，蛋白质与叶绿素呈极显著正相关，与类胡萝卜素呈显著相关性。返青烟烟碱与叶绿素 b、类胡萝卜素呈极显著正相关，与叶绿素 a 呈显著相关；总氮、蛋白质均与叶绿素呈极显著正相关，总氮与类胡萝卜素呈显著正相关。高温逼熟烟烟碱、总氮、蛋白质与叶绿素均呈现极显著正相关，且均与类胡萝卜素呈负相关。而贪青晚熟烟烟碱、总氮、蛋白质与色素均呈现极显著正相关。

表 5-15 不同素质烟叶含氮化合物与色素含量的相关分析

项 目	含氮化合物	叶绿素 a	叶绿素 b	类胡萝卜素
嫩黄烟	烟碱	0.670**	0.684**	0.670**
	总氮	0.631**	0.653**	0.608**
	蛋白质	0.872**	0.850**	0.586*

（续）

项　目	含氮化合物	叶绿素 a	叶绿素 b	类胡萝卜素
返青烟	烟碱	0.585*	0.592**	0.682**
	总氮	0.741**	0.751**	0.551*
	蛋白质	0.981**	0.983**	0.436
高温逼熟烟	烟碱	0.912**	0.918**	−0.370
	总氮	0.763**	0.825**	−0.381
	蛋白质	0.972**	0.982**	−0.039
贪青晚熟烟	烟碱	0.814**	0.808**	0.832**
	总氮	0.880**	0.909**	0.789**
	蛋白质	0.980**	0.990**	0.703**

综合以上相关性分析，表明不同素质烟叶烟碱、总氮、蛋白质与色素之间呈现不同相关性，且相关程度有所不同。因此以烟碱、总氮、蛋白质含量分别为 $\hat{y}_1$、$\hat{y}_2$、$\hat{y}_3$，以叶绿素 a、叶绿素 b、类胡萝卜素含量分别为 x_1、x_2、x_3，并进行逐步回归剔除无关变量进行多元回归方程拟合如表 5－16 所示。

表 5－16　不同素质烟叶含氮化合物与色素含量的多元回归分析

项　目	多元回归分析	R^2
嫩黄烟	$\hat{y}_1=0.680+0.038x_1+0.937x_2+1.417x_3$	0.621
	$\hat{y}_2=1.606-0.178x_1+0.942x_2+0.467x_3$	0.545
	$\hat{y}_3=9.857+5.300x_1-10.786x_2+2.822x_3$	0.845
返青烟	$\hat{y}_1=0.747\ 3.769x_1+10.763x_2+3.302x_3$	0.608
	$\hat{y}_2=1.958-1.904x_1+5.338x_2+0.358x_3$	0.721
	$\hat{y}_3=11.108-6.927x_1+25.798x_2+1.210x_3$	0.974
高温逼熟烟	$\hat{y}_1=4.329+0.390x_1+2.554x_2-1.191x_3$	0.931
	$\hat{y}_2=2.553-1.267x_1+5.826x_2-0.575x_3$	0.883
	$\hat{y}_3=13.434+0.400x_1+14.478x_2+0.659x_3$	0.966

（续）

项　目	多元回归分析	R^2
贪青晚熟烟	$\hat{y}_1=2.192+0.237x_1-0.010x_2+1.568x_3$	0.801
	$\hat{y}_2=1.641-0.318x_1+1.412x_2+1.195x_3$	0.881
	$\hat{y}_3=13.450+0.837x_1+6.381x_2+0.594x_3$	0.981

烟叶不同素质的本质原因在于内部营养积累量与积累比例的不同，田间生长及烘烤过程中最直观的表现为颜色变化，而决定烟叶颜色变化最直接的是内部色素的转化。

综合品种特性、部位特征及生态等因素考虑，湖南烟草下部叶生育期中多遭受连续多雨寡日照天气，嫩黄烟叶位较低，叶片发生较早，且下部叶采收时烟株根系供应营养较为优先供应叶龄较小的叶片，而对于下部叶叶龄较大的“老叶”供应较少等因素造成叶内在营养物质积累不充分，其在烘烤过程中含氮化合物降解转化比例相对较小，色素分解降解较快。返青烟由于成熟期遭遇连续阴雨，较多的水分促进烟株根系对土壤中肥料的再次吸收，造成烟株氮代谢相对增强，外观表现为原有成熟特征消失；但由于采收相对及时，加之为中部叶特有素质特点，因此除叶绿素含量相对较高外，其余含氮化合物在烘烤过程中变化较为缓和。上部烟叶高温逼熟是湖南特有生态条件决定的，也是湖南烟区浓香型烟叶特点形成的主要因素之一。长时间的高温、强光会促使烟叶部分色素降解，但同时促使烟叶抗逆保水性增强，从而促使脯氨酸及其他含氮化合物含量的增加，且在烘烤过程中需要较高的温度、相对较长的时间进行分解转化。上部烟叶的贪青晚熟烟发生的主要原因在于连续雨水促使烟叶光合色素恢复，且烟株根系活力得到激发，加之叶片数减少，造成烟叶含氮化合物得到较多积累；除此之外，高温逼熟之后遭遇低温多雨促使烟叶抗逆机制进一步增强，因此在烘烤过程中湖南烟草上部叶贪青晚熟较难烘烤，大分子营养物质的转化需要相对较高的温度与较长的时间。

从烟叶着生位点来看，嫩黄烟叶位低于返青烟，高温逼熟烟与

贪青晚熟烟均来自上部叶，叶位基本相同；叶龄方面，嫩黄烟＜返青烟＜高温逼熟烟＜贪青晚熟烟，因此不同素质烟叶形成经历的生态因素必然不同，而且后期生产操作等会造成不同素质烟叶表现、变化不同。嫩黄烟可能由于烟叶发生较早、叶位较低、内含物匮乏、内在化学成分协调性差及相关烘烤操作造成变黄期 SPAD 值下降时间长，红绿值（a^*）变黄期均处于增加趋势，黄蓝值（b^*）42 ℃后基本稳定在相对较低水平，在 38～42 ℃时黄蓝值（b^*）出现下降的现象可能是由于试验误差造成的。高温逼熟烟则因叶位较高受高温、强光胁迫色素在田间分解叶面表现为斑块状黄绿交替的晒黄假象，加之仪器的局限性与烘烤工艺操作可能造成 30 ℃时 SPAD 值与返青烟相差不大，38 ℃后明度值（L^*）出现下降等外在表现。贪青晚熟烟初始 SPAD 值较高、降解较慢，变黄期 L^* 、b^* 均呈增长趋势，其原因可能是因为田间施肥不均，或高温强光天气后连续阴雨促使烟株根系再次发育，加之剩余叶片减少了与烟稻争地的问题，导致上部叶积累较多的色素及含氮化合物等，表现为贪青晚熟。

五、烤烟变黄期叶绿素降解动力学分析

变黄是烟叶烘烤过程的主要任务之一，烟叶变黄主要与叶绿素的降解有关。通常烘烤过程中烟叶叶绿素不断被降解，含量逐渐减少，类胡萝卜素虽然也发生降解，但其降解较慢、降解量小，致使类胡萝卜素等黄色素比例增加，烟叶逐渐呈现黄色。叶绿素含量也是衡量烤后烟叶品质的主要指标，叶绿素含量较高时，烤后烟叶外观等级较差，评吸时青杂气明显。变黄期是烟叶色素降解的关键时期，烟叶有 80%以上的叶绿素被降解，研究变黄期烟叶叶绿素的降解特性具有重要意义。

零阶反应模型或一阶反应模型被广泛应用于研究绿色果蔬加工贮藏过程中叶绿素降解变化，预测产品的货架期，取得了相应的研究进展。许风等[16]研究表明，利用一阶反应模型可以很好地预测青花菜贮藏过程叶绿素降解动力学；杨宏顺等[17]研究显示，嫩茎花椰菜在不同气调包装下的叶绿素降解动力学符合一阶反应模型；乔勇

进等[18]研究表明，采后上海青在不同贮藏温度条件下叶绿体色素降解变化符合零级动力学反应模型，并确定了其降解的活化能。烟叶叶绿素的降解速率与烘烤环境温湿度有关，温度主要影响叶绿素酶活性，直接影响其降解速率，适当提高烟叶变黄温度可以加快变黄；湿度主要影响烟叶水分这一反应介质的含量，间接影响叶绿素降解速率；烟叶叶绿素的降解速率还与品种有关，如云烟 85 烟叶叶绿素降解较快，易烤性较好，红花大金元烟叶叶绿素降解较慢，易烤性较差；K326 烟叶叶绿素降解速率介于两者之间，易烤性适中。

1. 烟叶叶绿素降解动力学模型建立

（1）零阶和一阶反应动力学模型 农产品在加工贮藏过程中品质指标变化受各种因素的影响，大量研究表明，农产品加工贮藏过程中品质变化符合零阶反应模型［式（5-1）］或一阶反应模型［式（5-2）］。

$$C_t = C_0 + k_0 t \tag{5-1}$$

$$C_t = C_0 + \exp(-k_1 t) \tag{5-2}$$

式中：C_0、C_t 分别为样品的初始品质指标值和 t 时的品质指标值；k_0、k_1 分别为零阶反应模型和一阶反应模型品质指标变化的速率常数；t 为反应持续时间，h。

（2）反应的半衰期和活化能 当样品的品质指标下降至初始样品品质指标的一半时，所需的反应时间 $t_{1/2}$ 为半衰期，式（5-3）为零阶反应的半衰期计算，式（5-4）为一阶反应的半衰期计算。

$$t_{1/2} = C_0 / 2k_0 \tag{5-3}$$

$$t_{1/2} = \ln 2 / k_1 \tag{5-4}$$

Arrhenius 方程可以用来描述反应模型速率常数随反应温度的变化关系。

$$k = A\exp\left(-\frac{E_a}{RT}\right) \tag{5-5}$$

式中：A 为指前因子；E_a 为反应的活化能，J/mol；R 为气体常数，8.314 J/(mol·K)；T 为反应的绝对温度，k 数值等于摄氏温度与 273.15 的加和。

2. 不同品种变黄期烟叶叶绿素降解动力学

不同变黄温度（34 ℃、36 ℃、38 ℃、40 ℃和 42 ℃）下云烟 85、K326、红花大金元烟叶叶绿素含量随时间变化如图 5－13 所示，随着时间的推移烟叶叶绿素含量逐渐降低，随着变黄温度的升高烟叶叶绿素含量下降速度加快，在变黄温度较低时（34 ℃、36 ℃）烟叶叶绿素降解速率呈先慢后快再慢的变化趋势，而变黄温度较高时（40 ℃、42 ℃）烟叶降解速率呈由快到慢的变化趋势，说明低温变黄存在延滞期，而高温变黄可以打破延滞期；云烟 85 烟叶在 42 ℃条件下变黄时间相比 40 ℃、38 ℃、36 ℃和 34 ℃分别减少 14.3%、20%、29.4%和 42.9%，K326 烟叶在 42 ℃条件下变黄时间相比 40 ℃、38 ℃、36 ℃和 34 ℃分别减少 13.3%、18.7%、35%和 43.5%，红花大金元烟叶在 42 ℃条件下变黄时间相比 40 ℃、38 ℃、36 ℃和 34 ℃分别减少 11.8%、21.1%、31.8%和 42.3%。

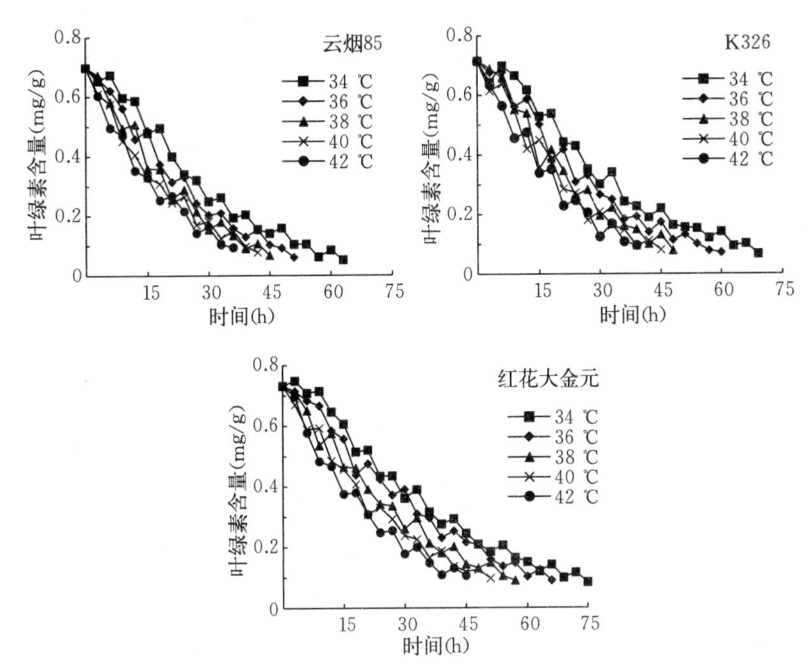

图 5－13　不同品种变黄期烟叶叶绿素含量随时间变化

3. 烟叶变黄期叶绿素降解模型构建

(1) 烟叶变黄期叶绿素降解模型确定 通常根据反应模型的拟合结果决定系数 R^2 推断反应阶数，决定系数 R^2 越大，说明反应符合此阶数；不同温度条件下各品种烟叶变黄期叶绿素降解动力学模型求解结果见表 5-17，在低温条件下（34 ℃、36 ℃）利用零阶反应模型可以获得较好的拟合效果，但一阶反应模型模拟烟叶叶绿素含量变化决定系数 R^2 整体大于零阶反应模型，说明变黄期烟叶叶绿素含量变化符合一阶反应模型；速率常数 k_1 也显示随着变黄温度的升高，烟叶叶绿素降解速率增大，相同变黄温度下，云烟 85 烟叶叶绿素降解速率最大，K326 次之，红花大金元最慢，这与烟叶叶绿素降解动力学曲线描述一致。

表 5-17 变黄期烟叶叶绿素降解动力学模型求解

品 种	变黄温度（℃）	零阶反应模型		一阶反应模型	
		k_0	R^2	k_1	R^2
红花大金元	34	0.009 6	0.946 4	0.023 0	0.949 5
	36	0.010 9	0.952 3	0.025 7	0.964 9
	38	0.012 9	0.927 1	0.031 5	0.975 9
	40	0.014 5	0.910 9	0.035 9	0.984 6
	42	0.016 5	0.881 4	0.0419	0.987 4
K326	34	0.010 6	0.934 7	0.026 3	0.947 2
	36	0.012 5	0.921 7	0.032 0	0.961 2
	38	0.015 0	0.924 9	0.037 1	0.955 5
	40	0.016 3	0.922 4	0.041 3	0.096 5
	42	0.018 4	0.906 1	0.046 5	0.097 7
云烟 85	34	0.011 7	0.940 1	0.030 5	0.949 9
	36	0.014 1	0.937 8	0.036 5	0.966 3
	38	0.016 0	0.924 1	0.0420	0.967 2
	40	0.017 2	0.873 4	0.046 8	0.987 3
	42	0.019 5	0.880 1	0.052 1	0.987 9

(2) 烟叶变黄期叶绿素降解模型验证　对烟叶变黄期叶绿素降解动力学一阶反应模型进行验证，结果如图 5-14 所示。变黄温度 38 ℃时，红花大金元、K326、云烟 85 烟叶叶绿素含量变化实测值与预测值决定系数 R^2 分别为 0.985 3、0.976 9、0.985 4，说明一阶反应模型能够较为准确地反映各品种变黄过程叶绿素含量变化；K326 品种烟叶在变黄温度为 34 ℃、38 ℃和 42 ℃条件下，叶绿素含量变化实测值与预测值决定系数 R^2 分别为 0.982 3、0.976 9、0.986 4，说明一阶反应模型能够较为准确地反映不同温度条件下烟叶变黄过程中叶绿素含量变化。

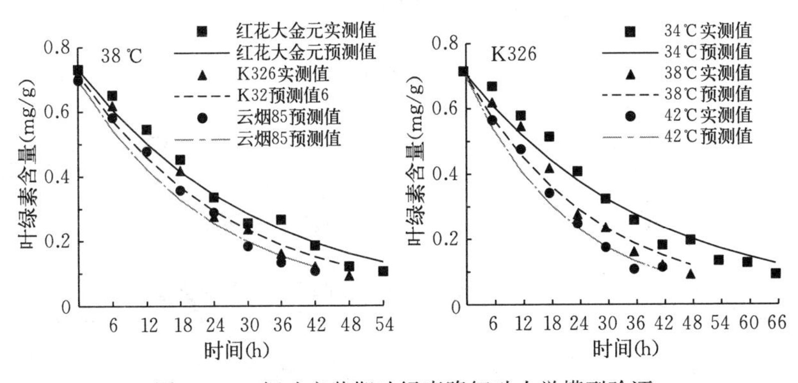

图 5-14　烟叶变黄期叶绿素降解动力学模型验证

(3) 烟叶变黄期叶绿素降解半衰期和活化能　在模型构建基础上，将烟叶叶绿素的一阶反应模型速率常数的对数 ln$k$ 与变黄温度的倒数 1 000/T 进行线性拟合，结果见图 5-15，进而计算出烟叶变黄期叶绿素降解半衰期、指前因子和活化能（表 5-18），随着变黄温度升高，烟叶叶绿素降解半衰期 $t_{1/2}$ 缩短，各品种 42 ℃时相比 34 ℃烟叶叶绿素降解的半衰期 $t_{1/2}$ 缩短 41.4%～45.2%，说明温度对烟叶叶绿素的降解影响较大；活化能反映了单位反应需要从外界环境中吸收热量的多少，是反应动力学的重要参数，活化能越小反应越容易进行，红花大金元烟叶叶绿素降解活化能为 61.76 kJ/mol，大于 K326 的 56.20 kJ/mol，云烟 85 烟叶叶绿素降解活化能最小，为 53.16 kJ/mol，说明云烟 85 烟叶叶绿素降解较为容易，K326 次之，而红花大金元烟叶叶绿素降解相对较难，一定程度上揭示了不同品种变黄特性差异。

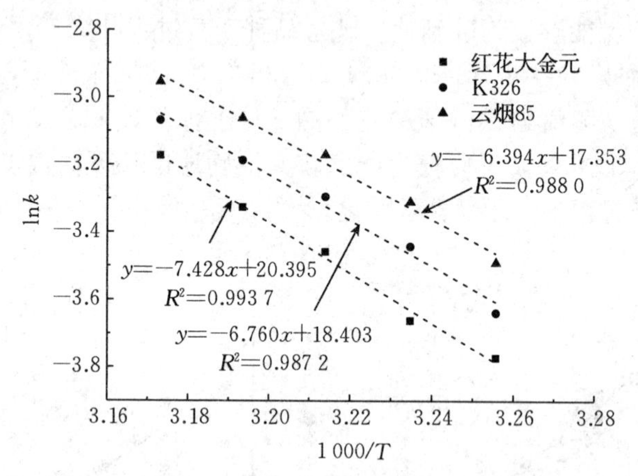

图 5-15　烟叶变黄期叶绿素降解的 Arrhenius 拟合

表 5-18　烟叶变黄期叶绿素降解半衰期和活化能

品　　种	变黄温度（℃）	半衰期（h）	指前因子	活化能（kJ/mol）
红花大金元	34	30.1	7.202×10^8	61.76
	36	27.0		
	38	22.0		
	40	19.3		
	42	16.5		
K326	34	26.4	9.823×10^7	56.20
	36	21.7		
	38	18.7		
	40	16.8		
	42	14.9		

（续）

品　种	变黄温度（℃）	半衰期（h）	指前因子	活化能（kJ/mol）
云烟 85	34	22.7	3.4382×10^{7}	53.16
	36	19.0		
	38	16.5		
	40	14.8		
	42	13.3		

4. 烟叶变黄期叶绿素降解动力学模型的应用

与试验的恒温变黄不同，实际烘烤过程变黄期烘烤温度变化为阶梯升温，并存在一定波动，为提升模型的可靠性和适用性，将实际烘烤变黄期温度波动变化融入模型；即在模型构建基础上，将一阶反应模型式（5-2）与 Arrhenius 方程式（5-5）结合，预测试验以 K326 品种中部叶为材料，代入 K326 品种烟叶活化能 E_a 和指前因子 A，建立 K326 品种烟叶叶绿素含量 C_t 随时间 t 和变黄温度 D 的预测模型：

$$C_t=C_0-9.823\times10^{7}t\exp\left[\frac{-56.203\times10^{3}}{8.314\ (D+273.15)}\right]$$

根据国内现行烘烤技术，分别进行低温变黄烘烤（前期 33～34 ℃、中期 36～37 ℃、后期 39～40 ℃）、中温变黄烘烤（前期 35～36 ℃、中期 38～39 ℃、后期 41～42 ℃）和高温变黄烘烤（前期 37～38 ℃、中期 40～41 ℃、后期 43～44 ℃）烟叶叶绿素含量预测试验，其变黄期具体温度随时间变化曲线见图 5-16。通过代入烟叶叶绿素初始含量 C_0，并将变黄过程的时间 t 和对应温度 D 记录数值代入模型，不同变黄条件烟叶叶绿素含量变化预测见图 5-17。基于温度波动的低温、中温、高温变黄条件下 K326 烟叶叶绿素含量变化实测值与预测值决定系数 R^2 分别为 0.9667、0.9765、0.9823，说明该反应模型能够较为准确地预测实际烘烤变黄过程中烟叶叶绿素含量变化。

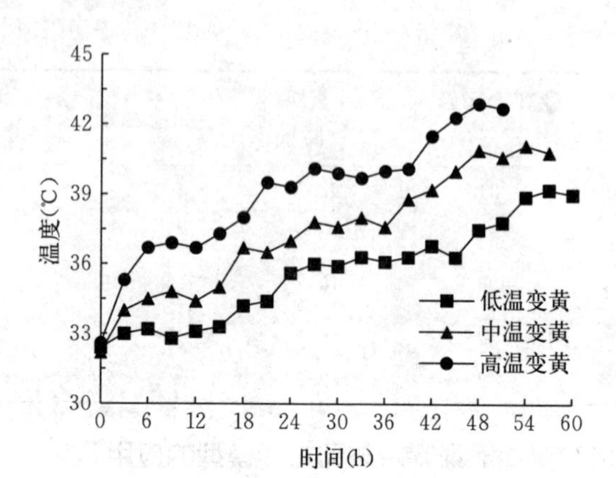

图 5-16　不同变黄条件烘烤过程温度变化

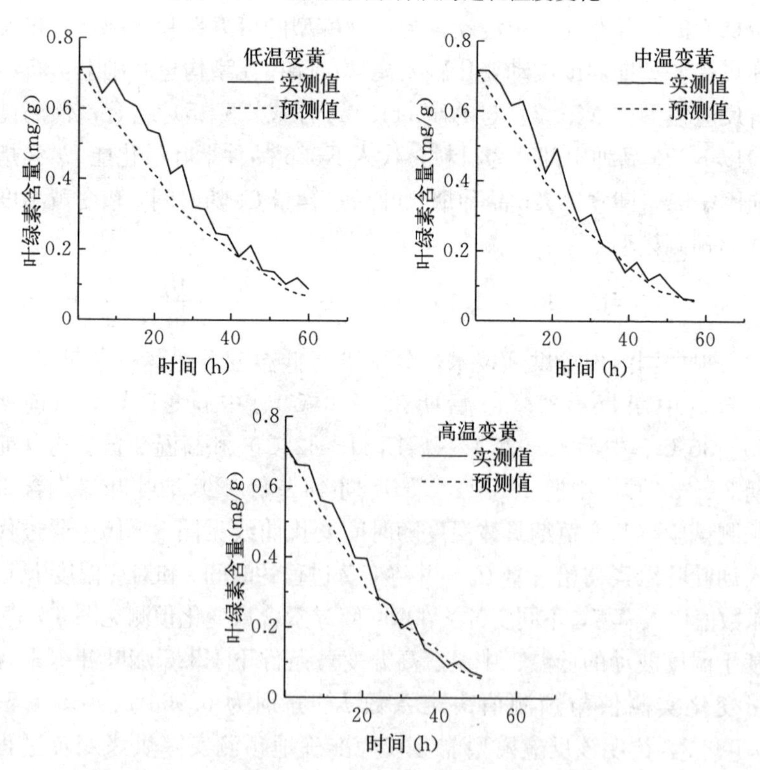

图 5-17　不同变黄条件烟叶叶绿素含量变化预测

不同烤烟品种烘烤过程中烟叶色素降解速率存在一定差异，研究显示，相同变黄温度下，云烟85烟叶叶绿素降解速率最快，K326次之，红花大金元最慢，这与张树堂等[3]研究不同品种烟叶烘烤特性的结果一致。烟叶烘烤前期可以看作是烤房逆境条件下内部物质代谢的过程，相关研究显示，随着变黄温度的升高，烟叶叶绿素降解加快，这可能与高温逆境胁迫有关。从色素降解活化能来看，活化能反映了单位反应需要从外界环境中吸收热量的多少，有关研究认为，活化能 $E_a<42$ kJ/mol，反应速率较大；$E_a>400$ kJ/mol，反应速率较小。烘烤过程中烟叶叶绿素降解活化能约为57.04 kJ/mol，说明其叶绿素降解速率相对偏大、易发生降解。高温条件有利于烟叶吸收较多热量，加速降解反应进行，印证了高温变黄烟叶叶绿素降解较快这一结论，这可能是较低温度下叶绿素降解存在延滞期，而较高温度下不存在延滞期的原因。

烘烤过程中不同变黄工艺条件下变黄前期预测结果与实际值偏差较大，可能是变黄前期温度较低，烟叶处于预热阶段，叶绿素降解开始启动、存在延滞期，容易偏离实际值；而且从叶绿素降解模型求解结果来看，零阶模型随着变黄温度升高拟合优度基本呈下降趋势，一阶模型随着变黄温度升高拟合优度基本呈升高趋势，由此可推测，随着变黄温度的降低，烟叶色素降解可能匹配零阶模型，这也可能是烘烤过程中变黄前期预测结果与实际值偏差较大的原因。

烤烟叶绿素降解动力学显示，随着变黄温度的升高，烟叶叶绿素含量下降速度加快；相同温度下，云烟85烟叶叶绿素降解最快，K326次之，红花大金元最慢；烟叶变黄过程中叶绿素降解符合一阶反应模型，随着变黄温度升高，烟叶叶绿素降解半衰期 $t_{1/2}$ 缩短，红花大金元烟叶叶绿素降解活化能较大，K326次之，云烟85烟叶叶绿素降解活化能最小；试验建立了基于温度波动变化的叶绿素降解反应模型，能够较为准确地预测实际烘烤变黄过程中烟叶叶绿素含量变化，为进一步推动烟叶精准烘烤的发展提供参考。

第四节　不同素质上部叶烘烤特性研究

在烟叶供给侧结构性调整面临极大压力的背景下，上部烟叶可用性问题已成为大家关注的焦点。随着国家“减害降焦”战略目标以及烟叶资源配置改革，提高上部叶可用性是行业不可回避的紧迫性重要课题，是工业原料需求及产区烟叶生产的主要方向之一。但是目前上部烟叶往往在烘烤过程中伴随易烤青、烤黑、失水难、不易定色等问题，降低了其工业可用性，给各烤烟产区带来较大的经济损失。研究表明，产生这些问题的主要原因之一是由于田间特殊的生态环境以及不当的栽培管理措施，这使上部叶烟叶素质产生较大差异，从而给烘烤带来很大难度。因此根据不同上部叶自身素质改善烘烤技术可提高上部烟叶的烘烤质量，不仅可降低烟农的经济损失，而且减少烟叶资源的浪费，提高上部叶的可用性，对烟草行业健康发展有重要意义。

目前，国内外学者对关于改善上部叶烘烤技术从而提高其可用性方面进行了大量研究，詹军等[19]通过采用低温变黄烘烤工艺提高了上部烟叶的香气质量，在一定程度上提高了上部烟叶的烘烤质量；许自成等[20]通过采用上部叶带茎烘烤的方法，明显提高了烤后烟叶的外观质量和经济效益；但是目前的研究多集中在关于直接调整烘烤干、湿球温度改变烘烤工艺或是改变田间采烤办法等方面，针对于上部叶素质不同对其烘烤特性影响的研究较少。烤烟烘烤特性是衡量烤烟难易程度的重要指标，是制定烘烤工艺的重要依据。

本节以下部分讨论对象为不同素质上部烟叶，供试品种为红花大金元，按照不同特殊素质烟叶形成原因设置 4 个处理。CK：正常烟叶（灌溉方式为沟灌，伸根期、旺长期、成熟期每次灌溉量分别为 12 mm、16 mm、12 mm，每个生育阶段灌溉 10 次；每株施氮量 4 g）；T1：返青烟叶［打顶后 30 d 前正常管理，打顶 30 d 后利用大棚中人工降雨模拟器（DIK－6000）进行人工模拟降雨，设置

雨淋强度 10 mm/h，持续 5 d，每天持续 12 h，降雨同时采用遮阳网进行 50%遮阳处理，其他栽培管理措施与 CK 相同]；T2：多雨寡日照烟叶（旺长期前正常管理，进入旺长期采用遮阳网进行 50%遮阳处理，同时利用大棚中人工降雨模拟器进行人工模拟降雨，设置雨淋强度 10 mm/h，每天间隔 4 h 向烟株进行 2 h 人工降雨，其他栽培管理措施与 CK 相同）；T3：过量施肥烟叶（每株施氮量 8 g，其他栽培管理措施与 CK 相同）；各处理烟叶按照正常烟叶成熟落黄时间进行统一采收，按照常规三段式烘烤工艺进行烘烤试验。

一、暗箱条件下烘烤特性变化

1. 烟叶变黄特性

由图 5－18 可知，在相同暗箱条件下，T2 烟叶较其他处理变黄较快，在采后 60 h 内就完成了变黄；CK、T1 变黄趋势较为一致，在采后变黄速度一直较为缓慢直至完全变黄，但在采后 36 h 内 T1 变黄速度稍快于 CK，在采后 72 h 时 CK、T1 完全变黄；T3 在采后变黄速度较慢，直至采后 108 h 才达到完全变黄，变黄指数

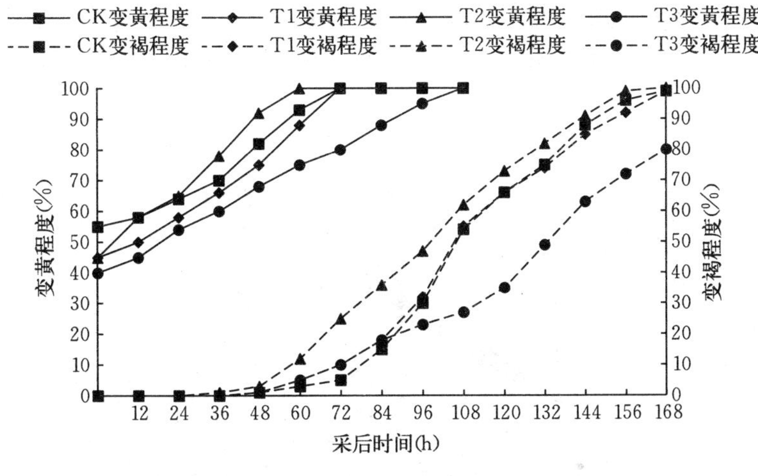

图 5－18　在暗箱条件下各处理烟叶颜色变化

排序为 T2>CK>T1>T3（表 5－19），由此可见，各处理烟叶易烤性排序为 T2>CK>T1>T3；T2 变褐速度较快，在 96 h 前变褐程度远高于其他处理，变黄与变褐同时进行；CK、T1 变褐趋势几乎一致，均表现为变褐开始时间较晚，在采后 72～108 h 期间变褐速度较快，而后呈减慢的趋势；T3 变褐开始时间较早，但变褐速度一直较为缓慢，在采后 168 h 变褐只达到 8 成左右，各处理间变褐指数为 T2>T1>CK>T3（表 5－19），由此可见，各处理烟叶耐烤性为 T3>CK>T1>T2。

表 5－19　暗箱条件下各处理烟叶变黄指数、变褐指数

处理	变黄指数（%）	变褐指数（%）
CK	70.6±0.5a	48.4±0.2b
T1	63.7±0.2b	48.7±0.6b
T2	71.5±1.4a	57.5±0.3a
T3	57.0±0.2c	34.9±0.3c

注：同一列检测指标不同字母表示在 0.05 水平上存在显著差异。下同。

2. 烟叶失水特性

由图 5－19 可见，各处理烟叶在暗箱条件下随着时间的增加，烟叶失水量也逐渐增加。T2 烟叶失水最快，在采后各时间段失水率均大于其他处理烟叶，采后 120 h 时失水率达到 60%；在采后

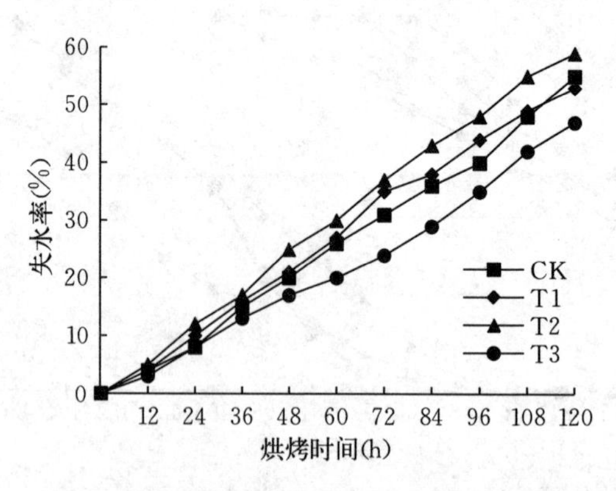

图 5－19　暗箱条件下各处理烟叶水分变化

60 h 前，CK、T1 失水率差别较小，而后 T1 失水量增加，在采后 60～108 h 失水率高于 CK；T3 烟叶在采后 24 h 前失水率与 CK 几乎一致，但随后出现了较难失水的现象，失水率与其他处理相比一直保持较低的水平。可见在相同条件下，各处理烟叶失水由易到难程度排序为 T2＞CK＞T1＞T3。

3. 烟叶变黄与失水协调性

参照张国超等[21]的方法，每隔 12 h 测定烟叶失水量，进行烟叶失水与变黄协调性的计算：

$$K1=\frac{\text{失水 }30\%\text{时间}}{\text{变黄 }10\text{ 成时间}}$$

K1 值越接近 1，烟叶失水与变黄协调性越好。

$$K2=\frac{\text{失水 }50\%\text{时间}-\text{失水 }30\%\text{时间}}{\text{变褐 }30\%\text{时间}-\text{变黄 }10\text{ 成时间}}$$

K2 值越小，越容易定色。

从表 5－20 可见，不同处理烟叶间 K1 和 K2 值存在较大差异。K1 值表现为 T2＞CK＞T1＞T3，在同等暗箱试验条件下，T2 失水速度落后于变黄速度，而 CK、T1、T3 则表现为变黄速度落后于失水速度，其中 CK 在失水与变黄协调性方面表现最好，T3 表现最差；K2 值表现为 CK＜T1＜T2＜T3，各处理间差异显著，在同等条件下，CK 与其他处理烟叶相比更容易定色，而 T3 烟叶的 K2 值最大，在定色期较容易变褐，定色较为困难，耐烤性较差，而这与变褐时间进行耐烤性判断的结果相反，可能是由于 T3 烟叶失水与变黄的协调性较差引起的。

表 5－20　暗箱条件下各处理烟叶变黄和失水协调性

处理	K1	K2
CK	0.96±0.03b	1.73±0.09d
T1	0.91±0.04b	2.04±0.09c
T2	1.14±0.02a	2.22±0.03b
T3	0.78±0.04c	2.79±0.06a

二、烘烤过程中烟叶烘烤特性变化

1. 烟叶失水特性

由图 5－20 可见，各处理烟叶在烘烤过程中烟叶水分表现出相似的变化规律，都为先慢后快的变化规律，T2 烟叶在 72 h 前失水量较小，而后失水加剧，含水率迅速下降，在 120 h 时下降至 15%左右，在烘烤过程中各时期含水率均高于其他三个处理；CK、T1 烟叶在 60 h 前失水量较小，而后迅速失水，T1 烟叶失水速度略高于 CK，但总体上 CK 烟叶含水率在烘烤过程中高于 T1 烟叶；T3 烟叶在 36 h 前失水量较小，而后失水速度加快，期间其烟叶含水率低于其他处理烟叶，在 84 h 时含水率降至较低水平，而后失水速度减慢。可见，在烘烤过程中各处理烟叶失水主要集中于变黄后期及以后，而特殊素质烟叶在烘烤过程中与常规烟叶相比失水波动性较大，这可能是由于各烟叶组织结构差异较大引起的。

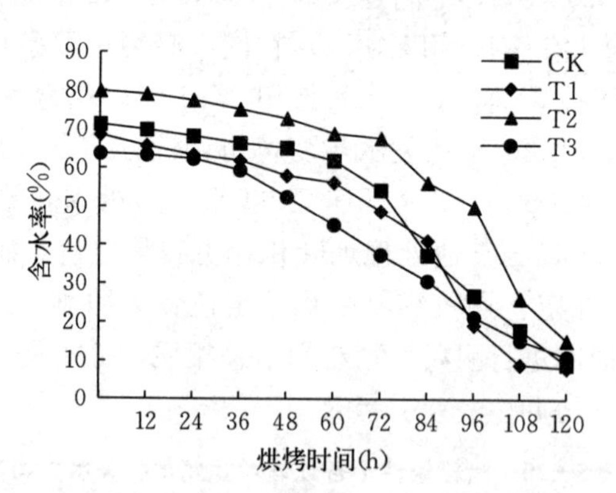

图 5－20　烘烤过程中各处理烟叶总水分含量的变化

2. 烟叶变黄特性

由图 5－21 可见，在烘烤过程中各处理烟叶叶绿素含量都呈现逐渐下降的趋势，且在 48 h 前下降速度较快，而后较缓慢，其中 T2 鲜烟叶叶绿素含量较高，但在烘烤过程中降解速度较快，除去变黄前期外，各处理间叶绿素含量基本表现为 T3＞T1＞CK＞T2

的情况；各处理间烟叶叶绿素 a 含量呈现逐渐下降的趋势，除去局部波动外，各处理间叶绿素 a 含量基本表现为 T3＞T1＞CK＞T2 的情况；除去局部波动外，各处理烟叶叶绿素 b 含量基本呈现出逐渐下降的趋势，T2 鲜烟叶叶绿素 b 含量显著高于其他处理，但在烘烤过程中降解速度较快，T3 烟叶烘烤过程中除烘烤前期叶绿素 b 含量显著高于其他处理烟叶及 T1、CK 间含量差异较小外，总体表现为 T3＞T1＞CK＞T2；在烘烤过程中各时间段 T3 烟叶类胡萝卜素含量都显著高于其他处理，CK、T2 烟叶类胡萝卜素含量差异较小，但 CK 含量略高于 T2，二者变化趋势几乎一致，T1 烟叶在烘烤前期类胡萝卜素含量较高，但下降速度较快，在 48 h 后含量低于其他处理。可见，在烘烤过程中特殊素质烟叶与常规烟叶的色素降解速度相比较慢。

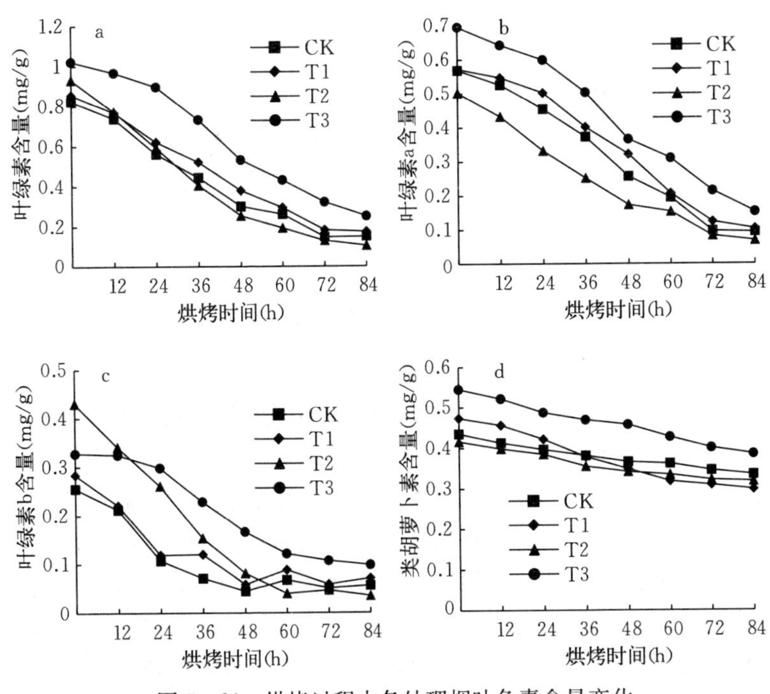

图 5-21　烘烤过程中各处理烟叶色素含量变化

三、烟叶生理生化变化

1. 不同素质烟叶淀粉含量变化

由图 5－22 可见，烘烤过程中各处理烟叶淀粉含量呈逐渐下降趋势，在烘烤前期快速降解而后降解速度变慢，各处理烟叶淀粉含量排序表现为 T3＞T1＞CK＞T2。可见，特殊素质烟叶淀粉在烘烤过程中降解速度较慢，可能是烟叶失水特性之间的差异影响了淀粉降解代谢，在变黄期适度失水加快各处理烟叶淀粉代谢，而 T1、T3 定色期失水程度较高，从而抑制其淀粉代谢，T2 烟叶淀粉含量较低可能是由于光照不足、碳代谢较弱引起的。

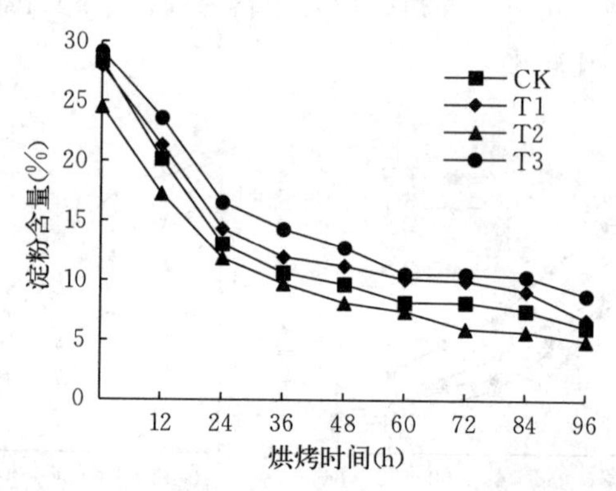

图 5－22 烘烤过程中各处理烟叶淀粉含量变化

2. 不同素质烟叶多酚氧化酶活性变化

由图 5－23 可以看出，随着烘烤时间的增加，烘烤温度及烟叶失水量也逐渐增加，各处理烟叶的 PPO 活性表现出先上升后下降的变化趋势，除局部波动外各处理多酚氧化酶活性变化趋势基本一致，在变黄后期及定色前期由于适宜的环境温湿度及烟叶含水量，烟叶多酚氧化酶保持较高的活性，在定色后期随着烤房温度的进一步升高及烟叶失水程度的加剧，烟叶的综合环境条件已不适宜多酚氧化酶的生存，所以其活性在这期间快速降低，在干筋阶段烟叶内多酚氧化酶几近失活。在烘烤过程中各处理烟叶多酚氧化酶间活性

表现排序为 T2>T3>T1>CK，可见不同特殊素质烟叶酶促棕色化反应发生程度排序为 T2>T3>T1。

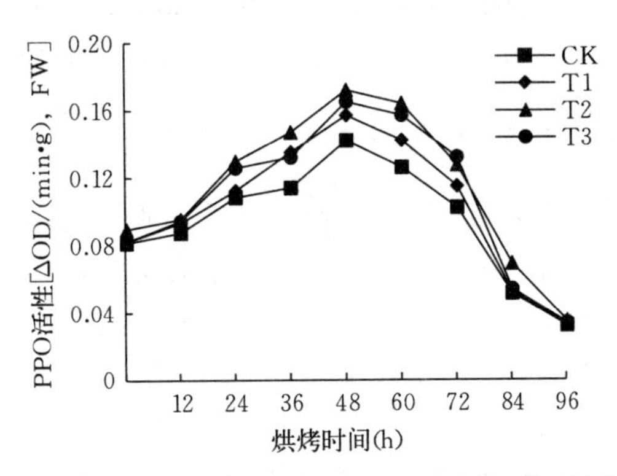

图 5-23　烘烤过程中各处理烟叶多酚氧化酶活性变化

四、烤后烟叶外观等级质量分析

由表 5-21 可见，各处理烤后烟叶上中等烟比例表现为 CK>T1>T2>T3，其中 CK 显著大于 T1、T2、T3；各处理烤后烟橘色烟比例表现为 CK>T2>T1>T3，其中 CK 显著大于 T1、T2、T3，T1、T2 之间差异不显著；各处理烤后烟青烟比例表现为 T1>T3>T2>CK，其中 T1 显著大于 CK、T2、T3，CK、T2 之间差异不显著；各处理烤后烟黑糟烟比例表现为 T2>T3>T1>CK，其中 T2、T3 显著大于 CK、T1；各处理烤后烟挂灰、杂色烟比例表现

表 5-21　各处理烤后烟叶等级质量统计分析

处理	上中等烟比例（%）	橘色烟比例（%）	青烟比例（%）	黑糟烟比例（%）	挂灰、杂色烟比例（%）
CK	80.70±3.5 a	58.59±2.8 a	6.45±2.2 c	4.72±0.5 c	2.38±0.2 c
T1	74.00±2.4 a	45.49±2.4 b	15.46±2.1 a	7.52±0.8 b	12.59±0.9 b
T2	45.17±1.7 b	47.04±2.5 b	7.32±1.7 c	30.24±1.1 a	25.45±1.5 a
T3	30.73±3.1 c	37.58±1.9 c	11.58±1.6 b	28.56±1.3 a	21.59±1.8 a

为T2>T3>T1>CK，其中T2、T3显著大于CK、T1。可见，多雨寡日照、过量施肥烟叶在烘烤过程中出现挂灰的概率较高，容易烤黑、烤糟，烘烤质量较差；而返青烟叶在烘烤过程中易出现烤青的现象，但相较于其他处理烟叶来说，整体烘烤质量较好。

五、不同素质上部叶烘烤特性分析

研究表明，返青烟叶叶绿素降解较慢、烟叶易烤性较差且淀粉含量与正常烟叶相比稍高，这可能是由于前期干旱影响烟株正常生长发育，对氮素的吸收速率快于干物质的积累，氮素在烟叶中积累浓缩，碳氮代谢失调，在后期灌水充足的条件下，叶片内硝酸还原酶活力增强，烟叶对氮素的同化能力增强，叶绿素含量较高，从而导致光合作用较强，光合产物增多引起的。与常规烟叶相比，返青烟叶含水量较低且在烘烤过程中失水较慢，这可能是由于烟株在前期干旱条件下生长，在一定程度上提高了烟株的抗旱性，使叶片组织结构紧密，海绵组织厚度增加，在一定程度上提高了叶片保水力引起的。因此，返青烟叶叶片含水量也相对较低，从而引起变黄速度稍落后于失水速度，与常规烟叶相比失水与变黄协调性较差，导致烤后青烟比例较高；与常规烟叶相比，返青烟叶在定色期多酚氧化酶活性较高，增大烟叶酶促褐变概率，在一定程度上可增加烤后烟叶黑糟及挂灰、杂色烟比例。

多雨寡日照烟叶叶绿素含量与常规烟叶相比较高，类胡萝卜素含量较低，淀粉含量较低，这可能是由于烟叶在生长发育时期光照不足、降水量较大、烟株适当提高体内叶绿素含量以适应弱光条件引起的，但弱光条件下叶片光合作用减弱从而导致光合产物积累较少，因此淀粉积累量较少；叶片含水量较高，这可能是在多雨条件下土壤中水量充足引起的。烟叶在烘烤过程中叶绿素降解较快、易变黄，烟叶易烤性较好，因此烤后青烟比例较低，但烟叶在遮光条件下干物质积累量减少，耐烤性较差，定色期烟叶含水量较高，多酚氧化酶活性较强，提高烘烤过程中变褐发生率，增加烟叶在烘烤过程中出现黑糟、挂灰、杂色烟的风险，导致烤后烟叶质量较差。

过量施肥烟叶在烘烤过程中叶绿素含量较高且降解缓慢，难变黄，易烤性较差，淀粉含量高，这可能是由于氮肥施用过量、烟株氮代谢过旺引起的；而过强的氮代谢导致烟叶光合作用较强，光合产物较多，导致在烘烤过程中烟叶内含物质降解转化不够充分，增加烤后黑糟烟比例；而在定色期多酚氧化酶活性较高使烟叶容易变褐，导致烘烤过程中烟叶易出现挂灰、杂色等现象。

返青烟叶易烤性较差而耐烤性良好，在烘烤过程中需要在变黄期注意低温保湿促使烟叶变黄，减少烤青烟比例；多雨寡日照烟叶易烤性较好而耐烤性较差，烟叶含水量较高，在定色期要注意及时排湿，减少烟叶变褐风险；过量施肥烟叶难变黄，易变褐，易烤性和耐烤性均较差，在烘烤时可采取诱发变黄等烘烤工艺，最大限度地减少烤坏烟比例。

第五节　失水胁迫与烟叶烘烤特性的关系

烟草是我国重要经济作物，其品质优劣决定着烟草的经济效益。烟叶品质受栽培、成熟度及烘烤调制等因素影响，这些因素通过调节烟叶内糖类尤其是淀粉等含量的高低，进而影响到烟叶外观质量和内在质量，鲜烟叶内淀粉物质需通过调制，才能降解产生一系列小分子等物质。目前我国成熟鲜烟叶淀粉含量高达40%左右，烤后烟叶淀粉含量达6%～8%，远远达不到国外优质烤烟淀粉含量1%～2%的水平。有研究表明，烟叶在采后经适宜时间晾制再进行烘烤，能显著降低烤后烟叶淀粉含量，使化学成分更协调，提高烟叶香气质和香气量。烘烤特性是烟叶固有属性，与烤后烟叶质量关系密切，烟叶晾制过程同时也伴随着失水，间接影响了烟叶烘烤特性，在变黄前期烟叶经失水胁迫处理能提高烟叶淀粉酶活性，促进淀粉分解代谢，降低烤后烟叶淀粉含量，且烟叶变黄发生时间提前，进而改善了烟叶烘烤特性。因此，研究失水胁迫对改善烤后烟叶品质具有一定意义。

碳代谢是植物呼吸作用的一部分，并为植物生命活动提供能量，适宜水分胁迫，能提高碳代谢的进行。研究表明，在失水胁迫处理对番茄幼苗糖代谢影响的试验上，水分胁迫程度增加提高了转化酶等相关酶活性，降低了番茄幼苗淀粉含量，促进番茄幼苗糖代谢；在水稻籽粒灌浆过程中，给予缺水处理，使可溶性淀粉合成酶活性、焦磷酸化酶等淀粉合成酶活性不同程度地受到抑制，影响了水稻干物质合成，而适度水分胁迫则能提高贪青水稻籽粒淀粉合成相关酶活性，并促进淀粉合成代谢的进行。通过研究失水胁迫对采后烟叶烘烤特性及淀粉代谢的影响，明确采后烟叶淀粉代谢规律，对降低烤后烟叶淀粉含量、提高烟叶品质具有重要意义，并为合理运用调制技术和优质烤烟形成提供理论依据。

本节以下部分讨论对象为不同失水程度的中部叶，试验材料为秦烟 96，设置三个处理。CK：烟叶采摘后直接放入恒温恒湿箱中，不做失水处理；T1：烟叶采摘后直接放入干燥箱，控制每片烟叶失水 10%左右，待叶片恢复至室温，放入恒温恒湿箱中；T2：烟叶采摘后直接放入干燥箱，控制每片烟叶失水 20%左右，待叶片恢复至室温，放入恒温恒湿箱中。恒温恒湿箱温度为 30 ℃，相对湿度 90%，均做避光处理。

一、烟叶烘烤特性的变化

三个处理的烟叶烘烤特性变化结果（表 5 - 22）显示，T1 和 T2 处理开始变黄时间显著早于 CK，不同处理烟叶开始变褐时间以 T1 处理最晚，且显著晚于 CK 和 T2；CK 处理变黄时间显著长于 T1 和 T2，以 T2 最短，变褐时间表现为 T1>CK>T2。根据烟叶烘烤特性判断，T1 和 T2 处理烟叶的易烤性优于 CK；根据烟叶变褐时间可判断，T1 处理烟叶耐烤性较优，CK 处理烟叶次之，T2 处理烟叶耐烤性最差。变黄指数与变褐指数能更直观地反映烟叶烘烤特性，变黄指数越大，其易烤性越好；变褐指数越小，其耐烤性越好。结果表明，各处理易烤性表现为 T2>T1>CK，耐烤性表现为 T1>CK>T2，其结果与通过变黄时间及变褐时间判定一致。

表 5-22 不同处理烟叶烘烤特性变化

处理	开始变黄时间（h）	开始变褐时间（h）	变黄时间（h）	变褐时间（h）	变黄指数（%）	变褐指数（%）
CK	48 a	132 b	101 a	156 b	18.26 b	32.74 b
T1	36 b	156 a	75 b	184 a	24.64 a	21.75 c
T2	24 c	101 c	61 c	144 c	30.86 c	37.13 a

二、烟叶物质含量的变化

1. 失水胁迫对采后烟叶淀粉含量的影响

由图 5-24a 可知，各处理烟叶淀粉总含量随采后时间延长呈下降趋势，CK 处理烟叶淀粉含量在采后 6 h 后显著下降，在 12 h 后缓慢下降并基本处于稳定状态；T1 处理烟叶淀粉含量在采后 18 h 内基本无变化，但在 18 h 后显著下降；T2 处理烟叶淀粉含量在采后 6 h 内基本无变化，但在 6～24 h 其含量显著下降，在后期处于稳定。与对照相比，T1、T2 处理淀粉含量明显降低，这表明经失水胁迫处理能降低采后烟叶淀粉含量。

由图 5-24b、图 5-24c 可知，各处理烟叶直链淀粉和支链淀粉含量随采后时间的推移呈下降趋势，不同处理其直链淀粉含量均在采后 6～18 h 显著下降，在 18 h 后基本无变化。各处理支链淀粉含量变化趋势和总淀粉含量较为一致。这表明烟叶在采后前期（0～18 h）以降解直链淀粉为主，后期（18～36 h）以降解支链淀粉为主。

2. 失水胁迫对采后烟叶糖含量的影响

由图 5-25a、图 5-25b 可知，各处理烟叶总糖、还原糖含量随采后时间延长整体呈上升趋势，其含量变化较为一致，在 0～6 h 缓慢增加，CK 处理在 6 h 之后先快速增加后趋于平缓，T1 处理呈线性增加后趋于平缓，T2 处理先快速增加后缓慢增加，结合淀粉含量变化趋势，说明采后烟叶糖含量在前期（0～18 h）的增加与直链淀粉降解有关，后期（18～36 h）与支链淀粉有关，采后烟叶以降解淀粉为主。整体来看，各处理总糖、还原糖含量表现为T1>T2>CK，说明失水胁迫处理利于烟叶淀粉降解并转化为糖。

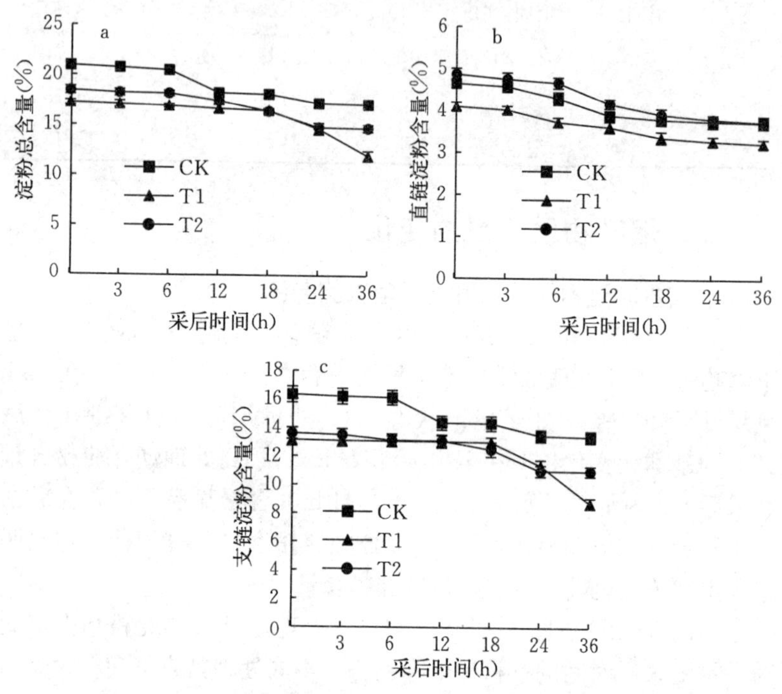

图5-24 失水胁迫对采后烟叶淀粉含量的影响

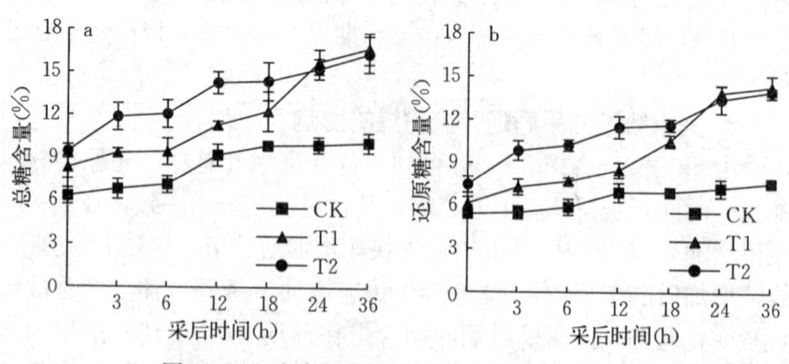

图5-25 失水胁迫对采后烟叶糖含量的影响

三、失水胁迫对烟叶淀粉代谢相关酶的影响

1. 失水胁迫对采后烟叶淀粉合成酶的影响

淀粉去分支酶（DBE）在碳代谢中参与淀粉的合成，而淀粉分支酶（SBE）与支链淀粉的合成关系密切。由图 5－26a 可知，不同处理烟叶 DBE 酶活性随采后时间的延长均逐渐下降，CK 处理变化不明显，T1、T2 处理烟叶 DBE 酶活性下降明显，在 3 h 后酶活性均低于 CK 处理。这表明采后烟叶经失水胁迫处理阻碍了直链淀粉的合成和积累。由图 5－26b 可知，各处理 SBE 活性随采后时间的延长呈下降趋势，T1 处理整体下降较为稳定，CK 和 T2 处理酶活性变化趋势较为一致，各处理酶活性表现为 T1＜T2＜CK。这表明采后烟叶经失水胁迫处理阻碍了支链淀粉的合成和积累。整体来看，相比 CK 处理，失水处理（失水 10%）抑制了直链淀粉和支链淀粉合成相关酶活性，过度失水处理（失水 20%）能起到抑制作用，但效果低于 T1 处理。

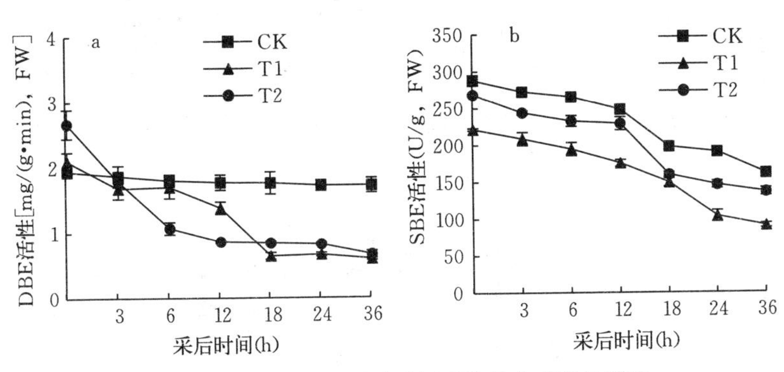

图 5－26　失水胁迫对采后烟叶淀粉合成酶的影响

2. 失水胁迫对采后烟叶淀粉分解酶的影响

淀粉分解酶活性变化结果如图 5－27 所示。由图 5－27a 可知，α－淀粉酶活性随采后时间的延长变化幅度较小，CK 处理在采后 0～12 h 其酶活性逐渐上升，但在 12 h 后活性逐渐降低，T1 处理

酶活性随采后时间的延长呈逐渐上升趋势，而T2处理在0～6 h抑制了酶活性，之后才逐渐上升。由图5－27b可知，β-淀粉酶活性随采后时间的延长变化幅度较大，CK处理酶活性呈逐渐下降的趋势，T1处理在0～12 h抑制了酶活性，但之后快速升高，T2处理在0～3 h酶活性受到抑制之后缓慢升高，各处理在12 h以后酶活性表现为T1＞T2＞CK。由图5－27c可知，淀粉分解酶活性整体变化规律与β-淀粉酶活性较为一致。对淀粉分解酶活性和结合物质变化规律分析表明，经失水胁迫处理的烟叶，淀粉降解主要集中在后期，而正常处理的烟叶淀粉降解主要集中在前期，且淀粉降解过程中β-淀粉酶起主要作用。

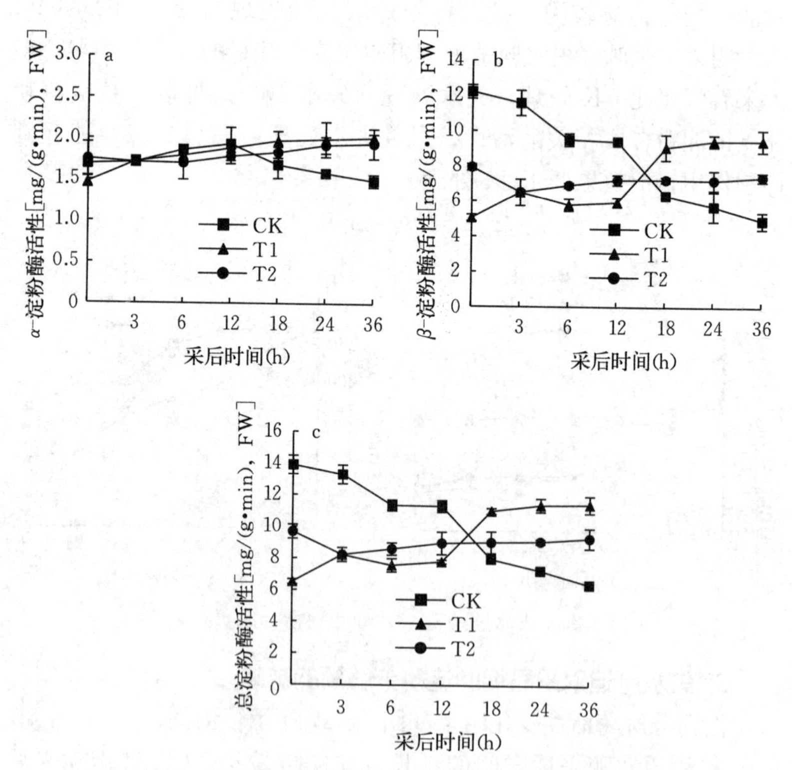

图5－27　失水胁迫对采后烟叶淀粉分解酶的影响

四、烟叶淀粉代谢相关基因的变化

各基因均以 *L25* 为内参基因，在调整浓度一致的情况下，进一步利用半定量 PCR 技术对上述关键基因进行转录水平的表达分析，引物序列见表 5－23。

表 5－23　烟草碳代谢途径关键基因 RT－PCR 引物序列

基因名称	序列号	引物序列（5′→3′）
DBE	DQ021462.1	F：AGTTGGTCTCACTACAGGACATC R：GGCAAAGAACAATCTAAAGCAGC
SBE	AB028067.1	F：ATGGGATTTACAGGGAACTA R：CAAGCAAGACATGCCAGAAT
α－amylase	DQ021455	F：ATATTGCAGGCCTTCAACTGGG R：TGGAAGGTAACCTTCAGGAGACAA
β－amylase	DQ021457	F：TGAGCTATTGGAAATGGCGAAGA R：AAGAGGGATCGTGCAGGAATCA
L25	L18902	F：GCTTTCTTCGTCCCATCA R：CCCCAAGTACCCTCGTAT

失水胁迫对采后烟叶淀粉代谢相关基因的影响见图 5－28，由图 5－28a、图 5－28b 可知，各处理淀粉去分支酶基因（*DBE*）相对表达量随采后时间延长呈下降趋势，与相应的酶活性变化趋势较为一致，而淀粉分支酶基因（*SBE*）相对表达量在采后呈逐渐上升的趋势，T1 与 T2 处理呈快速上升趋势，而 CK 处理在后期基本保持不变，与酶活性呈相反变化趋势；由图 5－28c、图 5－28d 可知，各处理的 α－淀粉酶基因表达量整体呈上升趋势，与 CK 处理相比，T1 与 T2 处理活性较高。CK 处理的 β－淀粉酶基因相对表达量较为稳定，整体变化幅度不大，T1 处理的采后基因表达量呈快速增加的趋势，而 T2 处理在采后 0～18 h 快速增加，之后呈下降趋势，这表明失水处理能增加淀粉分解酶基因的表达。

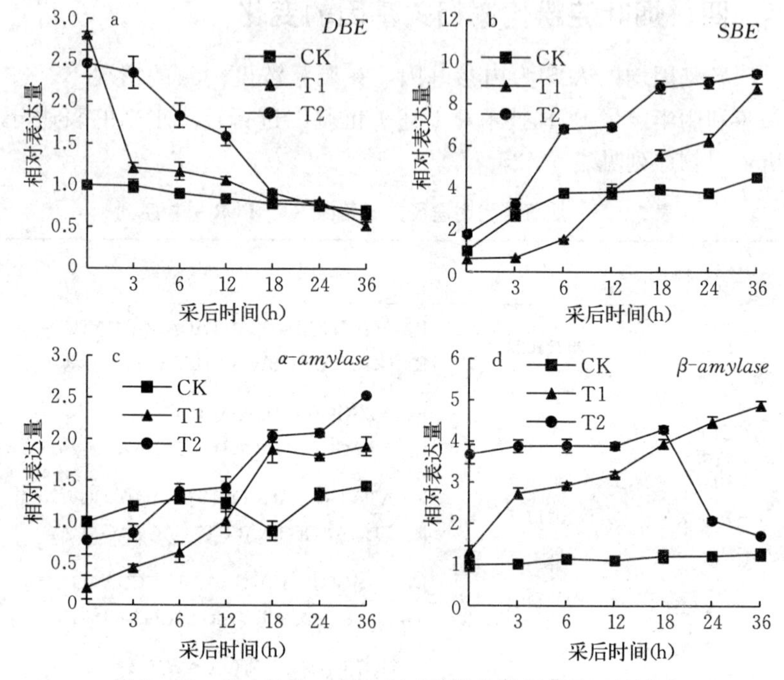

图 5－28　失水胁迫对采后烟叶淀粉代谢相关基因的影响

五、失水胁迫对烟叶烘烤特性的影响

烟叶色素变化与淀粉代谢关系密切，且受水分的影响，本试验研究结果表明，与对照相比，采后烟叶经失水处理促进了叶片色素降解，使暗箱中烟叶变黄加快。此外，失水处理 10%可能抑制了多酚氧化酶活性，而失水处理 20%可能促进了酶促棕色化反应，使暗箱中烟叶变褐快。

随着失水胁迫程度的增加，烟叶淀粉降解速度加快。与对照相比，失水处理的烟叶总淀粉含量和支链淀粉含量呈先慢（0～18 h）后快（18～36 h）的变化趋势，整体含量较低，但直链淀粉含量变化趋势则呈相反的结果，T2 处理直链淀粉含量较高，这说明采后烟叶在前期（0～18 h）以降解直链淀粉为主，后期以降解支链淀

粉（18～36 h）为主，失水胁迫处理促进了采后烟叶淀粉的降解，但过度失水可能抑制了直链淀粉降解。

采后烟叶仍进行着旺盛的碳代谢，目前大多数研究认为水分与酶活性关系密切，酶活性高低直接决定着相应物质含量的变化。采后烟叶淀粉代谢合成相关酶研究表明，淀粉合成相关的淀粉去分支酶在淀粉代谢中参与淀粉的合成，其活性随采后时间延长呈逐渐降低的趋势，基因相对表达量与酶活性变化趋势一致，表明采后烟叶淀粉代谢由合成转为分解代谢。而淀粉分支酶与支链淀粉的合成密切相关，其活性随采后时间延长也呈逐渐降低的趋势，但基因表达量却呈逐渐升高趋势，推测这可能是检测的 *SBE* 基因家族的一员，不能代表相应酶全部基因的表达量，而且这一过程经失水处理更抑制了采后烟叶淀粉合成。采后烟叶淀粉分解代谢途径研究发现，失水 10%处理使烟叶淀粉酶活性和基因表达量随采后时间延长快速增加，促进了采后烟叶淀粉快速降解；失水 20%处理烟叶的酶活性和基因表达量呈下降趋势，但均优于正常处理。结合物质变化规律分析表明，采后烟叶经失水胁迫处理有利于其淀粉降解，在淀粉降解过程中 β-淀粉分解酶起主要作用。

采后烟叶经不同处理，酶活性不同使淀粉和糖物质产生了差异，但淀粉代谢过程需多种酶共同作用，才能降解成小分子物质得以维持生命活动的进行，进而改善烟叶品质。采后烟叶经失水处理改善了烟叶烘烤特性，提高了淀粉分解酶的活性和基因表达量，从而增强了采后烟叶淀粉降解能力，促进了采后烟叶糖含量的增加，以失水 10%处理效果最优。烟叶在采后前期（0～18 h）以降解直链淀粉为主，后期（18～36 h）以降解支链淀粉为主。

第六节　采后烟叶软化与淀粉、糖代谢的关系

烟草是以积累淀粉为主的叶类植物，成熟鲜烟叶中的淀粉含量高达 40%，与谷物类作物不同，淀粉只是烟叶生长发育过程中糖

类的暂存形式，采后烟叶需通过烘烤调制对叶片内淀粉进行分解转化，产生一系列致香前体物质以及糖的衍生物。我国烤后烟叶淀粉含量基本在4.6%～8.0%，总糖含量在19.93%～30.64%。烤后烟叶淀粉降解不充分，游离糖类转化率偏低是制约我国优质烟叶发展的瓶颈。

张松涛等[22]研究发现，云南烟叶成熟过程中，焦磷酸化酶基因*NtAGPS*和颗粒结合型淀粉合成酶基因*NtGBSS*表达量明显强于河南烟叶，推测淀粉组分之间的差异可能是造成云南烟叶烤后淀粉含量显著低于河南烟叶的原因；贾宏昉等[23]研究发现，打顶后烟叶碳代谢相关基因表达逐渐增强，氮代谢相关基因的表达减弱，土壤中添加腐熟秸秆、生物碳等，淀粉代谢相关基因*NtAGPS*、*NtGBSS*和蔗糖代谢相关基因*NtSS*等表达量增强，从而促进成熟期烟叶碳代谢途径的进行，有利于提高烟叶的品质；杨胜男等[24]研究发现，复合有机肥可促进叶片细胞中淀粉的积累，并改变淀粉组分，其中颗粒结合型淀粉合成酶基因*NtGBSS*的表达随复合有机肥施用量的增加而减弱，可溶性淀粉合成酶基因*NtSSS*的表达随复合有机肥施用量增加而增强；王红丽等[25]研究发现，糖代谢相关基因*NtINV*、*NtSS*和*NtSPS*表达量随生育期的推进而逐渐增强，淀粉代谢中颗粒结合型淀粉合成酶基因*NtGBSS*表达量不受烟叶成熟时期的影响。宫长荣等[9～10]研究了烘烤过程中淀粉降解和淀粉酶、淀粉同工酶活性的变化关系，电泳研究结果确定了α-淀粉酶、β-淀粉酶和γ-淀粉酶，其中β-淀粉酶活性最大；王怀珠等[26]研究了烘烤过程中淀粉酶和淀粉磷酸化酶的活性变化，并发现烘烤过程中外加一定量酶可以促进烟叶淀粉的降解。

硬度是描述烟叶特征的一个物理参数指标，是表述烟叶质量的重要构成部分。目前关于烟叶硬度变化的研究集中在细胞壁物质降解上，关于烟叶碳代谢研究集中在烟叶成熟期，研究采后烟叶淀粉和糖代谢的变化规律，旨在为精准调控烘烤工艺、提高烟叶质量提供理论依据。

本节以下部分研究对象为适熟中部叶（10～12 叶位），供试品种豫烟 12 号，统一优化烟叶结构，每株留叶 20 片。

一、烟叶硬度和呼吸强度的变化

采后烟叶硬度整体呈下降趋势，且下降速率呈“慢—快—慢”趋势（图 5-29）。采后 12 h 内烟叶硬度较稳定，下降迟缓，12 h 时硬度较鲜烟叶（0 h）仅下降 3.22%，12 h 后硬度迅速下降，24 h时硬度较 0 h 下降 22.61%，24～30 h 硬度下降趋势减缓，30 h 较 24 h 仅下降 6.16%。采后烟叶的呼吸强度短时间内略有下降，随后逐渐增强，烟叶自采后 6 h 起，呼吸强度迅速增强，24 h 后呼吸强度基本稳定不变，维持在 650.28～662.29 mg/(kg·h)。采后 30 h 内，烟叶硬度与呼吸强度呈极显著负相关关系，相关系数为 −0.926** （表 5-24）。

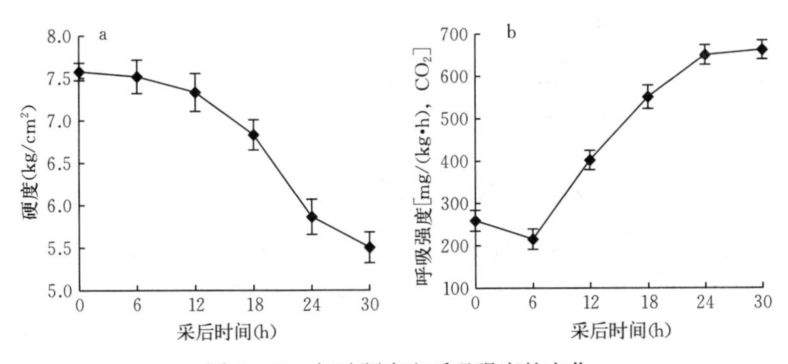

图 5-29 烟叶硬度和呼吸强度的变化

表 5-24 烟叶硬度、糖类与碳代谢相关基因表达量的相关性

项目	硬度	呼吸强度	淀粉	总糖	还原糖
呼吸强度	−0.926**				
淀粉	0.827*	−0.949**			
总糖	−0.964**	0.975**	−0.894*		
还原糖	−0.958**	0.978**	−0.907*	0.999**	

（续）

项目	硬度	呼吸强度	淀粉	总糖	还原糖
NtAGPS	0.875*	−0.941**	0.987**	−0.903*	−0.915*
NtGBSS	0.820*	−0.791	0.876*	−0.776	−0.785
NtSSS	0.971**	−0.823*	0.731	−0.878*	−0.872*
NtSBE	0.953**	−0.781	0.673	−0.853*	−0.847*
NtISO	0.892*	−0.678	0.591	−0.743	−0.734
NtSP	0.693	−0.553	0.634	−0.581	−0.578
Ntα-amylase	0.128	0.210	−0.414	0.092	0.113
Ntβ-amylase	0.405	−0.081	−0.113	−0.287	−0.265
NtSPS	0.418	−0.11	−0.098	−0.324	−0.296
NtSPP	−0.157	0.433	−0.468	0.386	0.384
NtSS	−0.194	0.495	−0.535	0.416	0.416
NtVIN	0.429	−0.254	0.019	−0.425	−0.413

注：* 和**分别表示在 $P<0.05$ 和 $P<0.01$ 水平上差异显著。

二、烟叶淀粉和糖含量的变化

采后烟叶淀粉含量逐渐下降（图 5-30），比较采后不同时期发现，采后 6～18 h 淀粉降解速率较快，18 h 时降解了鲜烟叶（0 h）淀粉含量的 17.30%，18 h 后淀粉下降趋势减缓。采后叶片总糖和还原糖变化趋势较为一致，随着淀粉降解，其含量大幅度升高，采后 6～24 h 糖含量迅速增加，24 h 时总糖和还原糖含量分别增至 0 h 的 4.12 倍和 4.65 倍，采后 24～30 h 糖含量保持稳定。整体而言，采后烟叶糖含量的增长速度快于淀粉降解速度，且淀粉含量和糖含量（总糖、还原糖）呈显著负相关，相关系数分别为 $r=-0.894^{*}$、$r=-0.907^{*}$（表 5-24），硬度与采后烟叶淀粉含量变化呈显著正相关（$r=0.827^{*}$），与总糖、还原糖含量变化呈极显著负相关（$r=-0.964^{**}$、$r=-0.958^{**}$）。

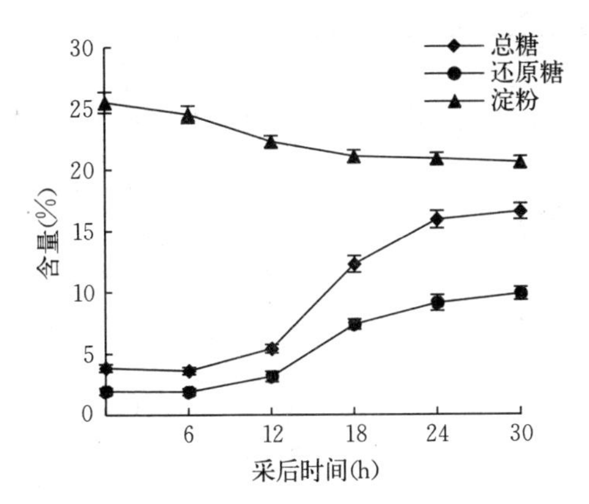

图 5-30 烟叶淀粉和总糖、还原糖含量的变化

三、淀粉代谢相关基因表达量的变化

根据 Genbank 发布的 ADP-葡萄糖焦磷酸化酶基因（*NtAGPS*）、颗粒结合型淀粉合成酶基因（*NtGBSS*）、可溶性淀粉合成酶基因（*NtSSS*）、淀粉分支酶基因（*NtSBE*）、异淀粉酶基因（*NtISO*）、淀粉磷酸化酶基因（*NtSP*）、α-淀粉酶基因（*Ntα-amylase*）、β-淀粉酶基因（*Ntβ-amylase*）、蔗糖磷酸合成酶基因（*NtSPS*）、蔗糖磷酸酶基因（*NtSPP*）、蔗糖合成酶基因（*NtSS*）、液泡转化酶基因（*NtVIN*）的序列设计引物，进行实时定量 RT-PCR 检测。以烟草核糖体蛋白编码基因 *NtL25* 作为内参基因，烤烟叶片糖和淀粉代谢相关基因的定量 PCR 引物序列见表 5-25。

表 5-25 烤烟叶片糖和淀粉代谢相关基因的定量 PCR 引物序列

代谢途径	基因名称	序列号	引物序列（5′→3′）
内参基因	*NtL25*	L18908	F：GCTTTCTTCGTCCCATCA R：CCCCAAGTACCCTCGTA
淀粉代谢基因	*NtAGPS*	DQ399915	F：CGTGATAAGTTCCCTTGTGG R：TCACATTGTCCCCTATACGG

（续）

代谢途径	基因名称	序列号	引物序列（5′→3′）
淀粉代谢基因	*NtGBSS*	DQ069271	F：GGTAGGAAAATCAACTGGATG R：TATCCATGCCATTCACAATCC
	NtSSS	D38221	F：CGGGACAATATTCAATTCGTC R：GGTGGGAAACTGGAACACTAAA
	NtSBE	AB028067	F：TATTTCAGCGAGGCTACAGATG R：CATGAAATTGAGGTACCCCTC
	NtISO	DQ021471	F：TTGGATCCTTATGCCAAGGT R：TAGGTCTCCTTCCCAGTCAAACTG
	NtSP	DQ021468	F：AATCATGATGTGCAAGCGAA R：TGTAATCTGGCACAAATATTACCT
	Ntα-amylase	DQ021455	F：ATATTGCAGGCCTTCAACTGG R：TGGAAGGTAACCTTCAGGAGACA
	Ntβ-amylase	DQ021457	F：TGAGCTATTGGAAATGGCGAAGA R：AAGAGGGATCGTGCAGGAATCA
糖代谢基因	*NtSPS*	AFI94022	F：GGAATTACAGCCCATACGAG R：AAGTTCTGGGTGAGCAAA
	NtSPP	AAW32903	F：TTGTTCCCGCCTATGAAG R：CAGATGGTCTACACACTGC
	NtSS	AB055497	F：CCATTTCTCAGCCCAGTTTA R：CTCTGCCTGTTCTTCCAAGT
	NtVIN	AF376773	F：TAAAGGAATCACAGCGTCG R：TGCATAAAGATCAGCCCAACTA

检测淀粉合成代谢相关基因的表达量发现，在烟叶采收后 30 h 内，烟叶淀粉合成代谢相关酶基因 *NtAGPS*、*NtGBSS*、*NtSSS*、*NtSBE*、*NtISO* 的表达量呈下降趋势，其中淀粉合成代谢的第一个关键酶 *NtAGPS* 和直链淀粉合成的限速酶基因 *NtGBSS* 的表达量持续下降，而支链淀粉合成基因 *NtSSS*、*NtSBE* 和 *NtISO* 在采后 18 h 内仍保持较高水平，采后 24 h 以后基因表达量迅速下降（图 5－31a、图 5－31b、图 5－31c、图 5－31d、图 5－31e）。

检测淀粉分解相关基因的表达量发现（图 5－31f、图 5－31g、图 5－31h），淀粉磷酸化酶基因 *NtSP* 在采后烟叶中的表达量较

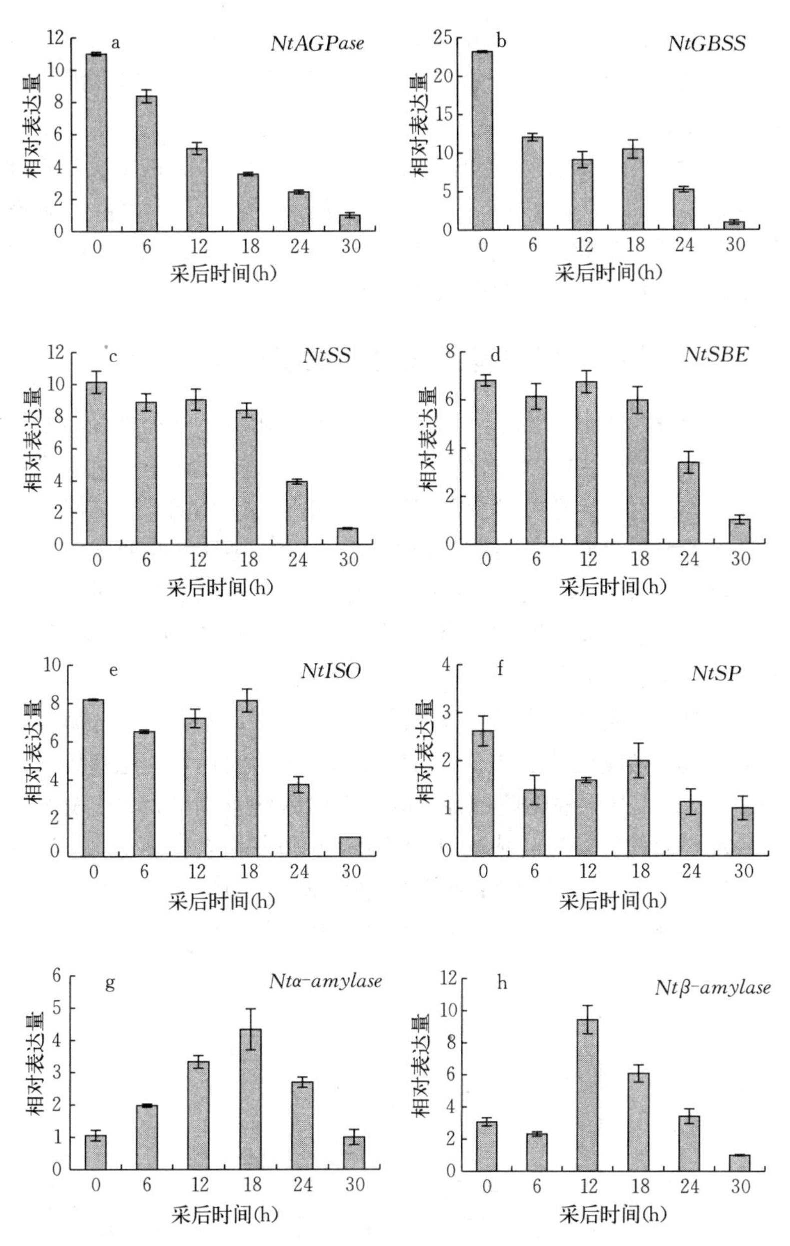

图 5－31　烟叶淀粉代谢相关基因表达量的变化

低；淀粉水解酶基因 *Ntα-amylase* 和 *Ntβ-amylase* 在采后烟叶中的表达量呈先增加后降低趋势，其中在采后烟叶 12～18 h 内的表达量最高。

淀粉代谢基因表达量变化与淀粉含量的相关性分析发现，淀粉合成相关基因 *NtAGPS*、*NtGBSS* 表达量变化与淀粉含量呈显著正相关关系，其相关系数分别为 $r=0.978^{**}$、$r=0.867^{*}$。可见这些基因是采后烟叶淀粉代谢的关键基因。

四、糖代谢相关基因表达量的变化

在糖代谢中，蔗糖磷酸合成酶（SPS）和蔗糖磷酸酶（NtSPP）以复合体的形式存在于植物体内，因此 SPS 催化蔗糖生成实际上不可逆；蔗糖合成酶（SS）在不同 pH 环境下既可催化蔗糖合成，又可催化蔗糖分解，但通常认为 SS 起分解蔗糖作用；液泡转化酶（NtVIN）是一种酸性转化酶，主要起分解蔗糖作用；SPS 和 SS 是控制碳素分配和流向的关键酶，能够调控烟叶中蔗糖的合成和总糖的积累。

检测淀粉合成代谢相关基因的表达量发现，采后烟叶蔗糖代谢相关基因表达量变化趋势和淀粉代谢相关基因表达量变化趋势不同（图 5-32）。其中催化蔗糖合成的蔗糖磷酸酶基因 *NtSPP* 表达量较稳定，而蔗糖磷酸合成酶基因 *NtSPS* 和蔗糖合成酶基因 *NtSS* 的表达量呈先升后降趋势；糖酵解关键基因 *NtVIN* 的表达量也呈现先升后降趋势。可见，采后烟叶中糖代谢呈现先活跃后缓慢下降趋势。

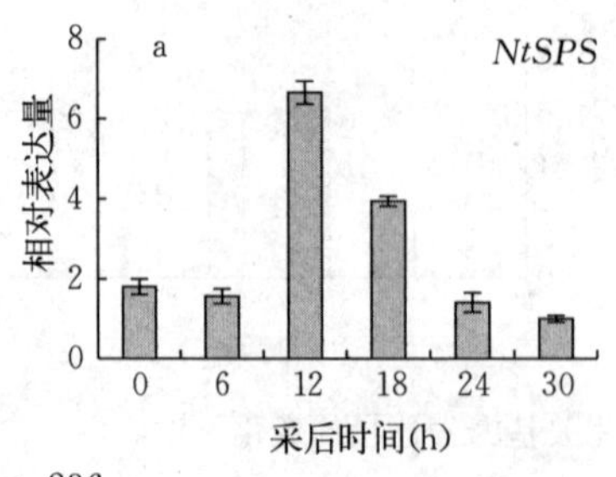

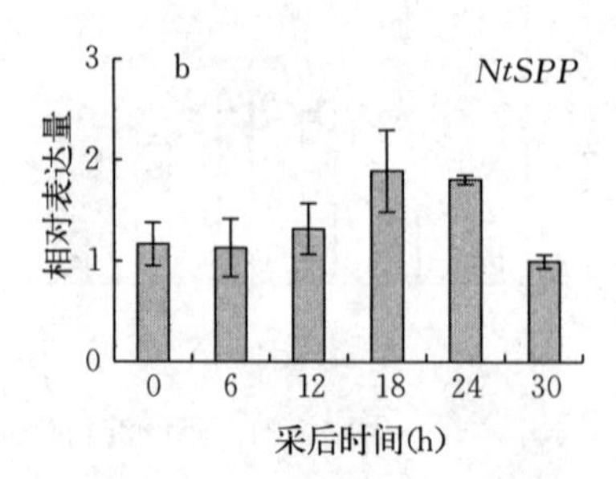

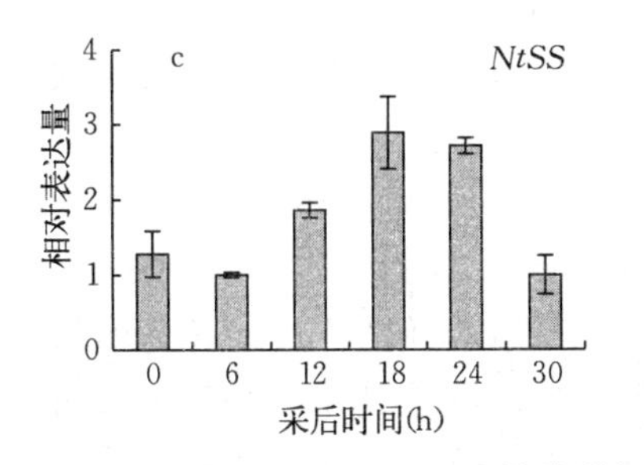

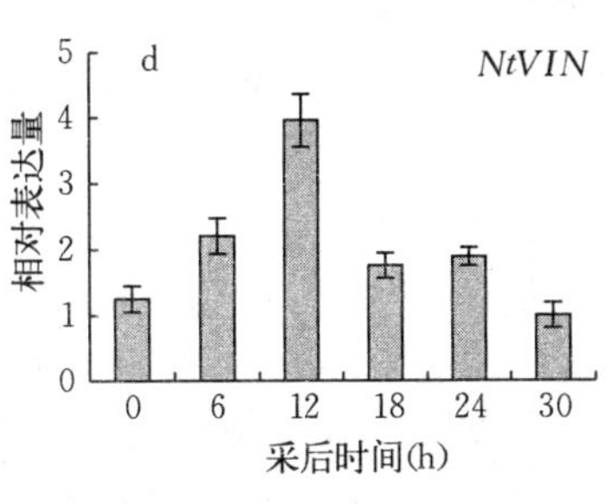

图 5-32　烟叶糖代谢相关基因表达量的变化

五、采后烟叶软化与碳代谢关系

果实的后熟软化是一个复杂的生理生化过程，涉及糖酸组分、质地、色泽、香气以及风味等变化，同样，采后离体烟叶的调制、发酵过程也涉及化学成分、质地、色泽及香吃味变化等。研究发现，常温下黄花梨果实软化前期主要是淀粉酶引起淀粉水解所致，并为呼吸跃变准备能源，之后果实的软化是由细胞壁组分降解所致[27]；糖和淀粉作为细胞的主要内含物质，其含量和比例的改变不仅影响其风味品质，而且显著影响细胞的膨压，进而通过影响细胞的张力而参与软化进程。豫烟 12 号叶色较深，质地脆硬，采后叶片硬度随淀粉含量的下降及糖含量的升高而逐渐降低，且与淀粉含量变化呈显著正相关，与总糖和还原糖含量变化呈极显著负相关；在分子水平上，采后叶片硬度变化与淀粉合成代谢相关酶基因 *NtAGPS*、*NtGBSS*、*NtSSS*、*NtSBE*、*NtISO* 表达量变化呈显著正相关关系，与淀粉分解代谢和糖代谢相关基因表达量变化相关性不显著，但随烟叶软化，相关酶基因表达水平提高。这表明淀粉降解与烟叶软化关系密切。

采后烟叶呼吸强度的强弱直接影响原烟的理化特性，烟叶烘烤过程中呼吸作用的控制是关键环节。采后烟叶呼吸强度短时间内下降，这可能是离体烟叶对逆境的一个应激反应，随后呼吸强度逐渐增大，烟叶开始以淀粉分解的单糖为基质进行旺盛的代谢活动。采后烟叶呼吸代谢消耗糖的同时，淀粉降解不断产生糖，因此采后

30 h 内烟叶淀粉含量下降，糖含量升高。

淀粉合成代谢的关键酶基因 *NtAGPS* 在鲜烟叶中的表达量显著高于采后烟叶，表明鲜烟叶以淀粉合成代谢为主，采后烟叶淀粉合成代谢显著减弱。颗粒结合型淀粉合成酶（NtGBSS）主要催化合成直链淀粉，可溶性淀粉合成酶（NtSSS）、淀粉分支酶（NtSBE）和异淀粉酶（NtISO）主要参与合成支链淀粉。鲜烟叶中 *NtGBSS* 表达量显著高于采后，*NtSSS*、*NtISO*、*NtSBE* 表达量在采后一段时间内下降缓慢，甚至可上调至较高水平，推测采后烟叶内部淀粉形态重新发生分配，直链淀粉逐渐向更易水解的支链淀粉转化，为淀粉降解并维持细胞生命活动做准备。淀粉降解主要通过淀粉酶（Ntα-amylase、Ntβ-amylase）和淀粉磷酸化酶（NtSP）进行，采后烟叶淀粉磷酸化酶基因 *NtSP* 表达量变化不明显，*Ntα-amylase* 和 *Ntβ-amylase* 采后表达量较高，表明采后烟叶功能正由积累淀粉逐渐向分解淀粉转化。糖代谢的 3 个关键基因 *NtSPS*、*NtSS*、*NtVIN* 在采后烟叶中表达量呈先上升再下降趋势，说明采后烟叶糖代谢旺盛，当糖代谢底物消耗殆尽或叶片衰老至一定程度时，糖代谢减弱。

淀粉含量与采后烟叶初期硬度变化关系密切，淀粉降解在采后烟叶叶片发软塌架启动中起重要作用；采后烟叶淀粉合成代谢减弱，分解代谢加强，其中 *NtAGPS* 和 *NtGBSS* 是采后烟叶淀粉代谢的关键酶基因；采后烟叶糖代谢逐渐旺盛，当糖代谢底物消耗殆尽或叶片衰老至一定程度时，糖代谢又减弱。

第七节　采后烟叶碳代谢的动态变化

糖类代谢是植物最基本的初生代谢，直接影响着植物的基本生命活动。淀粉是烟叶中糖类贮藏的主要形式，成熟鲜烟叶中的淀粉含量可达 40%。烤后烟叶中残留的淀粉严重影响烟叶质量，而由淀粉降解的还原糖既可以增加烟叶香吃味，又可以参与调节烟气酸碱平衡，因此采后烟叶淀粉和糖代谢对烟叶质量有重要影响。成熟烟叶采收至烘烤定色前，烟叶处于饥饿代谢状态，其内部进行着复

杂的生理生化变化，研究采后烟叶内碳代谢的变化规律对提高烟叶的烘烤品质具有重要意义。

烟叶离体至烘烤定色前仍然进行着剧烈的生理生化反应，目前关于碳代谢的研究集中在烟草大田成熟期，对于采后离体烟叶内淀粉和糖代谢的变化规律研究较少。

本节以下部分以豫烟 12 号和秦烟 96 为材料，在生态环境、土壤肥力、栽培措施等一致的前提下，测定采后不同时段烟叶中淀粉、总糖和还原糖含量变化，利用实时荧光定量 PCR 技术检测采后烟叶淀粉和糖代谢相关基因的表达规律，为分子调控烟叶碳代谢、合理调控烘烤工艺提供理论依据，并为进一步研究烘烤过程中烟叶碳代谢规律奠定基础。

一、采后烟叶淀粉和糖含量变化

如图 5－33 所示，秦烟 96 鲜烟叶（采后 0 h）淀粉和总糖含量均显著高于豫烟 12 号，其中秦烟 96 鲜烟叶淀粉含量为 30.56%，极显著高于豫烟 12 号（25.49%），总糖含量为 4.83%，显著高于豫烟 12 号（3.86%）；随着采收时间的推移，烟叶内淀粉含量呈下降趋势，而总糖和还原糖含量呈上升趋势，其中糖含量在采后 12 h 后增加速率变快；采后 30 h，豫烟 12 号淀粉含量较 0 h 降解 19.22%，而秦烟 96 降解 23.89%，秦烟 96 淀粉降解率显著大于豫烟 12 号，但总糖和还原糖的增长率（分别为 3.38%、4.12%）却小于豫烟 12 号（分别为 4.30%、5.04%）。

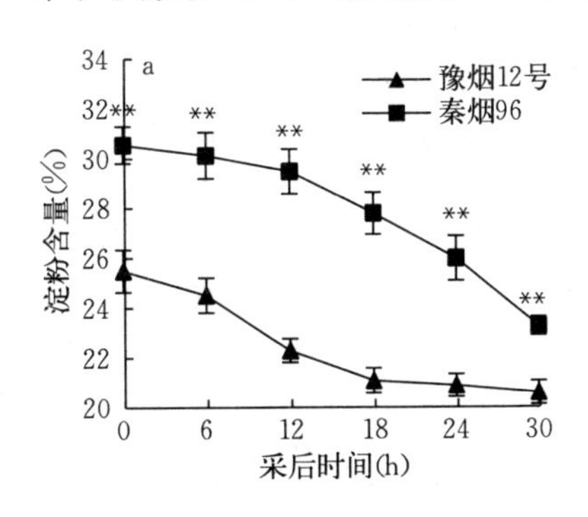

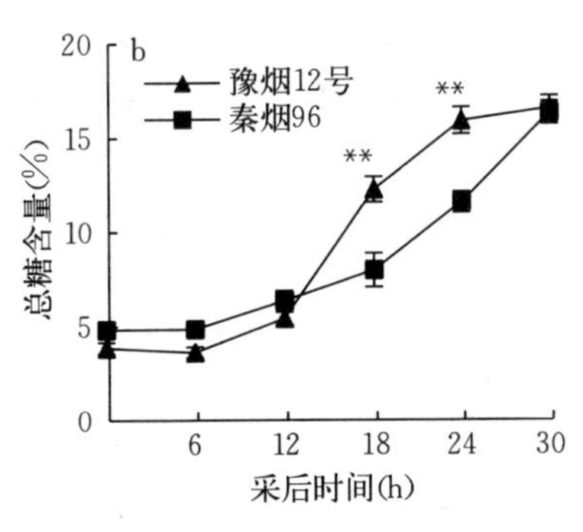

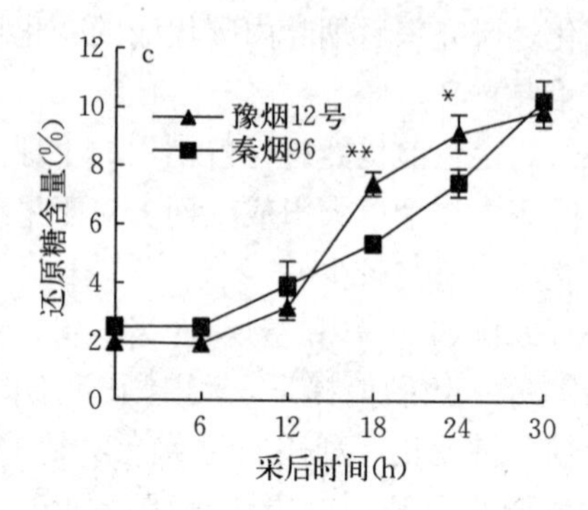

图 5-33 采后烟叶淀粉和糖含量的变化

注：* 和**分别表示在 $P<0.05$ 和 $P<0.01$ 水平上差异显著。

二、采后烟叶淀粉代谢变化

根据 GenBank 发布的碳代谢基因的序列设计 PCR 引物（表 5-26），进行实时定量 PCR 检测，以烟草核糖体蛋白编码基因 *NtL25* 作为内参基因。植物细胞内淀粉和糖的代谢是一个有机循环过程，葡萄糖、果糖、蔗糖和淀粉之间通过各种酶相互转化，本节中涉及的淀粉和糖代谢基因所处的碳代谢位置见图 5-34。

表 5-26 糖和淀粉代谢相关基因的实时定量 PCR 引物序列

代谢途径	基因名称	序列号	引物序列
内参基因	*NtL25*	L18908	F：GCTTTCTTCGTCCCATCA R：CCCCAAGTACCCTCGTA
淀粉代谢基因	*NtAGPL3*	XM016630651	F：CGTGCTAAGCCTGCTGTTC R：TGGTGTTTGAGTTGCTGCTAA
	NtAGPS1	DQ399915	F：CGTGATAAGTTCCCTTGTGG R：TCACATTGTCCCCTATACGG
	NtAGPS2	NM001325659.1	F：TCCCTCAACCGTCACCTCTC R：TTATGCTCCTCAAACAACCACA
	NtAGPS3	AY186620	F：AGCAAAGACGTGATGTTAA R：TCTTCACATTGTCCCCTATACG

（续）

代谢途径	基因名称	序列号	引物序列
淀粉代谢基因	*NtGBSS1*	DQ069271	F：GGTAGGAAAATCAACTGGAT R：TATCCATGCCATTCACAATCC
	NtSSS1	DQ021463	F：CGGGACAATATTCAATTCGT R：GGTGGGAAACTGGAACACTAA
	NtSSS2	DQ021466	F：GATGAAAGGGCTACCCCAC R：TGCCTGTCTCTTGACTGAACTT
	NtSBE1	AB028067	F：TATTTCAGCGAGGCTACAGA R：CATGAAATTGAGGTACCCCTC
	NtSBE2	DQ021459	F：CACCTCCCCTGCTTTCACTT R：GTTCTCAGCTTTAATCTGGCT
	NtISO1	DQ021471	F：TTGGATCCTTATGCCAAGGTC R：TAGGTCTCCTTCCCAGTCAAA
	NtISO2	DQ021461	F：AGTTGGTCTCAGTTCAGGGCA R：GGCAAAGAACAATCTAAAG
	NtISO3	DQ021462	F：AACGAGATTACCTGGCTTGA R：TGTTTTGCTTCCAGAAGAATA
	NtSR1	DQ021469	F：AGAAATATATGTCGAGGTGG R：TTGGGTAACCTAACACTTGA
	NtSP	DQ021468	F：AATCATGATGTGCAAGCGAAG R：TGTAATCTGGCACAAATATT
	Ntα-amylase	DQ021455	F：ATATTGCAGGCCTTCAAC R：TGGAAGGTAACCTTCAGGAGAC
	Ntβ-amylase	DQ021457	F：TGAGCTATTGGAAATGGCG R：AAGAGGGATCGTGCAGGAAT
糖代谢基因	*NtSPSA*	AF194022	F：GGAATTACAGCCCATACGAG R：AAGTTCTGGGTGAGCAAA
	NtSPSB	DQ213015	F：AGGGAGTCTTCATAAATCCAG R：GGACCACCATTCTTAGTAGC
	NtSPSC	DQ213014	F：GGGACTTTGGATTAGATGAAG R：GCATGTGTGTAAATAACAC

（续）

代谢途径	基因名称	序列号	引物序列
糖代谢基因	*NtSPP1*	AAW32903	F：TTGTTCCCGCCTATGAAG R：CAGATGGTCTACACACTGC
	NtSPP2	AAW32903	F：GTGGTGACTCTGGGAATGA R：CATTCAGCCATGTCTGATGTAC
	NtSS	AB055497	F：CCATTTCTCAGCCCAGTTTA R：CTCTGCCTGTTCTTCCAAGT
	NtVIN1	AF376773	F：TAAAGGAATCACAGCGTCG R：TGCATAAAGATCAGCCCAACT

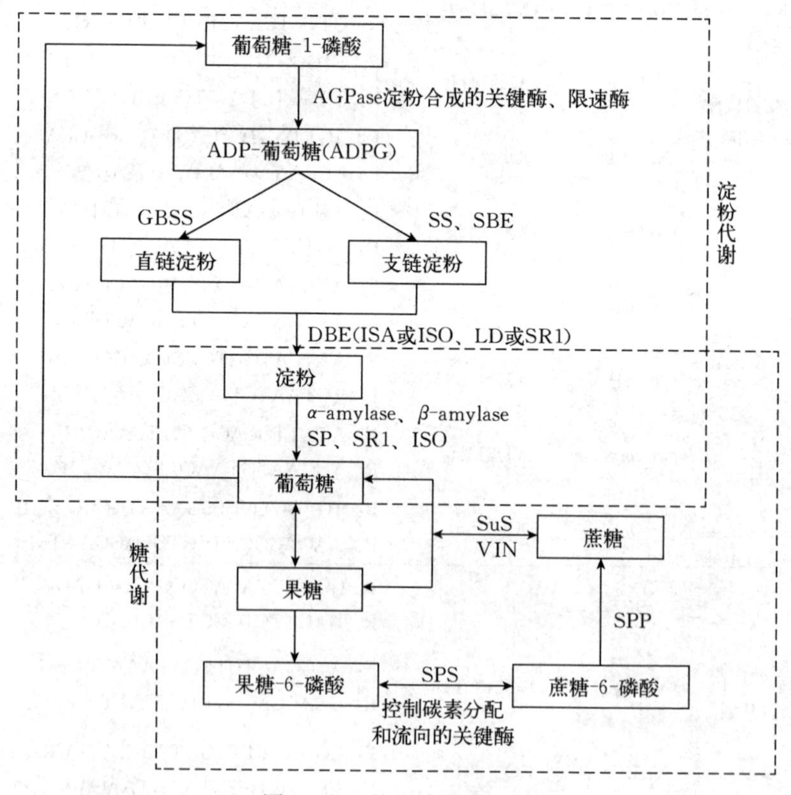

图 5-34　植物碳代谢途径

由淀粉合成起始步骤的关键酶 AGPase 的基因表达分析发现（表 5-27、表 5-28），豫烟 12 号和秦烟 96 成熟和采后烟叶中 *NtAGPL3* 和 *NtAGPS2* 无表达；*NtAGPS1* 和 *NtAGPS3* 在秦烟 96 成熟烟叶（0 h）中的表达量均高于豫烟 12 号；*NtAGPS1* 表达量在采收后的 30 h 内逐渐下降，而 *NtAGPS3* 表达量在采后 6 h 迅速下调至较低水平。*NtAGPS1* 基因的变化趋势与总淀粉含量变化相似，可能是淀粉合成起始步骤的关键基因。

表 5-27　豫烟 12 号采后烟叶淀粉代谢相关酶基因的相对表达量变化

基因名称	豫烟 12 号					
	0 h	6 h	12 h	18 h	24 h	30 h
NtAGPL3	—	—	—	—	—	—
NtAGPS1	11.00±0.10	8.37±0.40	5.14±0.37	3.55±0.10	2.44±0.11	1.00±0.15
NtAGPS2	—	—	—	—	—	—
NtAGPS3	10.04±0.59	4.28±0.14	2.14±0.49	1.40±0.11	1.39±0.19	1.76±0.03
NtGBSSS1	23.18±0.11	12.04±0.48	9.12±1.05	10.48±1.17	5.24±0.35	1.00±0.28
NtSSS1	11.21±0.93	1.00±0.24	1.86±0.37	3.35±0.27	2.06±0.27	2.37±0.35
NtSS2	10.13±0.69	8.88±0.53	9.04±0.66	8.38±0.44	3.94±0.15	1.00±0.05
NtSBE1	2.59±0.52	1.00±0.15	1.70±0.75	11.78±1.31	7.37±1.06	1.08±0.20
NtSBE2	6.79±0.23	6.12±0.53	6.73±0.46	5.97±0.55	3.38±0.45	1.00±0.18
NtISO1	10.09±0.04	7.57±0.22	8.89±0.59	10.03±0.73	4.62±0.52	1.23±0.10
NtISO2	4.92±0.50	1.00±0.05	1.45±0.24	2.28±0.24	2.77±0.72	1.43±0.29
NtISO3	1.54±0.15	1.00±0.32	1.13±0.28	2.64±0.53	1.75±0.32	1.84±0.51
NtSR1	3.93±0.32	1.12±0.07	1.34±0.09	1.00±0.31	2.18±0.23	2.12±0.35
Ntα-amylase	6.35±1.98	7.66±2.39	23.43±1.83	31.51±2.23	19.57±2.30	14.37±0.70
Ntβ-amylase	10.85±0.52	6.53±0.53	33.38±0.87	21.49±0.53	12.08±0.45	8.19±0.03
NtSP	3.61±0.31	1.37±0.31	1.58±0.05	1.99±0.35	1.13±0.26	1.00±0.24

表 5-28 秦烟 96 采后烟叶淀粉代谢相关酶基因的相对表达量变化

基因名称	秦烟 96					
	0 h	6 h	12 h	18 h	24 h	30 h
NtAGPL3	—	—	—	—	—	—
NtAGPS1	12.37±0.75	8.91±0.81	7.11±0.49	2.78±0.22	2.15±0.15	1.75±0.14
NtAGPS2	—	—	—	—	—	—
NtAGPS3	17.93±0.66	2.75±0.19	2.74±0.28	2.14±0.16	1.52±0.27	1.00±0.17
NtGBSS1	31.63±1.17	9.15±0.24	9.80±0.11	9.51±0.46	4.08±0.46	1.32±0.10
NtSSS1	16.43±1.57	2.11±0.06	1.88±0.33	3.21±0.33	3.99±0.25	5.01±0.22
NtSSS2	16.2±1.31	1.84±0.58	4.05±0.87	3.69±0.50	4.32±0.58	4.62±0.52
NtSBE1	34.67±3.08	5.29±1.99	14.92±3.98	27.35±4.71	26.94±2.36	38.84±3.31
NtSBE2	30.28±1.41	2.30±0.03	4.20±0.33	5.20±0.25	6.95±0.38	7.61±0.44
NtISO1	1.00±0.24	2.46±0.44	7.75±0.34	4.87±0.52	5.35±0.60	4.25±0.52
NtISO2	8.91±0.45	1.61±0.22	1.49±0.48	1.03±0.19	2.76±0.39	3.73±0.21
NtISO3	11.36±0.97	3.39±0.28	1.58±0.27	1.58±0.05	4.03±0.37	7.62±0.18
NtSR1	4.69±0.87	2.27±0.30	1.00±0.21	1.10±0.10	4.85±0.71	11.90±1.14
Ntα-amylase	1.00±0.29	16.33±1.51	10.63±1.66	9.97±1.18	17.35±0.88	19.79±0.90
Ntβ-amylase	1.00±0.48	10.47±0.95	38.74±0.82	38.51±1.71	39.36±1.90	58.45±4.42
NtSP	13.97±0.77	1.34±0.15	1.39±0.23	1.39±0.29	3.61±0.79	2.97±0.38

秦烟 96 鲜烟叶（0 h）中直链淀粉合成的关键酶基因 *NtGBSS1* 表达量高于豫烟 12 号。在采后 30 h 内，*NtGBSS1* 表达量逐渐下降，其整体变化趋势与总淀粉变化相似，可能是淀粉合成的关键基因。

可溶性淀粉合成酶基因在两个品种中的表达量变化趋势不同：*NtSSS1* 的表达量在烟叶采收后 6 h 降至低谷，随后略有增加，采后 30 h 时，秦烟 96 的表达量高于豫烟 12 号；*NtSSS2* 在秦烟 96 中的表达量变化与 *NtSSS1* 相似，而 *NtSSS2* 在豫烟 12 号中呈逐渐下降趋势。

淀粉分支酶基因表达量变化趋势在两个品种中不同：秦烟 96

成熟烟叶（0 h）中 *NtSBE1* 和 *NtSBE2* 的表达量均高于豫烟 12 号；秦烟 96 中的 *NtSBE1* 的表达量在烟叶采收后 6 h 降至低谷，随后逐渐增加；豫烟 12 号中的 *NtSBE1* 的表达量在烟叶成熟至采收后 12 h 均维持在较低水平，随后逐渐增加并在采后 18 h 达到高峰，而后降低至采后 6 h 的表达量水平；*NtSBE2* 在秦烟 96 中的表达趋势与 *NtSSS1* 和 *NtSSS2* 相似，而在豫烟 12 号中呈逐渐下降趋势。可见，不同淀粉分支酶在不同品种中的表达特性不同。

淀粉去分支酶基因表达量变化研究发现，烟叶成熟时，*NtISO1* 在豫烟 12 号中的表达量高于秦烟 96；随后其在两个品种中均呈先增再降的变化趋势，在采收后 30 h，秦烟 96 中 *NtISO1* 表达量高于豫烟 12 号。*NtISO2*、*NtISO3* 和 *NtSR1* 基因在秦烟 96 烟叶成熟期的表达量高于豫烟 12 号，烟叶采收后，秦烟 96 中 *NtISO2*、*NtISO3* 和 *NtSR1* 基因表达量呈 U 形变化，而豫烟 12 号中这些基因的表达量整体无剧烈变化。

淀粉水解酶基因 *Ntα-amylase* 和 *Ntβ-amylase* 的表达模式显示，烟叶成熟时，豫烟 12 号的淀粉水解酶基因表达量高于秦烟 96；烟叶采收后两个品种中 *Ntα-amylase* 和 *Ntβ-amylase* 表达量整体呈上调趋势；采后 30 h，秦烟 96 中淀粉水解酶基因表达量高于豫烟 12 号。

淀粉磷酸化酶基因 *NtSP* 表达量变化研究发现，烟叶成熟时，秦烟 96 的 *NtSP* 表达量远高于豫烟 12 号；烟叶采后 6 h，两品种中 *NtSP* 表达量均迅速降低，烟叶采收 30 h 时，秦烟 96 的 *NtSP* 表达量高于豫烟 12 号。

三、采后烟叶糖代谢变化

如表 5-29、表 5-30 所示，检测采后烟叶蔗糖磷酸合成酶基因（*NtSPSA*、*NtSPSB*、*NtSPSC*）的表达量发现，这些基因在两个品种中的表达量差异较大，烟叶成熟及采后 30 h，秦烟 96 中 *NtSPSA*、*NtSPSB* 和 *NtSPSC* 的表达量远高于豫烟 12 号；豫烟 12 号 *NtSPSA*、*NtSPSB* 和 *NtSPSC* 的表达量均呈先升高后降低趋势；秦烟 96 三个基因表达量在采后 6 h 迅速下调至较低水平，但随后呈上调趋势，30 h 时又迅速降低，其中 *NtSPSA* 表达量在采后 30 h 时仍处于较高水平。

表 5-29 豫烟 12 号采后烟叶糖代谢相关酶基因的相对表达量变化

基因名称	豫烟 12 号					
	0 h	6 h	12 h	18 h	24 h	30 h
NtSPSA	1.80±0.19	1.57±0.18	6.66±0.29	3.94±0.12	1.41±0.24	1.00±0.08
NtSPSB	3.29±0.46	8.26±2.75	24.42±0.71	16.17±2.05	15.45±0.01	1.00±0.16
NtSPSC	8.71±0.66	2.11±0.11	3.84±0.54	5.61±0.57	21.33±1.12	1.00±0.14
NtSPP1	1.16±0.21	1.12±0.28	1.31±0.25	1.88±0.40	1.80±0.04	1.00±0.06
NtSPP2	1.00±0.34	4.22±0.62	5.40±0.73	5.29±0.81	10.88±0.93	6.87±0.26
NtSS	3.28±0.78	2.57±0.08	4.77±0.25	7.41±0.82	6.96±0.27	2.56±0.65
NtVIN1	1.25±0.19	2.20±0.26	3.95±0.40	1.75±0.18	1.88±0.13	1.00±0.19

表 5-30 秦烟 96 采后烟叶糖代谢相关酶基因的相对表达量变化

基因名称	秦烟 96					
	0 h	6 h	12 h	18 h	24 h	30 h
NtSPSA	25.60±2.73	2.35±0.34	8.66±0.97	5.41±0.74	7.50±0.70	13.01±1.40
NtSPSB	45.68±3.87	1.99±0.12	17.17±0.32	19.95±1.48	22.78±1.22	10.24±0.88
NtSPSC	18.93±1.23	7.11±0.37	9.35±0.56	24.43±1.16	23.41±0.59	3.69±0.74
NtSPP 1	8.02±0.93	1.74±0.37	1.76±0.19	2.32±0.25	2.73±0.26	3.85±0.34
NtSPP 2	21.71±2.43	3.22±0.82	9.20±0.63	6.26±0.52	13.21±1.23	17.82±0.74
NtSS	5.75±0.60	1.00±0.03	1.48±0.15	3.44±0.35	5.13±0.54	5.51±0.57
NtVIN1	9.95±0.53	2.73±0.12	4.35±0.72	4.85±0.33	5.95±0.10	9.40±0.78

蔗糖磷酸合成酶和蔗糖磷酸酶常以复合体的形式存在于植物体内。秦烟 96 成熟烟叶和采收后烟叶中 *NtSPP1* 和 *NtSPP2* 表达量整体高于豫烟 12 号；秦烟 96 成熟烟叶（0 h）中 *NtSPP1* 和 *NtSPP2* 表达量较高，采后 6 h 表达量迅速下降，随后呈上调趋势。

烟叶成熟时及采后 30 h，秦烟 96 中蔗糖合成酶基因 *NtSS* 和

糖酵解关键基因 *NtVIN1* 的表达量远高于豫烟 12 号；豫烟 12 号 *NtSS* 和 *NtVIN1* 表达量呈先上升后下调趋势；秦烟 96 中 *NtSS* 和 *NtVIN1* 表达量在采后 6 h 迅速下降至较低水平，随后呈逐渐上调趋势。

四、采后烟叶淀粉、糖含量与酶基因表达量相关性

由表 5-31 看出，淀粉合成代谢关键酶基因 *NtAGPS1* 表达量变化与两品种烟叶中淀粉和糖含量呈显著相关性，且与豫烟 12 号淀粉含量变化相关性达极显著水平（r=0.987**）；*NtGBSS1* 表达量变化与豫烟 12 号采后烟叶淀粉含量变化呈显著正相关（r=0.876*），与其余糖类变化相关性较强（r=−0.776、−0.785、0.709、−0.671、−0.696）；*NtAGPS3*、*NtSSS2*、*NtSBE2*、*NtSR1* 和 *Ntβ-amylase* 虽然与豫烟 12 号和秦烟 96 某一生理指标相关性显著，但与其余糖类相关性较弱。总体来说，采后烟叶中糖类变化与淀粉代谢相关酶基因表达量变化相关性较强，与糖代谢相关酶基因表达量变化相关性较弱，即采后烟叶碳代谢由淀粉代谢相关酶基因起关键调控作用。

表 5-31　采后烟叶淀粉、糖含量和代谢相关酶基因表达量的相关性

基因名称		豫烟 12 号			秦烟 96		
		淀粉	总糖	还原糖	淀粉	总糖	还原糖
淀粉代谢基因	*NtAGPS1*	0.987**	−0.903*	−0.915*	0.864*	−0.816*	−0.863*
	NtAGPS3	0.892*	−0.663	−0.681	0.557	−0.506	−0.545
	NtGBSS1	0.876*	−0.776	−0.785	0.709	−0.671	−0.696
	NtSSS1	0.591	−0.349	−0.362	0.273	−0.219	−0.263
	NtSSS2	0.731	−0.878*	−0.872*	0.336	−0.278	−0.314
	NtSBE1	−0.456	0.433	0.439	−0.580	0.606	0.599
	NtSBE2	0.673	−0.853*	−0.847*	0.307	−0.251	−0.290
	NtISO1	0.568	−0.721	−0.712	−0.280	0.264	0.327
	NtISO2	0.427	−0.159	−0.182	0.183	−0.115	−0.172

（续）

基因名称		豫烟12号			秦烟96		
		淀粉	总糖	还原糖	淀粉	总糖	还原糖
淀粉代谢基因	*NtISO3*	−0.573	0.640	0.656	−0.037	0.106	0.035
	NtSR1	0.445	−0.114	−0.142	−0.775	0.821*	0.765
	Ntα-amylase	−0.719	0.435	0.461	−0.704	0.683	0.676
	Ntβ-amylase	−0.234	−0.166	−0.141	−0.859*	0.842*	0.878*
	NtSP	0.700	−0.561	−0.567	0.322	−0.264	−0.308
糖代谢基因	*NtSPSA*	−0.098	−0.324	−0.296	0.118	−0.046	−0.090
	NtSPSB	−0.292	−0.088	−0.077	0.305	−0.269	−0.268
	NtSPSC	−0.179	0.343	0.305	0.153	−0.201	−0.140
	NtSPP1	−0.468	0.386	0.384	0.157	−0.099	−0.146
	NtSPP2	−0.807	0.785	0.772	−0.271	0.344	0.300
	NtSS	−0.535	0.416	0.416	−0.516	0.546	0.527
	NtVIN	0.019	−0.425	−0.413	−0.366	0.426	0.383

五、采后烟叶碳代谢分析

烟叶烘烤过程中糖类含量变化显著，淀粉在淀粉酶的作用下大量分解，同时糖类在相关酶的作用下进行呼吸消耗，但淀粉产生的糖量大大超过呼吸消耗的糖量，因此，采后离体烟叶淀粉含量逐渐下降，而糖含量逐渐增加。虽然豫烟12号和秦烟96生态条件、栽培措施和生育期一致，但成熟期烟叶中营养物质差异较大，秦烟96鲜烟淀粉含量极显著高于豫烟12号，这可能与烤烟品种本身的基因表达量关系密切；采后30 h时，秦烟96淀粉降解率大于豫烟12号，而糖含量增加率却低于豫烟12号，一定程度上说明秦烟96采后烟叶呼吸代谢旺盛，消耗糖较多，即秦烟96烘烤过程中烟叶糖类降解转化较豫烟12号充分。

碳代谢是烟株生长发育、产量和品质形成过程中最基本的代谢过程，烟叶碳代谢既受烟株本身遗传基因的支配，又受环境条件和

栽培技术的影响，是一种多基因系统与环境因素交互作用的结果。从豫烟 12 号和秦烟 96 鲜烟叶（0 h）中淀粉和糖代谢相关酶基因的表达量的差异对比可以看出，秦烟 96 鲜烟叶中淀粉和糖代谢的相关酶基因 *NtAGPS 3*、*NtGBSS1*、*NtSSS1*、*NtSSS2*、*NtSBE1*、*NtSBE2*、*NtISO2*、*NtISO3*、*NtSP*、*NtSPSA*、*NtSPSB*、*NtSPSC*、*NtSPP1*、*NtSPP2*、*NtSS* 和 *NtVIN1* 的表达量均显著高于豫烟 12 号，而淀粉分解的关键酶基因 *Ntα-amylase* 和*Ntβ-amylase*表达量却显著低于豫烟 12 号，说明同一生态环境和栽培措施条件下，秦烟 96 成熟期淀粉合成代谢和糖代谢较豫烟 12 号强，因此秦烟 96 鲜烟叶中淀粉含量显著高于豫烟 12 号。这与品种自身的遗传特性和适应性有关。有研究表明，豫烟 12 号不耐肥，在高氮条件下碳代谢弱，氮代谢强，成熟特性较差，难落黄；而秦烟 96 则是一个能够兼顾品质、抗性、产量、适应性等方面的优良品种。

AGPase 是淀粉合成的限速酶，该酶活性的大小直接决定淀粉合成的速率和最终合成量多少；颗粒结合型淀粉合成酶 GBSS 主要参与直链淀粉的合成，是植物中研究最多的一类淀粉合成酶。本节研究表明，豫烟 12 号和秦烟 96 淀粉合成的关键酶基因为 *NtAGPS1*，*NtAGPS1* 在采后烟叶中呈逐渐下调趋势，且与采后烟叶淀粉、糖含量变化呈显著正相关，是采后烟叶糖类代谢的关键基因；*NtAGPS3* 和 *NtGBSS1* 在鲜烟叶中的表达量明显高于采后烟叶，说明鲜烟叶以淀粉合成代谢为主，采后烟叶淀粉合成代谢迅速减弱，且直链淀粉合成速率明显下降；相关性分析结果表明，直链淀粉合成的关键酶基因 *NtGBSS1* 与豫烟 12 号淀粉含量变化呈显著正相关，与其他糖类变化相关性较高，是采后烟叶淀粉代谢的关键控制基因。可溶性淀粉合成酶与淀粉粒结合程度较弱，主要参与支链淀粉中分支链的合成，淀粉分支酶（SBE）的主要功能是水解 α-1,4-糖苷键，形成 α-1,6-糖苷键，连接形成支链淀粉的分支结构。

豫烟 12 号和秦烟 96 采后烟叶中支链淀粉合成相关酶基因 *NtSSS1*、*NtSSS2*、*NtSBE1* 和 *NtSBE* 的表达量或呈缓慢下降趋势，或呈逐渐上调趋势，即采后一定时间内相关基因表达量较高，采后烟叶支链淀粉合成代谢减弱缓慢甚至有逐渐加强趋势。玉米不同淀粉链研究[28]中发现，直链淀粉比例高，结构致密性强，不易水解。推测采后烟叶内部淀粉形态重新发生分配，直链淀粉逐渐向更易水解的支链淀粉转化，为淀粉降解并维持细胞生命活动做准备。拟南芥中包括3种异淀粉酶（ISO1、ISO2和ISO3），在淀粉合成中起最后修饰作用，本节研究中*NtISO1*、*NtISO2*和*NtISO3*基因表达量在成熟、采收后呈无序增降模式，这可能与该基因在淀粉合成和降解中的双重作用有关。淀粉降解主要通过淀粉酶（Ntα-amylase、Ntβ-amylase）和淀粉磷酸化酶（NtSP）进行，且水解和磷酸解两种途径均需要R酶（NtSR1）的参与才能彻底完成。本节研究结果表明，采后烟叶中*Ntα-amylase*和*Ntβ-amylase*的表达量较高，说明采后烟叶功能正由积累淀粉向分解淀粉逐渐转化，采后30 h内，豫烟12号*Ntα-amylase*和*Ntβ-amylase*表达量呈先升后降趋势，秦烟96则呈逐渐上调趋势，这可能与底物即烟叶淀粉含量的多少有关；秦烟96烟叶在采后24～30 h，*NtSR1*和*NtSP*的表达量有明显上调，即秦烟96较豫烟12号采后烟叶淀粉降解更快、更彻底。

在糖代谢中，蔗糖磷酸合成酶和蔗糖合成酶是控制碳素分配和流向的关键酶，能够调控植物叶片中蔗糖的合成和总糖的积累。液泡转化酶（VIN）则催化蔗糖分解形成葡萄糖和果糖，参与植物渗透调节和细胞膨大，调控贮藏器官中糖成分及比例。本节研究结果发现，豫烟12号糖代谢相关酶基因*NtSPSA*、*NtSPSB*、*NtSPSC*、*NtSPP1*、*NtSPP2*、*NtSS*和*NtVIN1*在采后烟叶中的表达量均呈先上升后下降趋势，说明采后烟叶糖代谢旺盛，当糖代谢底物消耗殆尽或叶片衰老至一定程度时，糖代谢减弱；秦烟96糖代谢相关酶基因表达量呈明显上调趋势，推测秦烟96成熟烟叶营养物质充实，糖代谢周期持续时间长，因此30 h内糖代谢相关基因表达量持续上调；秦烟96采后烟叶中糖代谢相关酶基因表达量除*NtSS*外均整体强于豫烟12号，即秦烟96采后烟叶糖代谢较豫烟12号

更活跃。

采后烟叶的淀粉合成代谢减弱，分解代谢加强，*NtAGPS1* 和 *NtGBSS1* 是采后离体烟叶中碳代谢途径的关键调控基因；离体烟叶直链淀粉合成代谢持续减弱，支链淀粉合成代谢减弱缓慢甚至有上调趋势，推测采后烟叶内部淀粉形态重新发生分配，直链淀粉逐渐向更易水解的支链淀粉转化；采后烟叶糖代谢先逐渐旺盛，当糖代谢底物消耗殆尽或叶片衰老至一定程度时，糖代谢又减弱。同一生态条件和栽培措施下，秦烟 96 成熟鲜烟叶中淀粉和糖代谢较豫烟 12 号强，营养物质充实，且采后烟叶中淀粉分解代谢和糖代谢旺盛，糖类降解转化更加充分。本节从分子生物学角度分析了同一生态条件下不同烤烟品种采后烟叶淀粉和糖代谢的规律和差异，为进一步探究烘烤过程中烟叶碳代谢规律奠定了试验基础和理论基础。

参考文献

[1] 王正刚，孙敬权，唐经祥，等．充分发育烟叶失水特性及烘烤失水调控初报 [J]. 中国烟草科学，1999 (2)：1-4.

[2] 张树堂，崔国民．不同烤烟品种的烘烤特性研究 [J]. 中国烟草科学，1997，18 (4)：37-41.

[3] 王亚辉，卢秀萍，杨雪彪，等．烤烟新品种云烟 202 的烘烤特性初报 [J]. 中国农学通报，2007，23 (11)：105-108.

[4] 訾莹莹，韩志忠，孙福山，等．烤烟烘烤过程中品种间的生理生化反应差异研究 [J]. 中国烟草科学，2011，32 (1)：61-65.

[5] 聂荣邦，唐建文．烟叶烘烤特性研究Ⅰ．烟叶自由水和束缚水含量与品种及烟叶着生部位和成熟度的关系 [J]. 湖南农业大学学报（自然科学版），2002，28 (4)：290-292.

[6] 王松峰，王爱华，程森，等．引进烤烟新品种 NC55 的烘烤特性研究 [J]. 华北农学报，2012，27 (S1)：158-163.

[7] 宫长荣，王爱华，王松峰．烟叶烘烤过程中多酚类物质的变化及与化学成分的相关分析 [J]. 中国农业科学，2005，38 (11)：2316-2320.

[8] 韩锦峰，李荣兴，韩富根，等．烤烟烘烤过程中多酚氧化酶活性变化规律的初步探讨 [J]. 中国烟草，1984 (3)：4-8.

[9] 宫长荣，袁红涛，陈江华．烤烟烘烤过程中烟叶淀粉酶活性变化及色素降解规律的研究 [J]. 中国烟草学报，2002，8 (2)：16-20.

[10] 宫长荣，袁红涛，周义和，等．烟叶在烘烤过程中淀粉降解与淀粉酶活性的研究 [J]. 中国烟草科学，2001，22 (2)：9-11.

[11] 王爱华，王松峰，韩志忠，等．烤烟新品种中烟 203 密集烘烤过程中的生理生化特性研究 [J]. 中国烟草科学，2013，34 (2)：74-80.

[12] 宫长荣，李常军，李锐，等．烟叶在烘烤过程中氮代谢的研究 [J]. 中国农业科学，1999，32 (6)：89-92.

[13] 王传义．不同烤烟品种烘烤特性研究 [D]. 北京：中国农业科学院，2008.

[14] 李长江．对两种特殊烟叶烘烤技术及烤坏烟原因的探讨 [J]. 农业与技术，2001，21 (4)：53-56.

[15] 宋朝鹏，宫长荣，武圣江，等．密集烘烤过程中烤烟细胞生理和质地变化 [J]. 作物学报，2010，36 (11)：1967-1973.

[16] 许凤，杨震峰，裴娇艳，等．基于颜色参数变化的青花菜叶绿素含量预测模型 [J]. 食品科学，2011，32 (13)：54-57.

[17] 杨宏顺，冯国平，李云飞．嫩茎花椰菜在不同气调贮藏下叶绿素和维生素 C 的降解及活化能研究 [J]. 农业工程学报，2004，20 (4)：172-175.

[18] 乔勇进，张辉，唐坚，等．采后小白菜叶绿体色素含量变化及其叶绿素降解动力学的研究 [J]. 食品安全质量检测学报，2013，4 (6)：1692-1698.

[19] 詹军，张晓龙，周芳芳，等．低温变黄与干筋烘烤工艺对中上部烟叶质量的影响 [J]. 河南农业科学，2012，41 (11)：155-160.

[20] 许自成，黄平俊，苏富强，等．不同采收方式对烤烟上部叶内在品质的影响 [J]. 西北农林科技大学学报（自然科学版），2005 (11)：13-17.

[21] 张国超，孙福山，王松峰，等．引进烤烟品种 KRK26 烘烤特性研究 [J]. 中国烟草科学，2013，34 (3)：74-78，88.

[22] 张松涛，杨永霞，滑夏华，等．不同生态区烟叶淀粉生物合成动态比较研究 [J]. 中国烟草学报，2012，18 (4)：31-34，40.

[23] 贾宏昉，陈红丽，黄化刚，等．施用腐熟秸秆肥对烤烟成熟期碳代谢途径影响的初报 [J]. 中国烟草学报，2014，20 (4)：48-52.

[24] 杨胜男，张洪映，连文力，等．复合有机肥对烤烟淀粉生物合成的影响 [J]. 中国烟草学报，2016 (1)：64－70.
[25] 王红丽，杨惠娟，苏菲，等．氮用量对烤烟成熟期叶片碳氮代谢及萜类代谢相关基因表达的影响 [J]. 中国烟草学报，2014，20 (5)：116－120.
[26] 王怀珠，杨焕文，郭红英，等．淀粉类酶降解鲜烟叶中淀粉的研究 [J]. 中国烟草科学，2005 (2)：37－39.
[27] 林河通，席焜芳，陈绍军．黄花梨果实采后软化生理基础 [J]. 中国农业科学，2003，36 (3)：349－352.
[28] 李佳佳，卢未琴，高群玉．不同链淀粉含量玉米微晶淀粉理化性质研究 [J]. 粮食与油脂，2011 (2)：13－17.

>>> 第六章　特殊烟叶调制技术

第一节　烟叶烘烤技术要点

烟叶烘烤是优化烟叶供给结构的重要环节，鲜烟叶的质量潜势能否得到充分显露和挥发取决于烘烤设备性能和烘烤工艺的实施。

一、基本原则

根据烤烟三段式烘烤基本原理，结合密集烘烤关键技术条件对烘烤质量的研究，确定以“低温中湿慢变黄，中湿定色慢升温，变速通风慢排湿，关键节点稳时间，微风干筋保香气”为核心的提质增香密集烘烤工艺原则。强调烟叶低温充分转化、变黄，形成更多的香气前提物质；在 42 ℃烟叶凋萎和 46～50 ℃稳温时间充分消除青筋；强调延长 54 ℃时间，增加香气物质形成量；尽量降低烟叶干筋温度，减少香气物质挥发散失；重视烘烤过程中的烤房湿度，确保烟叶内含物质转化完全。

二、技术指标

1. 变黄阶段

以低温中湿变黄为主，低速运转风机，关键时间节点延长时间，确保烟叶充分变黄发软。

烟叶装入烤房后，要关闭烤房装烟门，打开温湿度自控设备，

并开启循环风机，点火升温。点火后一般以 0.5～1.5 ℃/h 的升温速度升至 35 ℃左右，维持干、湿球温度差 1～2 ℃；至烟叶 3 成黄左右，以 0.5 ℃/h 的升温速度升至 38 ℃，控制干、湿球温度差 2 ℃左右，延长时间，至烟叶达到 7～8 成黄；随后以 0.5～1 ℃的升温速度升至 41～42 ℃，保持湿球温度 36～37 ℃，延长 12 h 以上，下部叶变黄程度达 8～9 成，中、上部叶变黄程度达 9～10 成，且叶片充分凋萎塌架，主脉变软，即可转火进入定色阶段。

注意事项：操作过程中注意升温要稳，并提前 1～2 ℃封火稳温。重视稳温保湿变黄，提高变黄程度，既要防止烟叶脱水过快难以完全变黄，又要防止烟叶脱水过慢导致烟叶营养消耗过度。烟叶变化达不到规定要求时，不可急于升温。

2. 定色阶段

定色阶段是决定烟叶质量的关键阶段，技术关键是加大烧火，加强排湿，中湿升温定色，关键节点稳时间，达到黄、香并重。在保持湿球温度适宜且稳定的前提下，依靠干球温度的升高降低烤房湿度，要稳定加大烧火，加强烟叶脱水和排除，确保烟叶残留的青色变黄，促进烟筋充分变黄，慢升温定色确保外观质量，促进香气物质形成，提高烟叶内在质量。

当烟叶达到变黄要求时，一般以 0.5～1 ℃/h 的升温速度从 42 ℃升温至 54 ℃，加强通风排湿，湿球温度稳定在 37～40 ℃。定色阶段，可在 45～48 ℃延长时间，稳温 12～24 h，使烟筋变黄，至烟叶小卷筒；54 ℃时，稳温 12 h 以上，至烟叶大卷筒，以叶片干燥为准。

注意事项：操作过程要做到烧火要稳，升温要准，不能升温过猛，防止烟叶青筋浮青或叶肉回青，更不能降温而出现挂灰等现象。加强排湿，防止出现高温高湿使烟叶蒸片、黑糟。湿球温度不可忽高忽低，使烟叶颜色发暗不鲜亮。

3. 干筋阶段

干筋阶段的技术关键是控制干球温度，限制湿球温度，减少通风，适时停止烧火。确保烟叶干筋，减少香气物质挥发损失。

进入干筋阶段后，以 1 ℃/h 的升温速度升至 68 ℃，最高不超过 70 ℃，湿球温度 41～42 ℃，并保持稳定。此时期需要烧大火，确保烤房快速升温不降温。大幅度或长时间降温会导致烟叶形成洇筋洇片。

注意事项：干球温度最高不超过 70 ℃，防止香气物质过多挥发降低内在质量。湿球温度不能超过 43 ℃，防止烤红烟。升温要稳，不可忽高忽低，防止掉温引起洇筋洇片，停火不宜过早，以防湿筋湿片。停止烧火后，不可过早关闭循环风机，以免加热室内温度过高而损坏风机。

第二节　几种特殊烟叶的烘烤

由于非人为因素主要是降雨时空分布不合理造成烟叶不能正常生长和成熟，如嫩黄烟、返青烟、后发烟等，这些烟叶烘烤特性较差，烘烤过程不易把握，应根据烟叶自身素质条件制定相应的烘烤策略，灵活烘烤。

一、水分大烟叶的烘烤

1. 嫩黄烟

嫩黄烟干物质少，水分含量大，烘烤时易变黄且易变黑，耐烤性差。采收应适当提前，稀编竿、稀装烟，含水多的烟叶排湿任务大，装烟密度控制在正常装烟量 7 成左右。

烘烤时，蒸发和排除烟叶过多的水分是烘烤操作的核心和关键。高温快速排湿、打开辅助排湿口烘烤均有很好效果。变黄阶段应保持干湿差 3 ℃以上，烟叶含水越多，干湿差越大，促使烟叶逐渐失水变软。转火时的变黄程度不宜高，而干燥程度不能低。烟叶含水越多，变黄程度越低，并且干燥程度越高，残余的青色到定色升温阶段再完成变黄，一般 5～6 成黄转入定色。定色期宜采取边升温、边失水、边变黄的方法，确保烟叶变黄后顺利定色。干筋阶段的温湿度控制与正常烟叶相似，注意减小烤房通风量。

2. 多雨寡日照烟

多雨寡日照烟是指长期在阴雨寡日照环境中生长达到成熟的烟叶，多为中下部烟叶，烟叶内含物不充实，干物质积累相对亏缺，叶片大而薄，组织结构疏松，含水率高；由于阴雨天气烟叶田间不易显现叶面落黄特征，应根据叶龄及叶脉的白亮程度等因素确定烟叶成熟，适熟采收，防止过熟；烟叶烘烤过程中不耐烤，易烤糟、烤黑，定色期集中排湿还易产生蒸片，烤后烟叶颜色偏淡。

由于多雨寡日照烟叶含水多，需稀编竿、稀装烟，以减小排湿压力。烘烤时注意先拿水，后拿色，防止硬变黄。先调节干球温度42 ℃、湿球温度38～39 ℃，稳温12～20 h，使叶片失水25%，烟叶发软塌架、支脉变软，再调节干球温度37～38 ℃、湿球温度37～38 ℃，保湿变黄24～32 h；至叶片8～9成黄，调节干球温度42 ℃、湿球温度35～36 ℃，稳温12～14 h；待烟叶黄片青筋、叶片勾尖，最后调节干球温度45 ℃、湿球温度36 ℃，稳温22～25 h，至烟叶黄片黄筋，勾尖卷边；随后按正常烟叶烘烤即可。

3. 雨淋烟

雨淋烟应在降雨后2～4 h内予以采收，尽量避免降水对烟叶产生更大影响。由于叶外附有明水，叶内水分也有所增加，烘烤时应相应加大排湿力度，装烟时要适当稀一些。具体密度确定之前，要估算鲜干比值。鲜干比值大于10的，装70%～80%；鲜干比值为8～9的，可装80%～90%。点火后，首要任务是排出烟叶表层的水分，促使叶片失水变软，确保烟叶在失去部分水分后正常变黄，防止出现硬变黄。以1 ℃/h的升温速度将干球温度升至38～40 ℃并稳定，温度不宜过低，以利于水分排出。当排出烟叶表面水，促使烟叶发软后，即应恢复正常烘烤。

4. 返青烟

返青烟多为中、下部叶，这些烟叶已接近成熟或已成熟后又受到较长时间降雨影响，重新返青发嫩，失去成熟特征。这种烟叶叶内水分蛋白质较多，保水能力较强，烘烤时变黄和脱水都困难。烟叶变黄时表现为先慢后快，变黄后变黑速度明显加快。这种烟叶最好等再次落黄成熟时采收，如因天气原因非采不可，则要稀编竿、稀装炉。

烘烤时，采用“高温变黄、低温定色、边变黄边定色”的技术措施，变黄时干球温度应在40℃左右，干、湿球温度差保持在4℃，加速烟叶失水变黄速度，防止硬变黄。点火后，升温速度既不能过快，也不能过慢，在干球温度42℃前以3～4 h升温1℃，42～46℃以2～3 h升温1℃，在46～47℃时充分延长时间，大量排湿，使烟叶出现大卷筒。干筋期转入正常烘烤即可。

二、水分小烟叶的烘烤

1. 旱天烟

旱天烟水分含量少，尤其是自由水含量较少，而结合水含量较多，烘烤时不易脱水，易出现挂灰和回青。采收时最好趁露采收，增加烟叶水分和烤房湿度；稀编烟、稠装烟，创造有利于保湿和均匀排湿的条件。

烘烤时注意低温变黄，高温转火，先拿色，后拿水；大胆变黄，保湿变黄，补湿变黄。在变黄阶段保持干湿差0.5～1℃，定色阶段慢升温，48℃延长一段时间，防止回青与挂灰。烘烤过程中宜控制较高湿球温度在39～41℃，增进烟叶外观色泽。在54℃充分延长时间，直至全房烟叶大卷筒、黄片黄筋，在转入干筋期，干筋温度控制在68℃，湿球温度40～41℃。

2. 旱黄烟

旱黄烟是由于干旱而造成的假熟烟，若解除干旱，烟叶仍可恢复正常生长，因此不能盲目早采。尽量采“露水烟”，稀编烟，装满炕，以利于烟叶保湿变黄；由于旱黄烟不易脱水，装烟时也不易过密，防止闷炕。

高温保湿变黄，宜控制较高起火温度，变黄前期干球温度39～40℃，促使烟叶脱出适量水分，增加烤房湿度；烟叶发软后，使干球温度稳定在38℃左右，注意保湿，防止烟叶失水过多而难变黄。变黄阶段保持干湿差0.5～1℃，高温转火，加速定色，48℃

延长一段时间，防止回青。定色阶段湿球温度宜较低，50 ℃之前湿球温度 38 ℃，50 ℃之后湿球温度适当升高，控制在 39 ℃左右。

三、其他特殊烟叶的烘烤

1. 后发烟

后发烟是由于烟田施肥欠合理，烟叶生长前期干旱，中后期降雨相对较多情况下形成的。烘烤时，容易表现变黄困难而烤青，也会因脱水困难、难定色而烤黑，烤后烟叶常出现不同程度挂灰、红棕、杂色、僵硬等。此种烟应稀编竿，装烟密度视烟叶水分而定，不宜过稀。

烘烤时，以 1 ℃/h 将干球升至 36 ℃，干湿差 1.5 ℃，使叶尖变黄、发软；以 0.5 ℃/h 将干球升温至 38 ℃，干湿差 2 ℃，延长时间使叶片基本变黄、发软；烟叶变黄温度以 38 ℃左右为宜。定色阶段的升温速度宜慢不宜快，以促进内含物质在较高温度下转化，并使身份变薄、色泽略浅。以 0.5 ℃/h 将干球升温至 41 ℃，湿球 37 ℃，使烟叶完全变黄、凋萎。根据烟叶变化，可以适当在 41～42 ℃和 46～48 ℃分别延长时间。湿球温度在正常范围内以适宜略偏低为宜，通常变黄阶段可保持干、湿球温度差 3 ℃左右，以较大干、湿球温度差促使烟叶逐渐变软。若烟叶迟迟不发软，也可将干、湿球温度差扩大到 4 ℃以上；在定色阶段，干球温度 42 ℃之前可保持干、湿球温度差 3～5 ℃，越难烤的烟叶干、湿球温度差越大。42 ℃之后，直至 54 ℃湿球温度可以保持在 38 ℃，稳温阶段提高到 39 ℃。转火时的变黄程度不宜高，根据烟叶素质不同达 5～7 成黄即可，残留多的绿色在慢升温过程中完成变黄。转火时的干燥程度应达叶片发软，否则要保持温度，扩大干、湿球温度差并延长时间。整个定色过程要慢升温、渐排湿，既不要在某一温度上久拖，也不可跳跃式大跨度升温，使烟叶边变黄、边干燥，靠时间的延续完成内在转化和定色。

2. 秋后烟

秋后烟是指秋后成熟烘烤的烟叶。秋后烟多为上部叶，叶片较厚，叶组织粗糙，结构紧密，含水量较少，表皮角质层加厚。由于此类烟在秋后气温较低条件下成熟，落黄稳定，成熟缓慢，叶片成熟度不够均匀，烘烤中脱水困难。适中编烟，稠装烟，以增加烤房湿度。

烘烤时注意低温慢变黄，低湿慢干叶，保湿变黄，使烟叶充分凋萎，高温定色，低湿干筋。烤房装烟后，以1～1.5 ℃/h 的速度将温度在 32 ℃维持一段时间，使底棚烟叶叶尖开始变黄后，再以 0.5 ℃/h 的升温速度升到 36～38 ℃，稳定后保持干湿差 2～3 ℃，如果大于 3 ℃应人为增湿。当底棚烟叶变黄达 3～4 成以后，以 1 ℃/h的升温速度将干球温度升至 40～42 ℃，保持湿球温度在 36～37 ℃，稳定一段时间，直至底棚烟叶基本变黄。之后以 1 ℃/h 的升温速度将干球温度升至 45～48 ℃，充分延长时间，即实现黄烟等青烟，开始加强烟叶脱水和排湿，湿球保持在 38 ℃左右，达到顶部棚烟叶完全变黄。50 ℃前使烟筋变黄、达到小卷筒。定色前期湿球温度稳定在 38～39 ℃。由于秋后昼夜温差较大，特别要注意火力调整，防止温度忽高忽低或大幅降温，使叶片挂灰或色泽不鲜亮。

3. 高温逼熟烟

高温逼熟烟常发生在南方烟区，由于烟区持续高温不断，上部叶受连续高温强光照的严重影响，叶组织尚未成熟就出现众多黄色斑块并很快褐变。这种烟叶很难变黄，也很难定色。烤出的烟叶多青筋烟、挂灰、杂色烟以及花片烟叶。而形成高温逼熟烟的根本原因是烟株根系集中在地表层，高温导致了根系损伤，甚至死亡，影响到烟株代谢活动。

烘烤时注意高温高湿变黄，边变黄边定色。点火后 6 h 内将干球温度升至 38 ℃，烘烤至叶尖变黄以后，以 1 ℃/h 的速度将干球温度升至 39～41 ℃，使上棚烟叶部分脱水，增加烤房内湿球温度，从而保证中下棚烟叶正常变黄。干、湿球温度差控制在 2～3 ℃，如果烤房内湿度过低，适当关闭排湿口，也可酌情人工补加水分。干球温度 42 ℃时，使整炉烟叶变黄，叶片充分发热变软为止。烟

叶进入定色期，干球温度以 0.3 ℃/h 升温到 46～48 ℃并稳温，湿球温度从 37～38 ℃升到 39 ℃保持稳定，直至烟叶叶片青色全部消失，而且充分脱水达到小卷筒，随后即可按正常烟叶烘烤进行。

第三节　特殊烟叶烘烤案例分析

一、返青烟分段控水烘烤案例

烟叶烘烤的任务之一是烟叶的失水干燥，烘烤过程为了协调烟叶内部生理生化反应和品质的形成固定，需要适时地排湿脱水，分段控水是在此要求的基础上，提出的一种明确阶段排湿、确保变黄失水协调的烘烤策略，是精准烘烤的范畴。该策略需要把握烟叶的失水特性，如多雨烟叶需要先拿水后拿色，因地制宜，了解烟叶各个阶段、稳温点失水状况，何时失水较多，何时失水较少，通过研究总结形成一种烟叶分段失水方案标准。

常规烘烤过程调控烟叶失水往往以定温定湿来实现，是长期以来的经验总结、科学研究等形成的一种烟叶分段失水方案标准（表 6－1），具有较好的适用性，但烟叶的失水特性往往随着品种、生态条件的变化而变化，部分烟区由于品种更新、气候异常等原因，使得烘烤技术推广跟不上，烘烤生产仅凭老经验，缺乏反思和交流，难以获得较好的烘烤效益。

表 6－1　常规烘烤工艺烟叶变黄失水标准

目标	36 ℃	38 ℃	40 ℃	42 ℃	45 ℃
变黄程度	叶尖变黄（变黄 20%）	7 成黄左右（变黄 70%）	8 成黄左右（变黄 80%）	9 成黄左右（变黄 90%）	黄片黄筋（变黄 100%）
失水程度	叶尖发软，失去烟叶含水量的 10%	叶片发软，失去烟叶含水量的 20%	叶片充分发软塌架，失去烟叶含水量的 30%	叶片凋萎勾尖，失去烟叶含水量的 40%	叶片小卷边，失去烟叶含水量的 50%

从科学研究的角度对烟叶失水特性进行大量研究，形成了一些操作性、实用性、普适性强的烘烤技术和方案，实现了生产经验总结向理论提升的过渡，其核心内容基本是以调控水分散失来实现烟叶的烤黄烤干。

1. 烘烤案例

试验于2016年在四川省泸州市古蔺县竹乡烘烤工厂进行；使用气流上升式标准密集烤房，烤房规格：8.0 m×2.7 m×3.5 m，江苏科地密集烤房控制器，风机额定功率2.2 kW。选择规模化管理正常施肥条件下采收的K326下二棚至中部叶。烟叶成熟采收期间降水较多，形成典型的返青烟叶。此类烟叶在烘烤过程中容易出现排湿不及时而烤黑、排湿过快而烤青（叶基含青、支脉含青、浮青）的现象。

烘烤工艺设3个处理（表6-2）。CK为常规烘烤：通过变黄前期降低湿度实现控水；T1为高温烘烤：通过提高变黄温度实现控水；T2为分段控水：通过变黄至定色前期各关键温度点降低湿度，排湿2～4 h实现水分的调控。

表6-2　各烘烤工艺变黄凋萎处理设定

处理	干、湿球温度（干球/湿球）	时间（h）	风速	目标要求
CK	点火后1～2 ℃/h升温至38 ℃/36 ℃	15～18	低	叶片变黄近半、发软
	以1 ℃/h升温至40 ℃/(36～37 ℃)	10～12	低	叶片大部分变黄、发软
	以1 ℃/h升温至42 ℃/37 ℃	6	高	黄片青筋、凋萎勾尖
	以0.5～1 ℃/h升温至45 ℃/37 ℃	18	高	黄片黄筋、勾尖卷边
T1	点火后1～2 ℃/h升温至40 ℃/(36～37 ℃)	18～20	低	叶片大部分变黄、发软
	以1 ℃/h升温至42 ℃/37 ℃	6	高	黄片青筋、凋萎勾尖
	以0.5～1 ℃/h升温至45 ℃/37 ℃	14	高	黄片黄筋、勾尖卷边

（续）

处理	干、湿球温度（干球/湿球）	时间（h）	风速	目标要求
T2	点火后 1～2 ℃/h 升温至 38 ℃/36 ℃	15～18	低	叶片变黄近半、发软
	将湿球温度降至 34～35 ℃	2～4	低	
	以 1 ℃/h 升温至 40 ℃/(36～37 ℃)	10～12	低	叶片大部分变黄、充分发软
	将湿球温度降至 35 ℃	2～4	低	
	以 1 ℃/h 升温至 42 ℃/37 ℃	6	高	黄片青筋、凋萎勾尖
	将湿球温度降至 35～36 ℃	2～4	高	
	以 0.5～1 ℃/h 升温至 45 ℃/37 ℃	16	高	黄片黄筋、勾尖卷边
	将湿球温度降至 36 ℃	2～4	高	

注：干球温度 45 ℃以后操作按下部叶常规烘烤工艺参数进行，升温速度均为 1 ℃/h。

2. 案例分析

（1）烘烤过程中水分含量动态变化　由图 6－1 可以看出，CK 与 T1 相比，T1 在 40 ℃时失水较多，这与高温变黄烟叶失水较快有关；CK 在 40 ℃时失水最少，偏向变黄后定色前（40～45 ℃）集中失水；T2 的失水幅度较为平缓。从整体失水态势分析，CK 以后期集中脱水、杜绝发生为主，T1 以前期集中脱水、预防为主，T2 则以分段缓慢脱水、综合防治为主。

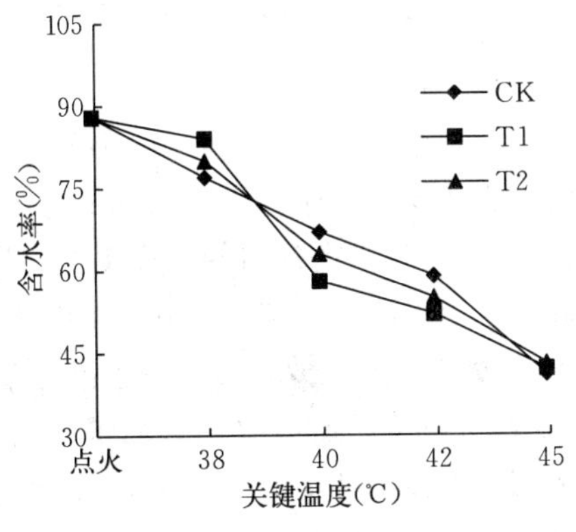

图 6－1　各处理烘烤过程关键温度点烟叶含水率动态变化

（2）烘烤过程中变黄情况动态变化 通常下部叶在烘烤过程中是由叶尖部先变黄，然后逐渐扩展至叶基部，最终实现整个叶片变黄，通过测量变黄部分的长度，计算变黄部分长度与叶长的百分比，可粗略量化变黄程度。由图 6-2 可以看出，CK 变黄程度在 38 ℃达到 60%，升至 40 ℃接近 75%，转火时达到 80%～85%；T1 在 38 ℃叶尖变黄，升至 40 ℃后变黄程度接近 80%，转火时达到 90%；T2 变黄程度在 38 ℃达到 70%，升至 40 ℃接近 85%，转火时达到 90%；T1、T2 与 CK 相比，转火时变黄程度稍高，而 T2 变黄程度略高于 T1。

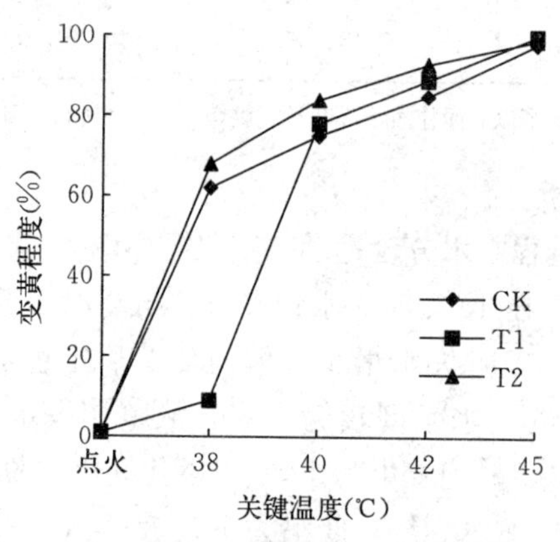

图 6-2 烘烤过程关键温度点变黄情况动态变化

（3）烘烤过程烤黑糟烟发生情况 由图 6-3 可以看出，各处理黑糟烟比例 T2<T1<CK，烘烤结束后 CK、T1、T2 的黑糟烟比例分别为 21%、7%、5%，可能是转火时失水量偏少，定色时集中排湿，造成排湿不及时、定色时间长而褐变；黑糟烟发生的时间主要在 45 ℃温度点，CK、T1 与 T2 相比黑糟烟发生时间较早，这可能与叶片失水程度有关，此外，T1 由于高温缩短了烟叶变黄时间，同时加快了酶的失活，造成黑糟烟的提前发生。总体来看，T1、T2 分别在控温、控湿方面实现了及时排湿，避免棕色化反应的发生，保证变黄与失水的协调。

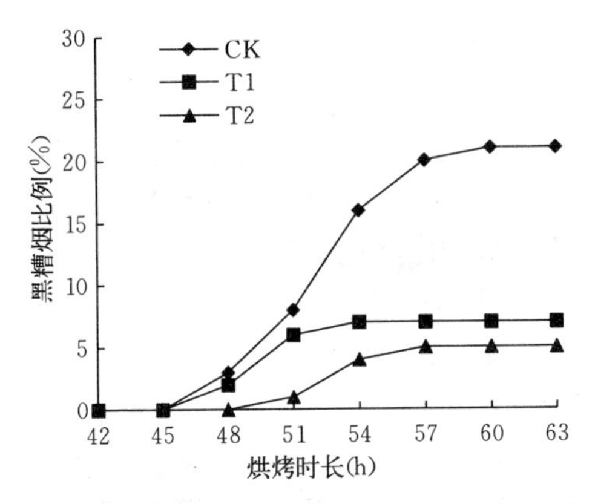

图 6-3 烘烤过程烤黑糟烟发生情况动态变化

(4) 烘烤过程烤青烟发生情况动态变化 由图 6-4 可以看出，烘烤结束后，CK、T1 和 T2 的青烟比例分别为 41%、24%和 6%，各处理 T2<T1<CK，这可能是因为转火过快，定色时集中排湿、排湿过猛，失水与稳温（黄烟等青烟）不协调造成的；青烟发生时间主要发生在 45 ℃左右，即叶基和支脉变黄期间，从扫除余青（叶基和支脉）幅度上看，CK 较慢，T1 次之，T2 较快，可能是适当失水促进支脉的发软，利于支脉变黄。

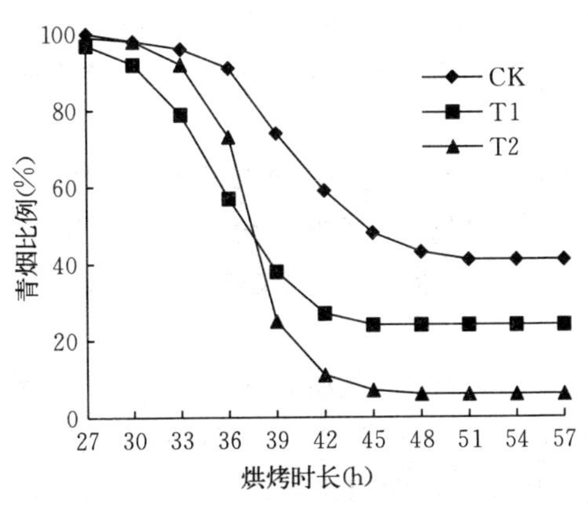

图 6-4 烘烤过程烤青烟发生情况动态变化

(5) 烤后烟经济性状统计分析 由表 6－3 可以看出，烤后烟经济性状指标各处理间均存在显著差异，单叶重 CK＜T2＜T1，通常高湿利于物质转化消耗，但 T1 变黄缩短了变黄时间，消耗时间短，而 T2 控湿一定程度上抑制物质转化消耗，使得 T1 偏大，T2 次之，产量 CK＜T1＜T2，T2 产量明显提高，可能是烤坏烟的减少引起的；上中等烟比例 CK＜T1＜T2，T1、T2 相比 CK 分别提高 10％、15％，干烟耗煤量 CK＜ T2＜ T1，干烟耗电量 T1＜T2＜CK。总的来看，T2 烤后烟产量、上中等烟比例均较好，煤耗、电耗烘烤成本较低。

表 6－3 下部叶烤后烟经济性状统计

处理	单叶重 (g)	经济产量 (kg/hm^2)	上中等烟比例 (％)	干烟耗煤量 (kg/ kg)	干烟耗电量 [(kW·h)/kg]
CK	6.81	389.3	48.9	1.61	0.26
T1	6.94	442.7	59.7	1.75	0.19
T2	6.85	527.4	65.2	1.63	0.23

3. 案例总结

(1) 返青烟特点 返青烟叶形成主要诱因为生态降水问题，烟草生育前期降水少，而后期降水集中，出现返青烟叶。返青烟叶由于成熟期雨水较多，烟叶成熟特征不明显，多发于烟株下二棚以上叶位；烟叶含水量较高，叶内营养组织相对积累量较少。

(2) 返青烟预防应对技术

① 应及时关注当地烟区采收季节的天气变化，做好田间管理，及时除去田间杂草，疏通田间排涝渠道，确保烟株在成熟季节早于大规模降水的迅速排涝能力，避免烟株长期处于水分过饱和的田间土壤中。

② 需要了解烟叶的基础素质，一般而言，对于因长期受到干旱而发育受阻的烟叶应让其返青生长，以便重新成熟后采收，但对于本来水分含量大的烟叶应及时早采，对于雨水前生长发育良好、成熟的烟叶，多数情况应及时才收，以免返青生长造成烟叶素质变差。

（3）返青烟采收技术

① 降雨强度影响烟叶表面精油含量，从而影响烤后烟光泽和香气，因此，雨水冲刷后要等天气晴朗后 3～5 d 内采收，防止烟叶长期处于高温高湿的环境中，此外应较为准确地推算下一次采收的时间，结合采收期的天气情况进行提前应对处理。采收返青烟则应在烘烤生产过程中进行相应调整。

② 降雨持续时间和天气变化趋势关系到烟叶是否返青生长，所以为了防止返青应及时采收。

③ 采收标准的把握：下部叶看叶尖，在叶尖变黄、其余部分显黄绿色（叶面落黄 5～6 成）时采收；中部叶看整叶，在全片烟叶显绿黄色（黄多青少 6～7 成黄）时采收；上部叶充分成熟后一次性采收，当烟叶落黄 8～9 成（黄多青少）时，将上部 4～6 片叶一起采收。采收时间，以停雨 2 h 后的午间或下午为佳。

（4）返青烟烘烤技术　通常含水量较大的下部叶，常规烘烤工艺是在烟叶变黄前期适当排湿，定色前期通过降低湿度集中排湿，以预防烤坏烟发生，烘烤过程中烟叶失水程度不宜把握，若烟叶变黄前期失水过多，轻则烟叶变黄速度变慢，重则烟叶烤青；若烟叶变黄前期失水不足，则达不到预防烤坏烟发生的目的。高温烘烤工艺通过提高烟叶变黄阶段的温度，偏向于烟叶整个变黄期排湿，以减少烤坏烟发生，但烘烤过程中烟叶失水容易偏多，易造成烟叶烤青。分段控水工艺在烘烤过程中适时降低湿度，通过各温度点分散排湿，降低烟叶定色期排湿压力，以综合预防烤坏烟发生，分段控水工艺烘烤更为灵活，可以较好地协调烟叶失水与变黄。

分段控水转火时变黄程度最高，失水量较高，变黄失水相对协调，高温烘烤次之，常规烘烤最低；分段控水、高温烘烤可以有效减少黑糟烟的发生；分段控水可有效减少烤青烟的发生；分段控水烤后烟上中等烟比例提高 15%，产量较高，高温烘烤时间较短，烘烤成本较低。

试验案例所使用的分段控水烘烤技术（表 6－4）是在明确阶段排湿的前提下，以查漏补缺，纠正前一阶段的失水不足，确保变黄失水协调的烘烤策略，各关键温度点末期是烘烤的关键，根据烟叶失水情况，以确定排湿的强度，针对多雨烟叶具有较好的烘烤效果，其排湿方式仍以拉低湿度的方法进行，但对于上部叶这种失水难度大的烟叶效果较差，上部叶自由水含量较少，在控水后期，需要辅助提高干球温度实现以温控水，同时为保证失水的协调性，湿度不宜太低，以提高烟叶内部水分的运动迁移，具体情况见高温高湿烘烤策略。

表6-4　返青烟分段控水烘烤技术（含水量大的烟叶）

目标	干、湿球温度（干球/湿球）	升温速度（℃/h）	稳温时间（h）	目标要求
预热	36 ℃/(34～35 ℃)	1～2	6～8	叶尖变黄
变黄	38 ℃/(36～37 ℃)	1	14～32	叶片大部分变黄、发软
	湿球降低 1～2 ℃	—	1～3	
凋萎	40 ℃/(36～37 ℃)	1	8～12	叶片基本变黄、充分发软
	湿球降低 1～2 ℃	—	1～3	
	42 ℃/(36～37 ℃)	1	6～12	黄片青筋、凋萎勾尖（低温层叶片必须变黄）
	湿球降低 1～2 ℃	—	1～3	
叶脉变黄	45 ℃/(36～37 ℃)	0.5～1	14～18	黄片黄筋、卷边（低温层支脉必须变黄）
	湿球降低 1～2 ℃	—	1～3	
	48 ℃/(37～38 ℃)	0.5～1	8～14	小卷筒（低温层主脉必须变黄）
干叶	54 ℃/(38～39 ℃)	1	14～22	大卷筒
干筋	(58～60 ℃)/(39～40 ℃)	1	6～14	主脉干燥 1/3 以上
	68 ℃/(40～41 ℃)	1	18～32	烟筋全干

二、后发烟预凋萎烘烤案例

烘烤过程为了协调烟叶内部生理生化反应和品质的形成固定，需要适时地排湿脱水；烘烤过程烟叶主脉水分一部分向叶片转移散失，一部分通过自身蒸发散失，如果此时烟叶主脉水分较多，将导致烟叶难以及时定色；易出现洇筋洇片现象，上部叶容易出现烤枯、

挂灰、杂色等系列棕色化反应的发生。烤前预先对烟叶进行凋萎处理可使烟叶形成失水胁迫，增加叶片与主脉的水势差，促进主脉水分向叶片迁移散失，进而调控主脉失水，保证烟叶失水的协调。

在实际生产过程中的研究发现，烟叶处于膨硬状态下失水并非最快，而是适度失水轻微凋萎后失水较快，可能是烟叶失水发软后，细胞间隙得到扩张，发软后烟叶结构趋于疏松，疏通了水分迁移通道，有利于水分的蒸发散失。因此在烘烤此类特殊烟叶时，可通过提前对烟叶进行轻度凋萎处理，改善烟叶失水特性。

已知烘烤环境与叶温存在一定的相关关系，叶温受干球温度影响较大，其次是受湿球温度的影响；预凋萎烟叶含水量有所减少，变黄期可以保持较高的湿球温度，水分蒸发散失有所减缓，叶温有所提高。进入干筋期，烟叶主脉失水程度较高，主脉温度较高，这将有利于主脉自身水分的蒸发散失，提高干筋效率。

1. 烘烤案例

试验于2016年在四川省泸州市古蔺县竹乡烘烤工厂进行，烤烟品种K326，选取当地后发烟叶，分别采用常规烘烤工艺和预凋萎试验工艺对烟叶进行烘烤。

（1）预凋萎处理方法　预凋萎处理参照崔国民顶叶的脱水方法并有所改进，装烟完成后，通过升高干球温度至40～43℃来加快烟叶脱水，为提高烟叶失水的均匀性，湿球温度适当提高（39～41℃），期间适时拉低湿度完成脱水。

试验初期仅仅通过高温低湿来加快烟叶脱水时发现，此做法容易造成烤房不同棚次间和烟叶叶片与主脉之间的失水不均，表现为温差较大，高温层烟叶失水较多，低温层失水不足，同时高温层烟叶叶片失水过快，主脉失水不足。而通过提高湿度，降低了烤房的垂直温差，同时提高了烟叶的叶温，促进了烟叶水分的运动迁移，主脉失水发软程度较高，达到了烟叶预凋萎处理的目的。

烟叶经预凋萎处理后的要求（表现）为：叶片不允许出现叶尖叶缘干燥现象，主脉失水程度尽可能较高，叶片和主脉同步发软。烟叶失去其含水率的15%～20%（即烟叶含水率为80%，则失水量为

12%～16%），下部叶失水量可适当降低，上部叶失水量可适当提高。

（2）预凋萎处理烘烤方法 经过预凋萎处理后烟叶失水程度要快于变黄程度，因此，在变黄过程中需要适当提高湿球温度1～2℃、保湿变黄，在定色期转入正常烘烤；预凋萎烟叶处于失水胁迫状态，也有利于变黄期烟叶物质降解转化。

导致烘烤过程中烟叶挂灰的因素有很多，从鲜烟素质角度分析，易挂灰烟叶主要有上部烟叶、干旱烟叶、秋后烟叶、高油分烟叶、黑暴烟叶、过熟烟叶和不熟烟叶等失水特性较差的烟叶；从烟叶烘烤角度来看，导致烟叶挂灰的主要原因有烤房升温或降温过快、烤房通风排湿过猛、烟叶变黄过度等。由烟叶失水不协调而造成烟叶挂灰的情况通常发生在烟叶变黄后期至定色前期，若烟叶保水力强、失水困难，其挂灰情况更加严重。若烟叶在变黄前、中期温度较低，失水缓慢且失水量较少，则其在变黄后期至定色前期随温度的升高导致叶片和叶脉水分被逼出来也容易产生挂灰烟。现行的K326上部叶烘烤工艺大多是在烟叶变黄后期至定色前期集中排湿，但在实际烘烤过程中，由于上部叶失水较困难，在规定的时间内不能达到失水要求，转火时叶片发软程度不够、支脉发软程度较低、主脉膨硬，一定程度上增加了烟叶定色难度。

减少K326上部叶挂灰的烘烤方法：首先在烟叶烘烤变黄前期提前脱去烟叶含水量的20%，使烟叶塌架、支脉发软，接着调整干球温度至36～38℃，使烟叶保湿变黄，此时叶肉处于缺水状态（注意避免因烟叶失水过多造成叶肉部分干燥而使烟叶水分转移通道封闭），由于叶肉缺水，可以促进烟叶叶脉水分提前向叶肉部分转移，加快叶脉（主脉）变软，使变黄后期叶片充分凋萎塌架，实现叶脉与叶肉部分失水平衡，避免烟叶变黄后期至定色前期随着温度的升高叶片水分集中、快速散失，进而使K326上部叶的变黄与失水更加协调，控制叶片失水速度，从而减少挂灰烟的产生。

具体工艺的控制条件如下。

第一步：变黄前期提前脱水20%（失去烟叶含水率的20%），使烟叶发软或塌架、支脉发软。装烟完成点火后，将干球温度以

1～2 ℃/h 升至 40～42 ℃，不排湿，稳温 2～3 h，之后通过封火等延缓供热措施，将干球温度降至 36 ℃，反复操作，直至中层叶片塌架、支脉发软，叶片失水 20%。此时要兼顾低温层烟叶，保证底层烟叶塌架发软、支脉存在发软迹象。

第二步：转入正常变黄过程，保湿变黄，促进叶脉水分向叶肉转移，确保叶脉（主脉）充分发软。当烟叶脱水任务完成后，就可转入正常的变黄过程，维持干球温度 36～38 ℃，干湿差不超过 1 ℃，直至中层烟叶变黄 8 成以上，主脉发软。随后将干球温度以 1 ℃/h 升到 42 ℃，保持湿球温度 36～37 ℃，直至中层烟叶支脉基本变白，主脉充分变软，勾尖卷边。

第三步：定色初期慢升温定色，确保主脉收缩。随后将干球温度以 0.5 ℃/h 升到 44～46 ℃，保持湿球温度 36～37 ℃，直至中层叶片发生卷边，主脉大部分变白、轻微收缩。随后将干球温度以 1 ℃/h升到 48 ℃，保持湿球温度 38 ℃，直至中层烟叶半干，兼顾低温层，要求底层烟叶主脉变白、收缩。

第四步：定色后期将干球温度以 1 ℃/h 升到 54 ℃，保持湿球温度 39～40 ℃，直至中层烟叶主脉干燥 1/3 以上，此时要求底层烟叶全干。

第五步：正常干筋。将干球温度升到 65～68 ℃，保持湿球温度 41～42 ℃，烟叶主脉全部干燥。

2. 案例分析

(1) 烘烤过程中烟叶水分变化　如图 6-5 所示，整个烘烤过程中试验工艺烟叶含水量均明显低于常规烘烤工艺的含水量，转火时试验工艺烟叶失水总量明显较大，可减少定色前期烤房排湿压力。54 ℃之后，试验工艺与常规工艺的烟叶含水率基本一致。

如图 6-6 所示，试验工艺主脉含水率低于常规工艺的主脉含水率，试验工艺提前脱水使叶肉部分处于缺水状态，叶片出于生理反应，促使水分提前向叶肉迁移，有利于叶脉水分的散失，实现叶脉的发软。支脉含水率变化与主脉基本一致，54 ℃之前，试验工艺支脉含水率显著低于常规工艺的含水率。

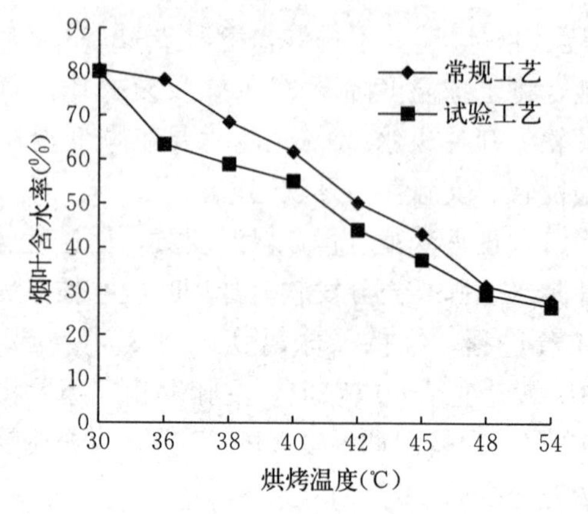

图 6-5　两种工艺下关键温度点烟叶含水率差异

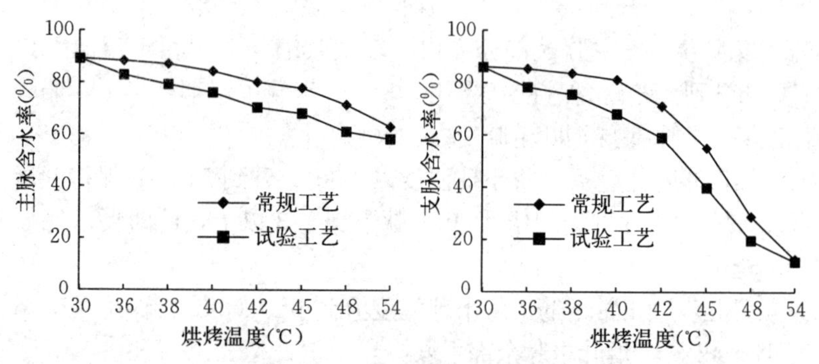

图 6-6　两种工艺下关键温度点主脉和支脉含水率差异

(2) 烤后烟叶产量和质量分析　如表 6-5 所示，试验工艺相比常规工艺的产量、上中等烟比例大幅提高，挂灰杂色烟比例减少 48%，试验工艺烤后烟叶经济效益明显较好。

表 6-5　两种工艺烘烤效果对比

处　理	单产 (kg/hm²)	上中等烟比例 (%)	橘色烟比例 (%)	挂灰杂色烟比例 (%)
试验工艺	718.4±28.7	61.8±3.2	34.3±2.6	6.7±4.1
常规工艺	449.3±38.1	27.5±5.1	18.7±3.2	54.8±6.8

3. 案例总结

（1）后发烟特点　烟叶出现后发烟情况多指烟叶在生育前期降水较少出现干旱，部分地区无灌溉条件，在干旱季节烟株发育迟缓；而生育后期降水充足，烟株出现陡长、出叶速度增加、截距大等情况。此类烟叶多发生于中、上部叶，在其生育期内烟叶开片较差，叶面积较小，但干物质积累量相对较多且以含氮类化合物居多。此类烟叶相对而言叶片较小，身份较厚，叶组织较紧密。

（2）后发烟预防应对措施

① 加强产区生态情况统计调查分析，及时预测产区降水情况。

② 加强移栽管理，先盖膜后移栽，减少苗期干旱条件下水分的蒸发。

③ 依据旱情塘内及时浇3～5 kg定根水；有灌溉条件的情况下视旱情一周浇一次，第一次施肥量为总量的20%～30%。

④ 合理施肥，加强肥料施用管理，切不可一味多施肥来促进烟株生长。

（3）后发烟采收技术

① 烟株生育前期干旱，生育中后期多雨会导致水肥互作，烟叶内在氮代谢旺盛致使烟叶不易成熟落黄，形成后发烟。后发烟叶主要发生在烟株中、上部叶。

② 针对后发烟发生特点——在正常烟叶成熟落黄采收时间内后发烟叶不易落黄，在产区种植制度允许的情况下可适当延缓后发烟叶采收时间，但不是一味地推迟采收，推迟采收过久不仅会造成茬口紧张，影响烟叶烘烤收购，更为严重的是，进入寒露节气后，温度骤降，烟叶易遭遇冷害，挂灰严重，烘烤质量更无法保证。推迟采收时间不能超过烟叶的正常大田生育期（大田生育期≤140 d）或叶龄（下部叶≤60 d，中部叶≤70 d，上部叶≤90 d）太多，推迟过晚，烟叶衰老过度，甚至木质化，烘烤难度进一步加大。

③ 为促使后发烟叶在适宜时间范围内落黄，可采用中期环割（下部叶采收后）和重度断根（两侧），这两种方法显著提高了上部叶开片程度，改善了烟叶组织僵硬状态。烟叶SPAD值和净光合

速率下降快，烟叶成熟落黄迅速，同时上中等烟叶比例增加，烟叶均价提升，经济效益显著提高。中、上部烟叶成熟期喷施稀释4 000～6 000倍的低浓度外源乙烯，有效促进了烟叶田间落黄和生理成熟，达到了真正提高烟叶成熟度、缩短采烤期的目的。

（4）后发烟烘烤技术 预凋萎烘烤工艺与常规工艺相比，转火时叶片失水总量明显较大，减少定色前期排湿压力；提前脱水使叶肉部分处于缺水状态，叶片出于生理反应，促使叶水分提前向叶肉迁移，有利于叶脉水分的散失，实现叶脉的发软，可提高烟叶烘烤质量。后发烟预凋萎烘烤工艺见表6－6。

表6－6 后发烟预凋萎烘烤工艺（难失水、变黄的烟叶）

目 标	干、湿球温度（干球/湿球）	升温速度（℃/h）	稳温时间（h）	目标要求
预凋萎脱水	干球40～42℃保湿烘烤，湿球超过39℃后，稳温1～2h，湿球降至38℃，反复操作	1～2	8～16	叶片发软，主脉轻微发软
叶片变黄	（37～38℃）/（36～37℃）	1	14～28	叶片基本变黄，叶片和主脉（烟筋）充分发软
	（40～42℃）/（36～37℃）	1	10～16	
叶脉变黄	45℃/（36～37℃）	0.5～1	14～18	黄片黄筋、卷边（低温层支脉必须变黄）
	48℃/（37～38℃）	0.5～1	8～14	小卷筒、主脉明显收缩（低温层主脉必须变黄）
干叶	54℃/（38～39℃）	1	14～22	大卷筒
干筋	（58～60℃）/（39～40℃）	1	6～14	主脉干燥1/2以上
	68℃/（40～41℃）	1～2	18～32	烟筋全干

三、贪青晚熟烟高温高湿烘烤案例

烟叶烘烤的任务之一是烟叶的失水干燥，烘烤过程为了协调烟叶内部生理生化反应和品质的形成固定，需要适时地排湿脱水，高温高湿烘烤即是在此要求的基础上，提出的一种强化烟叶排湿、确保变黄失水协调的烘烤策略。高温高湿烘烤是指烟叶在定色前期之

前适当提高干球温度 2～4 ℃和湿球温度 1～3 ℃，如变黄期干球温度为 40～43 ℃，湿球温度为 37～41 ℃。

该策略需要把握烟叶的失水特性，贪青晚熟烟往往具有如下特点：烟叶叶片较厚，结构紧密，束缚水比例高，主脉粗大，木质化程度高，水分多集中在主脉部分，烘烤过程叶片和主脉发软缓慢，定色前期主脉失水收缩不明显，定色较难，易烤枯；烘烤时既要保证烟叶变黄、物质充分代谢转化，又要协调烟叶失水，烘烤难度往往较大，属于实际烘烤过程中较难烤的一类烟叶。

通常高温条件下烟叶失水较快，但伴随湿度的提高，使得失水速率保持在适中的范围，叶片不致失水过快而烤青。高温高湿烟叶预热较快，提高了传热效率，烟叶自身温度较高，有利于内部水分的运动扩散，尤其是主脉水分的迁移散失。

1. 烘烤案例

试验于 2014 年在湖南省浏阳市永安镇永和村烟农合作社烘烤工场进行，供试品种为 G80，取贪青晚熟烟上部烟叶进行烘烤。试验设 2 种烘烤方式，分别为高温高湿（简称高温）烘烤和中温中湿（简称中温）烘烤。高温高湿烘烤，即主变黄干球温度、湿球温度分别设定为 40～41 ℃、37～38 ℃，主脉变黄后期发软；中温中湿烘烤，即主变黄干球温度、湿球温度分别设定为 38 ℃、35 ℃，主脉在定色中期发软；其他操作按照三段式烘烤工艺进行。

2. 案例分析

(1) 烟叶含水率的变化　由图 6 - 7 可以看出，常规烘烤与高温烘烤叶片失水均明显分为两个阶段，36 h 之前含水率变化不明显，叶片失水较少；36 h 后由于干湿球温差逐渐拉大，烤房内相对湿度减小，叶片含水量开始明显下降，失水量明显升高。高温烘烤叶片的含水率在烘烤后的 36～72 h 下降较慢，一方面由于常规烘烤变黄期时间较长，与常规烘烤相同烘烤时间相比干湿球温差较小，烤房内相对湿度较大，故叶片失水速率较慢；另一方面由于高温烘烤干球温度较高，叶片需要通过快速失水降低酶活性的方法来保住变黄阶段已形成的化学品质。烘烤 72 h 后，常规烘烤叶片的失水速率突然增大，主要是由于前期叶片失水较少，含水率相对较高，而此时烤房内相对湿度显著减小，故叶片失水量较高温烘烤大。烘烤 84 h 之后，两种烘烤方式的失水基本同步，失水速率以及含水率都较低。

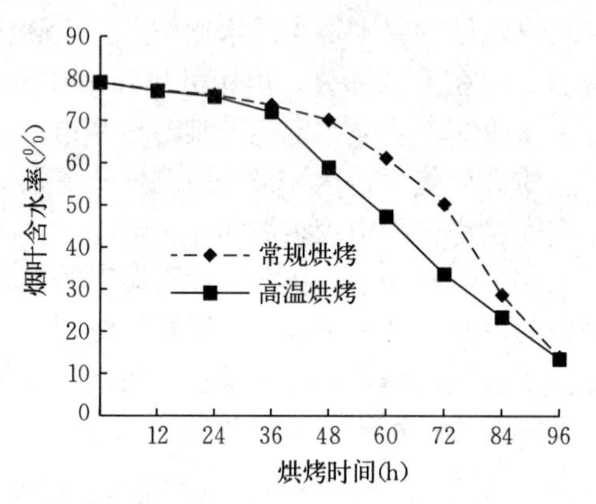

图 6-7　不同烘烤条件下叶片含水率变化

（2）主脉含水率变化　由图 6-8 可以看出，常规烘烤 72 h 之前主脉失水速率较小，失水量仅为 7.5%，72 h 之后失水明显增大，仅 24 h 内失水量就达 6.8%。而高温烘烤 48 h 前的失水速率明显大于 48 h 后，前 48 h 失水量为 13.2%，后 48 h 失水量为 7.9%。可以看出，常规烘烤 36 h 之前叶片与主脉含水率变化均不明显，72 h 之后叶片含水率急剧下降，主脉失水也明显增多，可能是由于干湿差突然拉大而使主脉水分向叶片转移，从而使叶片失水加速。高温烘烤 48 h 之前主脉失水较多，48 h 之后相对较少，而叶片在烘烤 36 h 之前含水率变化不明显，36 h 之后失水速率较快且较为一致。表明通过提温增湿变黄使含水率较高的主脉在烘烤初期水分向叶片转移较多，失水量相对较大，影响到叶片，使后期叶片失水速率相对一致，从而达到定色期叶片与主脉失水的协调，将变黄期形成的良好品质固定下来。

（3）变黄期烘烤特性　烟叶烘烤成败的关键在于能否使变色速率和干燥速率协调发展，烤房内适宜的温湿度条件是控制这两个速率协调而恰当的外因，烟叶干物质含量和水分含量等则是决定这两个速率的内因。变黄期是有机质分解转化的过程，水分是各种变化

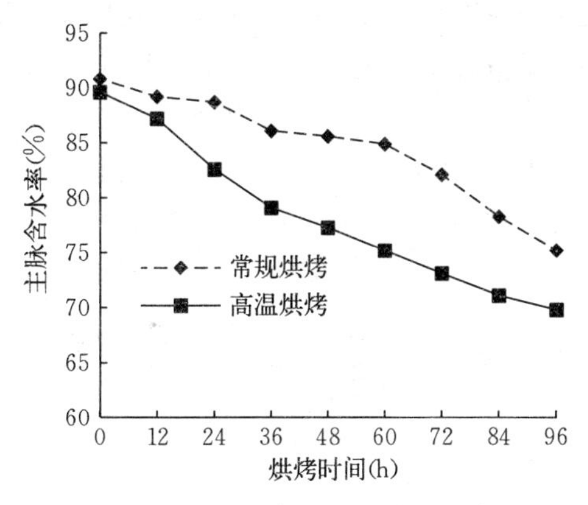

图 6-8　不同烘烤条件下主脉含水率变化

的必要条件和制约因素。由表 6-7 可知，中温烘烤在变黄中后期主要表现为主脉失水较少，即使在 40 ℃以上烘烤 32 h 后叶片已经勾尖卷边的情况下主脉还未发软，为防止变黄过度不得不升温。高温烘烤采用点火后直接升温至干球 43 ℃、湿球 41 ℃的方法，烘烤 26 h 使叶片凋萎、主脉发软，然后适当排湿继续升温。变黄期中温烘烤用时远大于高温烘烤，而在变黄程度上与高温烘烤接近；失水方面，中温烘烤烟叶的失水状态与高温烘烤烟叶差异较大，可见变黄期不同温湿度条件下烟叶组织内的失水顺序及失水速率不同。

表 6-7　不同烘烤方式下变黄期烘烤效果分析

烘烤方式	干球温度（℃）	湿球温度（℃）	稳温时间（h）	阶段时间（h）	烟叶状态
中温	36～38	34～36	24	56	下棚烟叶 8 成黄，叶片凋萎，上棚叶尖发软
	40～42	35～36	32		下棚烟叶黄片青筋，勾尖卷边，主脉较硬
高温	43	41	26	30	下棚叶片 8 成黄，叶片凋萎，主脉发软
	43	38	4		下棚烟叶黄片青筋，中棚烟叶 7 成黄

（4）定色期烘烤特性 由表6－8可见，中温烘烤烟叶在46℃出现洇筋洇片现象并逐渐加重，此时正是叶片与主脉快速排水阶段；此外，高温烘烤变黄期高温高湿的条件使主脉水分向叶片转移的通道打开，使得此时主脉排水相对较快，为提高烘烤质量，定色前期用时较长，定色后期用时较短即可实现主脉的干燥要求；而中温烘烤定色后期用时较长，主脉干燥效果较差，洇筋洇片的比例也明显增加。

表6－8 不同烘烤条件下定色期烘烤特性分析

烘烤方式	干球温度（℃）	湿球温度（℃）	稳温时间（h）	阶段时间（h）	烟叶状态
中温	44～47	36～37	20	66	下棚主脉发软，叶片达7成干，期间发生洇筋洇片
	48～54	38～39	46		主脉泛白，轻微收缩，叶片大卷筒，洇筋洇片程度加重
高温	44～47	36～37	48	80	下棚叶片8成干，主脉开始收缩
	47～52	37～38	32		叶片全干，主脉干燥1/3

（5）干筋期烘烤特性 干筋期的主要任务是使主脉干燥；由表6－9可见，中温烘烤主脉失水相对困难，要求温度较高，而高温烘烤在55℃拖长干筋时间，实现了叶片正反面色差缩小、主脉7成干的目标，不仅提升了烟叶质量，还减少了能源的浪费。

表6－9 不同烘烤条件下干筋期烘烤特性分析

烘烤方式	干球温度（℃）	湿球温度（℃）	稳温时间（h）	阶段时间（h）	烟叶状态
中温	55～60	39～40	15	45	主脉变褐，进一步收缩
	65～68	41～42	30		整房烟叶干筋
高温	55	38～39	24	44	正反面色差缩小，主脉7成干
	60～68	40～42	20		整房烟叶干筋

（6）烤后烟叶外观质量 王能如等[1]的研究表明，快速定色使得海绵组织和栅栏组织收缩程度更大，叶片厚度变薄，由表6－10

可知，对照烤后烟身份稍薄、结构稍密，很可能与定色期失水较快有关；而处理身份中等、结构疏松，烤坏烟比例远小于对照，可能是变黄期高温高湿使烟叶适度失水，叶片凋萎与主脉发软同步，使得定色期各叶片结构水分排出速率适宜，烘烤效果较好。

表 6-10　不同烘烤条件下烤后烟外观质量分析

烘烤方式	结构	成熟度	油分	颜色	色度	身份	泅筋泅片比例（%）
中温	稍密	成熟	有	橘黄	中	稍薄	48.7
高温	疏松	成熟	有	橘黄	强	中等	10.3

3. 案例分析

（1）贪青晚熟烟特点　贪青晚熟烟叶全国各地均有发生，其主要诱因为田间施肥不当。贪青晚熟烟叶由于前期干旱烟叶生长缓慢，部分烟农在此期间增加追肥量，而在生育后期雨水较多造成烟叶肥料吸收过量，出现贪青晚熟。此类烟叶多发于中、上部叶，下部叶也时有发生，烟叶多呈现叶面积大、叶色浓绿、身份偏厚、主支脉粗大偏木质化、烟叶青、脆、易折断等特点。其内在多表现为蛋白质等含氮类大分子化合物较多，上部叶多肥，易出现类似角质层物质，烟叶保水能力强，田间难落黄，烤中难变黄。

（2）贪青晚熟烟预防应对措施

① 加强烤烟品种特性试验，对烟农进行有针对性的指导和说明，避免使用同一种施肥配方。

② 加强苗床管理，尤其是炼苗环节管理，重点督促种烟大户在保证移栽质量的情况下加快烟叶移栽进度。贪青晚熟烟多因磷、钾或其他营养不足，氮肥相对偏多所致，因而协调烟叶营养配比，使营养尽可能齐全且配比合理。

③ 加强烟农和技术员的沟通和交流，严格执行公司配备的物资套餐，尤其要加强对氮肥的控制使用。

④ 早打底叶，有利于烟田通风和防治病虫害、促熟；晚打顶，待烟株中心花开放时打顶，以利于释放过盛养分；多留叶，要比正

常成熟的烟株多留叶 2～3 片。

(3) 贪青晚熟烟采收技术

① 物化调控通过切断烟株部分根系能降低根系对氮素的吸收，减少对地上部分养分的供应，迫使叶片因营养缺乏而成熟落黄。适度的烟茎环割能降低叶片的净光合速率，抑制光合产物向根部运输，导致根系活性降低，使根系对土壤中氮素的吸收下降；中期环割（下部叶采收后）和重度断根（两侧）显著提高了上部叶开片程度，改善了烟叶组织僵硬状态；烟叶 SPAD 值和净光合速率下降快，烟叶成熟落黄迅速；同时上中等烟叶比例增加，烟叶均价提升，经济效益显著提高。后期环割（中部叶采收后）作用时间较短，对上部叶叶面积和叶片厚度影响不大，但可显著促进上部叶 SPAD 值和净光合速率的下降，促进上部叶提前落黄采烤，对烟叶产量和质量影响较小。轻度断根（一侧）可提高烟叶的抗逆性，抑制烟叶净光合速率下降，延缓烟叶采烤时间。

② 乙烯利是一种生长调节剂，被植物吸收后，在植物组织内通过水解酶等物质的作用释放乙烯，乙烯具有催熟作用。中、上部烟叶成熟期喷施稀释 4 000～6 000 倍的低浓度外源乙烯，有效促进了烟叶田间落黄和生理成熟，达到了真正提高烟叶成熟度、缩短采烤期的目的。

(4) 贪青晚熟烟烘烤技术　贪青晚熟烟主脉含水率从变黄期到定色期基本不变，水分主要通过运输到叶片排出体外。高温高湿变黄有利于主脉水分向叶片运输，提前排出少量水分，使叶片与主脉失水达到协调，从而减小烘烤后期排水压力，进而降低烤坏烟发生概率，而对于对照叶片在烘烤 72 h 后失水速率突然增大的现象，可能与干、湿球温差突然增大有关。对于不同品种、不同素质的上部叶，应根据其叶片与主脉在烘烤中不同的失水特点采取不同的烘烤方法，来控制叶片与主脉的失水顺序及失水速率，使得叶片与主脉适时、适量失水以调控烟叶中物质分解与酶活性，从而减小控水不利带来的负面影响。

上部叶烘烤过程中，采用高温高湿变黄烘烤技术（表 6－11）

使烟叶在变黄期叶片凋萎与主脉发软同步，烟叶各结构失水协调，从而使得定色期叶片失水速率平稳，定色容易，干筋期主脉较易干筋，泅筋泅片比例明显减低，总的来看高温高湿烘烤强化了主脉的水分散失。

表 6-11 贪青晚熟烟高温高湿变黄烘烤技术（主脉粗大的烟叶）

目标	干、湿球温度（干球/湿球）	升温速度（℃/h）	稳温时间（h）	目标要求
预热	(37～38 ℃)/(35～37 ℃)	1～2	6～8	叶尖变黄
叶片变黄	(40～42 ℃)/(38～40 ℃)	1	14～16	叶片基本变黄，叶片和主脉（烟筋）充分发软
	(36～37 ℃)/(35～36 ℃)	1	20～26	
叶脉变黄	45 ℃/(36～37 ℃)	0.5～1	14～18	黄片黄筋、卷边（低温层支脉必须变黄）
	48 ℃/(37～38 ℃)	0.5～1	8～14	小卷筒、主脉明显收缩（低温层主脉必须变黄）
干叶	54 ℃/(38～39 ℃)	1	14～22	大卷筒
干筋	(58～60 ℃)/(39～40 ℃)	1	6～14	主脉干燥 1/2 以上
	68 ℃/(40～41 ℃)	1～2	18～32	烟筋全干

参考文献

王能如，李章海，徐增汉，等．烘烤过程中上部叶片厚度及解剖结构的变化[J]. 烟草科技，2005 (9)：30-32.

图书在版编目（CIP）数据

特殊烟叶采烤技术 / 宋朝鹏主编．—北京：中国农业出版社，2019.12

ISBN 978－7－109－25922－5

Ⅰ.①特…　Ⅱ.①宋…　Ⅲ.①烟叶烘烤　Ⅳ.①TS44

中国版本图书馆 CIP 数据核字（2019）第 206448 号

中国农业出版社出版

地址：北京市朝阳区麦子店街 18 号楼

邮编：100125

责任编辑：魏兆猛　　文字编辑：徐志平

版式设计：王　晨　　责任校对：赵　硕

印刷：中农印务有限公司

版次：2019 年 12 月第 1 版

印次：2019 年 12 月北京第 1 次印刷

发行：新华书店北京发行所

开本：880mm×1230mm　1/32

印张：9.25　　插页：4

字数：246 千字

定价：40.00 元

多肥烟

贪青晚熟烟

早黄烟

冷害烟

烟田积水

涝　烟

干旱早花

正常烟

烟叶团棵期

中耕培土

打　顶

烟叶进入成熟期

上部叶开片

烟叶成熟落黄

烟株两侧断根

烟株环割

未喷施乙烯利烟叶

喷施稀释5000倍乙烯利溶液（3 d后）

高扫下部叶烟株

早采下部叶烟株

正常采收烟株

上部叶采收情况

不同处理水培烟叶

不同处理土培烟叶

多肥烟叶与正常烟叶

多肥烟叶生长情况

中部叶多肥烟暗箱试验（12 h）

中部叶多肥烟暗箱试验（48 h）

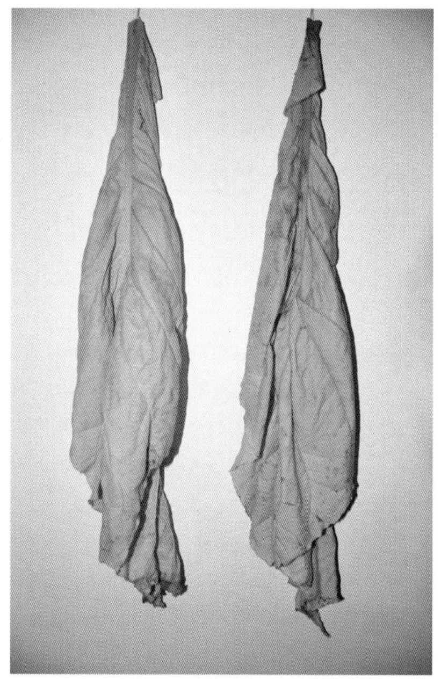

中部叶多肥烟暗箱试验9成黄（96 h）

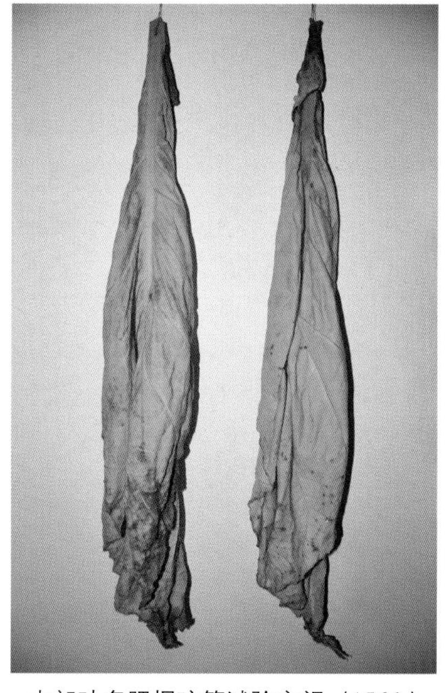

中部叶多肥烟暗箱试验变褐（156 h）

不同品种烤烟烘烤特性（变黄前期）

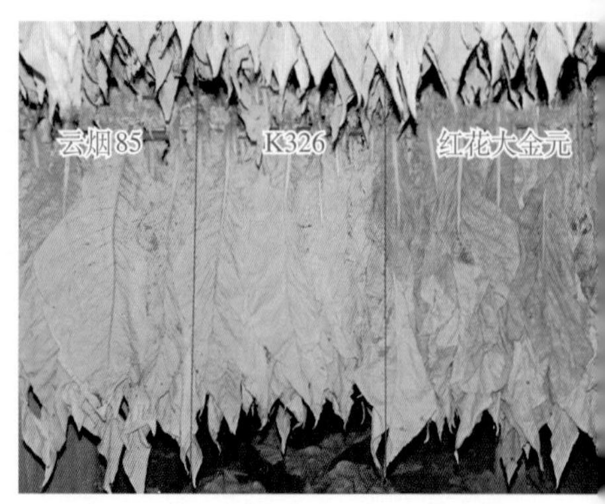

不同品种烤烟烘烤特性（变黄中期）

部分烟叶烤青、烤糟

烤糟烟

多雨寡日照烟烤黑糟